Teubner Studienbücher
Angewandte Physik

Herausgegeben von
Prof. Dr. rer. nat. Andreas Schlachetzki, Braunschweig
Prof. Dr. rer. nat. Max Schulz, Erlangen

T0225108

Die Reihe „Angewandte Physik" befaßt sich mit Themen aus dem Grenz-
gebiet zwischen der Physik und den Ingenieurwissenschaften. Inhalt sind
die allgemeinen Grundprinzipien der Anwendung von Naturgesetzen zur
Lösung von Problemen, die sich dem Physiker und Ingenieur in der prak-
tischen Arbeit stellen. Es wird ein breites Spektrum von Gebieten dargestellt, die durch die Nutzung physikalischer Vorstellungen und Methoden
charakterisiert sind. Die Buchreihe richtet sich an Physiker und Ingenieure,
wobei die einzelnen Bände der Reihe ebenso neben und zu Vorlesungen als auch zur Weiterbildung verwendet werden können.

Teubner Studienbücher Angewandte Physik

H.-G. Wagemann / A. Schmidt
Grundlagen der optoelektronischen
Halbleiterbauelemente

Grundlagen der optoelektronischen Halbleiterbauelemente

Von Prof. Dr.-Ing. Dr. h. c. Hans-Günther Wagemann
und Dipl.-Ing. Andreas Schmidt
Technische Universität Berlin

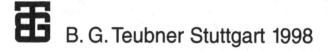 B. G. Teubner Stuttgart 1998

Prof. Dr.-Ing. Dr. h.c. Hans-Günther Wagemann

Geboren 1935 in Soest/Westf., von 1958 bis 1965 Studium der Physik an der Technischen Universität Berlin, danach wiss. Mitarbeiter am Hahn-Meitner-Institut Berlin auf dem Gebiet der Betriebssicherheit von Halbleiterbauelementen in Weltraumsatelliten. Seit 1977 Professor für Halbleitertechnik im Fachbereich Elektrotechnik der Technischen Universität Berlin. Derzeitiges Arbeitsgebiet: Entwicklung neuartiger Solarzellenstrukturen (z. B. Dünnschicht-Halbleiter auf Keramik-Substrat).

Dipl.-Ing. Andreas Schmidt

Geboren 1966 in Berlin, Studium der Elektrotechnik an der Technischen Universität Berlin, Diplom 1993. Seit 1993 wiss. Mitarbeiter am Institut für Mikroelektronik und Festkörperelektronik der Technischen Universität Berlin auf dem Gebiet der Modellierung und Herstellung multikristalliner Solarzellen.

Die Deutsche Bibliothek – CIP-Einheitsaufnahme

Wagemann, Hans-Günther:
Grundlagen der optoelektronischen Halbleiterbauelemente / von Hans-Günther Wagemann und Andreas Schmidt. – Stuttgart : Teubner; 1997
   (Teubner-Studienbücher : Angewandte Physik)

ISBN-13: 978-3-519-03240-3   e-ISBN-13: 978-3-322-84839-0
DOI: 10.1007/978-3-322-84839-0

© B. G. Teubner, Stuttgart 1998

Es genügte mir hier durch die Versuche den Nachweis zu führen, dass das Selen-Photometer auch ohne Anwendung besonderer Sorgfalt hinreichend genaue Vergleichsresultate giebt, um in der Technik als practisch brauchbares Photometer verwendet zu werden.

Werner Siemens

in „Monatsberichte der Königlich Preussischen Akademie der Wissenschaften zu Berlin", S. 314, Juni 1877

Vorwort

Bereits vor 120 Jahren gingen physikalische Entdeckung und technische Erfindung in der Halbleiter-Optoelektronik, wie wir das Gebiet heute nennen, Hand in Hand. Neue Produkte der Mikroelektronik, der Nachrichtenübertragung und der Energietechnik haben inzwischen unsere Welt tiefgreifend verändert. Wir stellen uns künftigen Erfordernissen, wenn wir uns als Techniker umfassende Kenntnisse über die Grundlagen aneignen.

Dieses Buch ist aus Vorlesungen im Hauptstudium der Elektrotechnik an der Technischen Universität Berlin entstanden, die im Schwerpunktfach „Festkörperelektronik" nach den Grundvorlesungen über Werkstoff- und Halbleitertechnik und vor Fächern wie „Optische Nachrichtentechnik" oder „Photovoltaische Energiesysteme" im 6./7. Studiensemester angeboten werden. Grundkenntnisse über die Halbleiter und Bauelemente aus Silizium werden vorausgesetzt, Überblick über die Shockleyschen Modellvorstellungen zum pn-Übergang mit dem Wechselspiel von Diffusions- und Feldstrom beim Entstehen von Raumladungszonen erleichtern den Zugang. Im Mittelpunkt aller Betrachtungen steht die didaktische Absicht, physikalische Vorstellungen in möglichst anschaulicher Art zu begründen. Das Buch eignet sich als Begleiter bei Vorlesungen und zum Selbststudium.

Die Autoren danken Frau Dipl.-Ing. B. von Ehrenwall für sorgfältige Durchsicht des Manuskriptes, Frau B. Auerbach für Unterstützung bei der Manuskript-Erstellung sowie vielen Studierenden für engagierte Mitarbeit und zahlreiche Anregungen.

H.G. Wagemann
A. Schmidt

Inhaltsverzeichnis

Symbole

a	Gitterkonstante / nm
A	Fläche / cm^2
A	Absorptionsvermögen
c_0, c	(Vakuum-)Lichtgeschwindigkeit (2,99792458·10^8 m/s)
C	Kapazität / F
D	Zustandsdichte / eV^{-1}
D	ambipolare Diffusionskonstante / cm^2/s
$D_{n/p}$	Diffusionskonstante der Elektronen/Löcher / cm^2/s
D_λ	Dispersionskoeffizient / ps/km nm
$\vec{E}$	elektrische Feldstärke, $|\vec{E}|$ / V/m
E, E_e	Strahlungsleistungsdichte, Bestrahlungsstärke / W/cm^2
E_G	Bandabstand / eV
E_{SK}	Bestrahlungsstärke des Schwarzen Körpers / W/cm^2
E_v	Beleuchtungsstärke / lx
FF	Füllfaktor
g, G	optische Generationsrate / cm^{-3}s^{-1}
g, G	Gewinn
h	Plancksches Wirkungsquantum (6,6260755·10^{-34} Ws^2, $\hbar$ = h / 2π)
H_e	Bestrahlung / Ws/m^2
H_v	Belichtung / lm s/m^2
I	elektrischer Strom / A
I_{ph}	Fotostrom / A
I_e	Strahlstärke / W/sr
I_K	Kurzschlußstrom / A
I_v	Lichtstärke / lm/sr
j	Stromdichte / A/cm^2
j_{th}	Schwellenstromdichte / A/cm^2
k	Boltzmann-Konstante (1,380658·10^{-23} Ws/K)
k	Wellenzahl / cm^{-1}
L_C	Kohärenzlänge / m
L_e	Strahldichte / W/sr m^2
$L_{n/p}$	Diffusionslänge der Elektronen/Löcher/ μm
L_v	Leuchtdichte / cd/m^2
m	Masse / kg
m_0	Ruhemasse des Elektrons (0,910956·10^{-30} kg)
m_n	effektive Masse des Elektrons / kg
m_p	effektive Masse des Lochs / kg
M_e	spezifische Ausstrahlung / W/m^2
M_v	spezifische Lichtausstrahlung / lm/m^2
n	Brechungsindex

n	Elektronenkonzentration / cm^{-3}
n_i	Eigenleitungsdichte / cm^{-3}
n_0	Gleichgewichtsdichte der Elektronen / cm^{-3}
$\underline{N}$	komplexe Brechzahl
N_A^-, N_A	Dichte der (ionisierten) Akzeptoren / cm^{-3}
N_D^+, N_D	Dichte der (ionisierten) Donatoren / cm^{-3}
N_L, N_V	effektive Zustandsdichte im Leitungs-, Valenzband / cm^{-3}
p	Impuls / kg cm/s
p	Löcherkonzentration / cm^{-3}
p_0	Gleichgewichtsdichte der Löcher / cm^{-3}
q	Elementarladung $(1{,}60217733 \cdot 10^{-19} As)$
q	Photonenstromdichte / cm^{-3}
Q_e	Strahlungsenergie / Ws
$Q_{e\lambda}$	spektrale Dichte der Strahlungsenergie / Ws/nm
Q_v	Lichtmenge / lm s
$Q_{v\lambda}$	Rekombinationsrate / $cm^{-3}s^{-1}$
r,R	spektrale Dichte der Lichtmenge / lm s/nm
R	Reflexionsfaktor
R	elektrischer Widerstand / Ω
R_∞	Rydbergkonstante (13,6 eV)
s	Rekombinationsgeschwindigkeit / cm/s
S	spektrale Empfindlichkeit / A/W
$\vec{S}$	Poynting-Vektor, $|\vec{S}|$ / W/m^2
t	Zeit / s
T	Temperatur / K
T	Transmissionsvermögen
T_C	Kohärenzzeit / s
u	Energiedichte / Ws/m^3
U	elektrische Spannung / V
U_D	Diffusionsspannung / V
U_L	Leerlaufspannung / V
U_T	thermische Spannung $(=k \cdot T/q$, $U_T(300K) = 25{,}8$ mV)
v	Geschwindigkeit / m/s
v_{Gruppe}	Gruppengeschwindigkeit / m/s
v_{Phase}	Pasengeschwindigkeit / m/s
v_{th}	thermische Geschwindigkeit / m/s
w_n, w_p	Raumladungszonenweite im n/p-Gebiet / μm
W	Energie / eV
W_L, W_V	Leitungsband-, Valenzbandkante
W_F	Fermi-Energie / eV
$W_{Fn/p}$	Quasi-Fermi-Niveau der Elektronen, Löcher / eV

α	Absorptionskoeffizient / cm^{-1}
α	thermischer Ausdehnungskoeffizient / K^{-1}
α	Dämpfungskoeffizient / cm^{-1}
γ	Verluste / cm^{-1}
$\Delta n,p$	Überschußladungsträgerdichte der Elektronen/Löcher / cm^{-3}
ΔW	Bandabstand / eV
$\Delta\lambda$	Wellenlängen-Intervall / nm
$\Delta\nu$	Frequenzintervall / Hz
$\Delta\nu_H$	spektrale Bandbreite / Hz
ε_0	Dielektrizitäts-Konstante (8,854187817·10^{-14} As/Vcm)
ε_r	relative Dielektrizitätskonstante
η_q	Quantenwirkungsgrad
η_{ext}	externer Quantenwirkungsgrad
η_{ult}	photovoltaischer Grenzwirkungsgrad
κ	Extinktionskoeffizient
λ	Wellenlänge / nm
λ_{dB}	de Broglie-Wellenlänge / nm
Λ	Gitterperiode / nm
$\mu_{n/p}$	Beweglichkeit der Elektronen/Löcher / cm^2/Vs
μ_0	Permeabilität (4π·10^{-7} Vs/Am)
μ_r	relative Permeabilität
ν	Frequenz / 1/s, Hz
ρ	spezifischer Widerstand / Ωcm
π	3,14159265359
ρ	Raumladungsdichte / As/cm^3
σ	elektrische Leitfähigkeit / Ω^{-1}cm^{-1}
σ	Stefan-Boltzmann-Konstante (5,67051·10^{-8} Wm^{-2}K^{-4})
σ	Stoßquerschnitt / cm^2
τ	Minoritätsladungsträger-Lebensdauer / s
φ	Wellenphase
Φ_e	Strahlungsleistung / W
$\Phi_{e\lambda}$	spektrale Dichte der Strahlungsleistung / W/nm
Φ_v	Lichtstrom / lm
$\Phi_{v\lambda}$	spektrale Dichte des Lichtstromes / lm/nm
Φ_P	Photonenstrom / s^{-1}
ω	Kreisfrequenz / 1/s
Ω	Raumwinkel

Übersicht : Physikalische Grundlagen

Dieses Buch gliedert sich in zwei Teile. Die erste Hälfte beschäftigt sich mit den physikalischen Grundlagen, die zum Verständnis der Beschreibung der optoelektronischen Halbleiterbauelemente nötig sind. Im zweiten Teil dieses Buches werden im Überblick einzelne Bauelemente vorgestellt.

Bauelemente

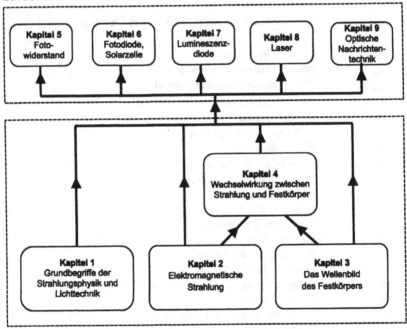

Physikalische Grundlagen

Bei den physikalischen Grundlagen werden zunächst die wichtigsten Grundbegriffe der Strahlungsphysik und Lichttechnik eingeführt (Kapitel 1). Zentrale Bedeutung bei den physikalischen Grundlagen hat die Wechselwirkung zwischen elektromagnetischer Strahlung und dem Festkörper. Daher wird dieses Thema durch die Kapitel 2 und 3 vorbereitet, in denen der Welle-Teilchen-Dualismus der elektromagnetischen Strahlung und des Festkörpers nacheinander diskutiert wird.

Die elektromagnetische Strahlung wird im Wellenbild durch die *Maxwellschen Gleichungen* beschrieben, mit denen die Ausbreitung elektromagnetischer Strahlung gut erklärt werden kann. Bei der Darstellung der Strahlungsemission des *Schwarzen Körpers* muß auf das Teilchenbild der elektromagnetischen Strahlung übergegangen werden. In Kapitel 2 wird dieser Übergang erläutert.

Bei der Diskussion des Festkörpers erfolgt der Übergang in umgekehrter Richtung vom Teilchenbild zum Wellenbild. Die klassische Beschreibung des Festkörpers erfolgt im Teilchenbild, wie es zum Beispiel im Atommodell von Bohr erläutert wird. Bei der Erklärung von Emission und Absorption elektromagnetischer Strahlung durch den Festkörper wird auf das Wellenbild des Kristallelektrons übergegangen, das durch die *Schrödinger-Gleichung* beschrieben wird. In Kapitel 3 wird auf das daraus resultierende Energiebändermodell eingegangen.

	Wellenbild		Teilchenbild
elektromagnetische Strahlung	♦ Maxwell – Theorie ♦ Wellenausbreitung	$\Longrightarrow$ Kapitel 2	♦ Strahlungsemission des Schwarzen Körpers nach Planck
Festkörper	♦ Schrödinger – Gleichung ♦ Energiebändermodell	$\Longleftarrow$ Kapitel 3	♦ klassische Atommodelle

In Kapitel 4 wird dann die Wechselwirkung zwischen Strahlung und Festkörper mit Hilfe des Teilchenbildes der Strahlung und mit Hilfe des Wellenbildes des Festkörpers beschrieben. Die wichtigste Größe in diesem Kapitel ist der *Absorptionskoeffizient* α.

1 Grundbegriffe der Strahlungsphysik und Lichttechnik

Elektromagnetische Strahlung kann je nach Anwendungsgebiet durch Begriffe der Strahlungsphysik oder der Lichttechnik beschrieben werden. Ziel dieses Kapitels ist es, die wichtigsten
Begriffe beider Bereiche zu erläutern und voneinander abzugrenzen. Dabei werden strahlungsphysikalische Größen mit dem Index „e" (energetical) und lichttechnische Größen mit dem
Index „v" (visual) versehen. Diese Darstellung folgt den DIN-Normen 5030 und 5031.

1.1 Strahlungsphysikalische Größen

In diesem Buch wird lediglich der Anteil der elektromagnetischen Strahlung betrachtet, der in
Wechselwirkung mit der Materie treten kann. Dieser Anteil entspricht dem Wellenlängenbereich von 100 nm bis 1 mm, der nach DIN 5031, Teil 7 auch als „optische Strahlung" bezeichnet wird (vgl. Abb. 1.1).

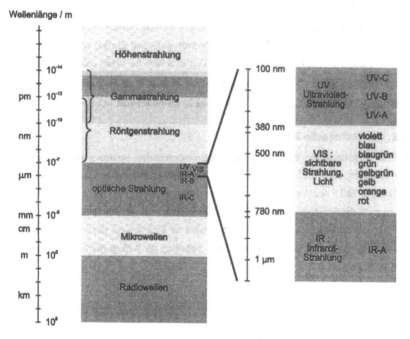

Abb. 1.1:   Spektrum elektromagnetischer Strahlung

Die wichtigsten Größen zur strahlungsphysikalischen Beschreibung von elektromagnetischer
Strahlung sind die Strahlungsenergie Q_e (SI-Einheit Ws) und die Strahlungsleistung Φ_e

(SI-Einheit W). In der Regel sind beide Größen Funktionen der Wellenlänge λ. Diese Funktionen werden als „spektrale Dichte" der Strahlungenergie $Q_{e\lambda}$, bzw. der Strahlungsleistung $\Phi_{e\lambda}$ mit dem Index λ gekennzeichnet. Die Einheiten dieser spektralen Verteilungsfunktionen sind Ws/nm, bzw. W/nm. Die Strahlungsenergie (-leistung) erhält man durch Integration der spektralen Dichte der Strahlungsenergie (-leistung) über die Wellenlänge.

$$Q_e = \int_{100\,nm}^{1\,mm} Q_{e\lambda}(\lambda)\, d\lambda \quad , \quad \Phi_e = \int_{100\,nm}^{1\,mm} \Phi_{e\lambda}(\lambda)\, d\lambda \tag{1.1}$$

Bei der Beschreibung der Strahlungsenergie, bzw. Strahlungsleistung in einem kleinen Wellenlängenintervall $\Delta\lambda$ geht das Integral in ein Produkt aus spektraler Energie-, bzw. Leistungsdichte und dem Wellenlängenintervall $\Delta\lambda$ über.

$$Q_e(\lambda) = Q_{e\lambda}(\lambda) \cdot \Delta\lambda \quad , \quad \Phi_e(\lambda) = \Phi_{e\lambda}(\lambda) \cdot \Delta\lambda \tag{1.2}$$

Dieser Ausdruck macht deutlich, daß die nur in der Theorie existierende elektromagnetische Strahlung einer einzigen Wellenlänge (**mono**chromatisch) keine Energie oder Leistung transportieren kann, da das Wellenlängenintervall $\Delta\lambda$ gleich Null ist. Wenn daher von monochromatischer Strahlung der Wellenlänge λ_0 gesprochen wird, ist damit die Strahlung in einem kleinen Wellenlängenintervall $\Delta\lambda$ um die Wellenlänge λ_0 herum gemeint $(\Delta\lambda \ll \lambda_0)$.

1.2 Lichttechnische Größen

Bei der lichttechnischen Beschreibung der elektromagnetischen Strahlung wird nur der Anteil der Strahlung berücksichtigt, den das menschliche Auge wahrnehmen kann. Dies ist nach DIN 5031, Teil 7 der Wellenlängenbereich von 380 nm bis 780 nm (vgl. Abb. 1.1). Die elektromagnetische Strahlung in diesem Wellenlängenbereich wird als *Licht* bezeichnet.

Da für das Verständnis der lichttechnischen Größen die Funktion des menschlichen Auges eine große Rolle spielt, wird in dem nun folgenden Abschnitt der Aufbau des menschlichen Auges kurz erläutert.

1.2.1 Der Aufbau des menschlichen Auges

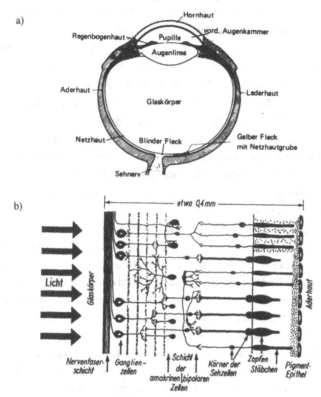

Abb. 1.2: Der Aufbau des menschlichen Auges aus [3]
a) Querschnitt durch den Augapfel
b) Querschnitt durch die Netzhaut mit Zapfen und Stäbchen

In Abb. 1.2 a ist ein Horizontalschnitt durch den Augapfel gezeigt. Das Licht fällt durch die abbildende Optik, die aus der Hornhaut und der Augenlinse besteht, auf die lichtempfindliche Schicht, die Netzhaut (Abb. 1.2 b). In der Netzhaut wandeln lichtempfindliche Rezeptoren das einfallende Licht in Nervenreize um, die durch den Sehnerv zum Gehirn geleitet und dort verarbeitet werden. Man kann die Netzhaut bereits als einen Teil des Gehirnes bezeichnen, insbesondere wenn man die logischen „Verknüpfungen" von Sehreizen betrachtet, die durch eintretende Veränderungen im Blickfeld des Auges entstehen. Mit Hilfe dieser logischen Verknüpfungen entsteht schon im Auge eine Auswahl von Reizen, so daß als Folge aus dem Netzhaut-Gesamtbild vorwiegend eine Auswahl des Blickfeldes über den Sehnerv an das Gehirn weiter-

gegeben wird. Die logischen Verknüpfungen von Sehreizen werden durch die seitlichen Ver-
zweigungen der Zellen in den Schichten im Mittelbereich der Netzhaut (s. Abb. 1.2 b) bewirkt.
So ist das in das Gehirn dringende Signal im Auge bereits „durchdacht".

An der Eintrittsstelle des Sehnervs ist die Netzhaut lichtunempfindlich. Dieser Ort wird als
Blinder Fleck bezeichnet. Bei den lichtempfindlichen Rezeptoren in der Netzhaut gibt es zwei
Typen: die *Zapfen* und die *Stäbchen*. Die Zapfen kommen in drei verschiedenen Modifikatio-
nen vor, die sich durch den Wellenlängenbereich unterscheiden, in dem sie lichtempfindlich
sind. Die Kombination der Nervenreize, die diese unterschiedlichen Zapfen hervorrufen, ermöglicht dem Menschen das Farbsehen. Da die Zapfen im Gegensatz zu den Stäbchen auch bei
großen Leuchtdichten noch wirksam sind, erfolgt das Sehen bei großer Helligkeit vor allem
durch die Zapfen. Die Stäbchen können Licht unterschiedlicher Farbe nicht unterscheiden, sind
aber wesentlich lichtempfindlicher als die Zapfen, so daß sie vor allem für das Nachtsehen des
Menschen verantwortlich sind.

Stäbchen und Zapfen sind auf der Netzhaut unterschiedlich verteilt. Während die Dichte der
Zapfen in der Netzhautgrube am größten ist und zum Rand hin abnimmt, verhält es sich bei den
Stäbchen genau umgekehrt. Dies hat zur Folge, daß schwache Lichtkontraste (z.B. schwach
leuchtende Sterne am Nachthimmel), die nur mit den Stäbchen erkannt werden können, nicht
zu sehen sind, wenn man sie direkt ansieht. Erst wenn man neben den schwachen Lichtpunkt
blickt, kann er vom Auge wahrgenommen werden, da dann der Lichtstrahl auf Bereiche der
Netzhaut trifft, in denen viele Stäbchen vorhanden sind.

Die spektrale Empfindlichkeit des menschlichen Auges ändert sich in Abhängigkeit von der
Leuchtdichte, da je nach Leuchtdichte der Anteil der Zapfen und Stäbchen an der Erzeugung
des Lichteindruckes unterschiedlich ist und Zapfen und Stäbchen unterschiedliche spektrale
Empfindlichkeiten zeigen.

In der lichttechnischen Anwendung werden lediglich zwei unterschiedliche Kurven der spektralen Augenempfindlichkeit betrachtet. Es sind dies die Kurven für Helladaption $V(\lambda)$ (bei einer
Leuchtdichte von 100 cd/m^2) und für Dunkeladaption $V'(\lambda)$ (Leuchtdichte 10^{-5} cd/m^2).

In Abb. 1.3 ist die relative spektrale Empfindlichkeit dargestellt, bei welcher der Kurvenverlauf
auf den jeweiligen Maximalwert bezogen wurde.

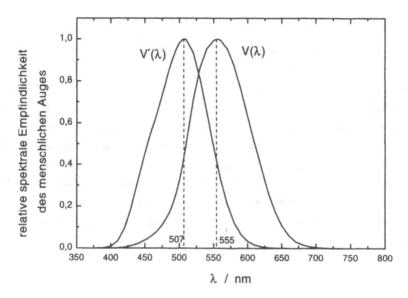

Abb. 1.3: Relative spektrale Empfindlichkeit des menschlichen Auges bei Helladaption $(L_V>100\ cd/m^2)$ $V(\lambda)$ und bei Dunkeladaption $V'(\lambda)$ $(L_V<10^{-5}cd/m^2)$ nach DIN 5031

Da die spektrale Empfindlichkeit des Auges bei jedem Menschen unterschiedlich ist, wurden die gezeigten Kurven durch Mittelwertbildung einer großen Anzahl experimenteller Daten ermittelt. Die Kurvenverläufe zeigen, daß die Empfindlichkeit des Auges bei Dunkeladaption zu kleineren Wellenlängen hin verschoben ist. Das heißt, daß blaues Licht bei geringer Helligkeit stärker empfunden wird als rotes Licht (Purkinje-Effekt).

Purkinje-Effekt

Eine schöne Erfahrung des Purkinje-Effektes verschafft man sich, wenn man an einem Getreidefeld im Sommer kurz vor Dämmerung spazieren geht und den roten Mohn und die blauen Kornblumen betrachtet. Solange Tageslicht herrscht, erscheint der Mohn als farbintensivste Blume, nach der Dämmerung jedoch wirkt er dunkel, dagegen leuchtet nun die blaue Kornblume.

1.2.2 Definition lichttechnischer Größen und ihrer Einheiten

Die Basiseinheit der Lichttechnik ist die Einheit *Candela* (Abkürzung cd), die neben den Einheiten Meter (m), Kilogramm (kg), Sekunde (s), Kelvin (K), Ampere (A) und Mol (mol) zu den sieben Basiseinheiten des Internationalen Einheitensystems SI gehört. Die Candela ist die

Einheit der *Lichtstärke* I_v, die mit Hilfe des Lichtstromes Φ_v erläutert werden kann. Aus diesem Grund wird zunächst der Begriff *Lichtstrom* eingeführt, bevor auf die Lichtstärke und die Definition der Candela näher eingegangen wird.

Der Lichtstrom Φ_v ist die lichttechnische Größe, welche der strahlungsphysikalischen Strahlungsleistung Φ_e entspricht. Die Einheit des Lichtstromes ist das *Lumen*, (Abkürzung lm). Bei allen lichttechnischen Größen wird die strahlungsphysikalische Größe mit der relativen spektralen Empfindlichkeit des menschlichen Auges bewertet und über den Wellenlängenbereich der sichtbaren Strahlung integriert. Die Umrechnung der so bewerteten strahlungsphysikalischen Größe in die Einheiten der Lichttechnik erfolgt über den Maximalwert des *Strahlungsäquivalents* K_m für Helladaption. Der Wert für K_m ergibt sich aus der Definition der Candela und dem Maximalwert der spektralen Augenempfindlichkeit bei Helladaption $V(\lambda)$, der bei der Wellenlänge $\lambda = 555$ nm liegt (s. Abb. 1.3).

$$\Phi_v = K_m \int_{380\,nm}^{780\,nm} V(\lambda)\,\Phi_{e\lambda}\,d\lambda \tag{1.3}$$

K_m: maximales, auf $\lambda=555$ nm bezogenes Strahlungsäquivalent bei Helladaption

$K_m = 683$ lm/W

Für Dunkeladaption des Auges sind die entsprechenden Werte $V'(\lambda)$ und K_m' anzuwenden.

K_m': maximales, auf $\lambda=507$ nm bezogenes Strahlungsäquivalent bei Dunkeladaption

$K_m' = 1699$ lm/W

Mit der Kenntnis des Begriffes „Lichtstrom" kann nun die Lichtstärke erläutert werden. Die Lichtstärke ist eine lichttechnische Größe, welche einen **Sender** beschreibt, der Licht in einen Teil des Raumes aussendet (s. Abb. 1.4). Dieser Teil des Raumes wird durch den Raumwinkel Ω_s beschrieben. Der Raumwinkel wird in der Einheit Steradiant (sr) angegeben und entspricht näherungsweise in Abbildung 1.4 dem Quotienten aus der Fläche A_1 und dem Quadrat des Abstandes r_1.

Die Lichtstärke I_v des Senders ist durch den Lichtstrom Φ_v gegeben, der pro Raumwinkel vom Sender ausgestrahlt wird.

$$I_v = \frac{\Phi_v}{\Omega_s} \quad , \quad [I_v] = cd = \frac{lm}{sr} \tag{1.4}$$

Zur Definition der Candela muß eine Strahlungsquelle gewählt werden, deren Strahlungsleistung bekannt ist und deren Lichtstärke dann per definitionem gleich 1 Candela gesetzt wird.

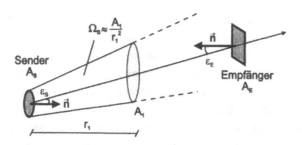

Abb. 1.4:   Bezeichnung der Sender- und Empfängergrößen

Nach DIN 5031, Teil 3 ist diese Strahlungsquelle so definiert, daß sie monochromatisches Licht der Wellenlänge $\lambda = 555$ nm in Luft mit einer Strahlungsleistung von 1/683 Watt in eine Raumwinkeleinheit aussendet.

Diese Definition löst eine ältere Definition der Candela ab, nach der eine Candela der Lichtstärke entsprach, die ein Schwarzer Strahler mit der Temperatur des erstarrenden Platins (2045 K) aussendet.

Eine weitere wichtige Einheit der Lichttechnik ist das *Lux* (lx). Das Lux ist die Einheit der *Beleuchtungsstärke* E_v, die im Gegensatz zur Lichtstärke, einer Sender-Größe, einen Licht-**Empfänger** charakterisiert. Die Beleuchtungsstärke E_v entspricht dem Quotienten aus Lichtstrom Φ_v, der auf den Empfänger trifft und der Empfängerfläche A_E (s. Abb. 1.4).

$$E_v = \frac{\Phi_v}{A_E} \quad , \quad \left[E_v \right] = lx = \frac{lm}{m^2} \tag{1.5}$$

Abschließend sei hier noch die *Leuchtdichte*, bzw. ihr strahlungsphysikalisches Äquivalent, die *Strahldichte*, eingeführt. Die Leuchtdichte kann sowohl einen Sender, wie auch einen Empfänger beschreiben. Die Leuchtdichte bezieht den Lichtstrom, der von einem Sender, bzw. auf einen Empfänger, pro Raumwinkel ausgesendet, bzw. eingestrahlt wird, auf die strahlende, bzw. empfangende Fläche. Dabei wird berücksichtigt, daß die abstrahlende, bzw. die bestrahlte Fläche mit der Abstrahlrichtung einen Winkel ε_S, bzw. ε_E (s. Abb. 1.4) einschließen kann. In diesem Fall ist nur die Projektion der Sender-, bzw. Empfänger-Fläche auf eine Ebene senkrecht zur Strahlrichtung wirksam.

senderseitig: $$L_v = \frac{\Phi_v}{\Omega_S \cdot A_S \cdot \cos \varepsilon_S} \quad , \quad \left[L_v \right] = \frac{cd}{m^2} \tag{1.6}$$

empfängerseitig: $$L_v = \frac{\Phi_v}{\Omega_E \cdot A_E \cdot \cos \varepsilon_E} \quad , \quad \left[L_v \right] = \frac{lx}{sr} \tag{1.7}$$

Die Leuchtdichte kann für ein und dasselbe System aus Sender und Empfänger einen Maximalwert nicht übersteigen. Dieser Maximalwert wird durch den Sender bestimmt und kann auch durch optische Abbildung auf den Empfänger nicht gesteigert werden. Wird zum Beispiel durch Abbildung der Lichtquelle mit Linsen der Lichtstrom auf den Empfänger erhöht, ist damit gleichzeitig der Raumwinkel, aus dem das Licht eingesammelt wird, ebenfalls vergrößert, und die Leuchtdichte auf dem Empfänger bleibt konstant.

Zur Verdeutlichung der Strahldichte sei ein weiteres Beispiel angegeben: Die Strahldichte der Sonne kann auch durch technische Konzentration der Strahlung nicht ihren Maximalwert übersteigen. Den Maximalwert gewinnt man in einem Gedankenexperiment, in dem man sich ein riesiges innen verspiegeltes Ellipsoid um die Sonne und den Beobachter in den Brennpunkten denkt, mit dessen Hilfe alle in den vollen Raumwinkel gehenden Strahlen der Sonne von einem Brennpunkt zum anderen Brennpunkt fokussiert werden. Die auf diese Weise beim Beobachter abgebildete Fläche entspricht genau der Sonnenoberfläche, da man aus einer kleineren Abbildung mit höherer Bestrahlungsstärke folgern könnte, daß aus einem größeren Raumwinkel die Strahlung eingesammelt wurde. Dies ist jedoch nicht möglich, da bereits der volle Raumwinkel von 4π sr ausgenutzt wurde. Da der volle Raumwinkel der Abstrahlung erfaßt wird und von einem idealen Reflektor ausgegangen wird, geht keine Strahlungsleistung verloren und die Strahldichte der Sonne, der Maximalwert des Systems, kann durch den Beobachter erfaßt, jedoch nicht übertroffen werden.

In der folgenden Tabelle sind die häufigsten strahlungsphysikalischen und lichttechnischen Größen einander gegenübergestellt. Dabei werden die Grundgrößen, z.B. Strahlungsleistung, bzw. Lichtstrom, entweder auf den Sender oder auf den Empfänger bezogen.

Bei der Beschreibung der Größen wurde eine allgemeine Schreibweise gewählt, die zum Beispiel von der Definition (1.4) abweicht. Die allgemeine Darstellung berücksichtigt, daß bei der Beschreibung der Lichtstärke I_v der Lichtstrom Φ_v eine Funktion des Raumwinkels Ω_s sein kann. In diesem Fall wird die Lichtstärke als Ableitung des Lichtstromes nach dem Raumwinkel definiert. Ist Φ_v keine Funktion von Ω_s, geht diese Beschreibung in Gleichung (1.4) über.

Beschreibung	Strahlungsphysik	Lichttechnik
Grundgrößen		
Energie W,E oder Q nach DIN 5031,Teil 1: Q	Strahlungsenergie Q_e $[Q_e] = Ws$	Lichtmenge Q_v $[Q_v] = lm\ s$
Leistung P,N oder Φ nach DIN 5031, Teil 1: Φ Leistung $\Phi = \dfrac{dQ}{dt}$	Strahlungsleistung Φ_e $[\Phi_e] = W$	Lichtstrom Φ_v $[\Phi_v] = lm$
Sendergrößen		
ausgesandte Leistung pro Fläche $M = \dfrac{d\Phi}{dA_S}$	spezifische Ausstrahlung M_e $[M_e] = W/m^2$	spezifische Lichtausstrahlung M_v $[M_v] = lm/m^2$
ausgesandte Leistung pro Raumwinkel $I = \dfrac{d\Phi}{d\Omega_S}$	Strahlstärke I_e $[I_e] = W/sr$	Lichtstärke I_v $[I_v] = cd = lm/sr$
Empfängergrößen		
einfallende Leistung pro Fläche $E = \dfrac{d\Phi}{dA_E}$	Bestrahlungsstärke E_e $[E_e] = W/m^2$	Beleuchtungsstärke E_v $[E_v] = lx = lm/m^2$
Zeitintegral der einfallenden Leistung pro Fläche $H = \int E\ dt$	Bestrahlung H_e $[H_e] = Ws/m^2$	Belichtung H_v $[H_v] = lm\ s/m^2$
Sender- und Empfängergröße		
ausgesandte(einfallende) Leistung pro Raumwinkel und Projektion der Sender-(Empfänger-)Fläche $L = \dfrac{\Phi}{\Omega_{S/E} \cdot A_{S/E} \cdot \cos \varepsilon_{S/E}}$	Strahldichte L_e $[L_e] = W/sr\ m^2$	Leuchtdichte L_v $[L_v] = cd/m^2$

Tab. 1.1: Strahlungsphysikalische und lichttechnische Größen mit ihren Einheiten

2 Elektromagnetische Strahlung

In der klassischen Physik wird die elektromagnetische Strahlung als Welle beschrieben. Die Grundlage für diese Betrachtungsweise bilden die Maxwellschen Gleichungen, welche die Zusammenhänge zwischen den Größen des elektrischen und des magnetischen Feldes formulieren. Mit den Maxwellschen Gleichungen können sowohl die Enstehung elektromagnetischer Strahlung nach dem Modell des Hertzschen Dipols (Kapitel 2.1), als auch die Ausbreitung der Strahlung (Kapitel 2.2) beschrieben werden. Für die Erklärung der Strahlungsemission des Schwarzen Körpers und der Absorption elektromagnetischer Strahlung in einem Festkörper reicht jedoch das Wellenbild der Strahlung nicht aus, und es muß der Teilchencharakter der Strahlung berücksichtigt werden. Der Übergang zum Teilchenbild der elektromagnetischen Strahlung erfolgt in Kapitel 2.3, wenn die Abstrahlcharakteristik des Schwarzen Körpers diskutiert wird.

In Kapitel 2.4 werden die Grundprinzipien der Quantentheorie erläutert, die eine Zusammenfassung der Wellen- und Teilcheneigenschaften der elektromagnetischen Strahlung darstellt. Als Konsequenz der Quantentheorie wird die Heisenbergsche Unschärferelation eingeführt.

2.1 Entstehung elektromagnetischer Strahlung

Elektromagnetische Strahlung entsteht beim Übergang eines Atoms vom angeregten Zustand W_2 in einen energetisch niedrigeren Zustand W_1. Mit dem Bohrschen Atommodell kann die Frequenz der elektromagnetischen Strahlung für Übergänge in Ein-Elektronen-Systemen bestimmt werden:

$$\Delta W = h\nu = W_2 - W_1 = -R_\infty \cdot \left(\frac{1}{n_2^2} - \frac{1}{n_1^2} \right) \tag{2.1}$$

n_1, n_2 : Hauptquantenzahlen der Energiezustände W_1 und W_2, $n_2 > n_1$

R_∞ : Rydbergkonstante, $R_\infty = 13{,}6\,\text{eV}$

Wie diese elektromagnetische Strahlung entsteht, wird durch das Bohrsche Atommodell nicht erklärt. Um den Abstrahlvorgang zu erläutern, wird hier exemplarisch der Übergang eines Wasserstoffatoms vom einfach angeregten Zustand in den Grundzustand behandelt.

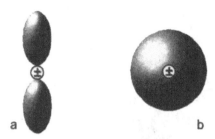

Abb. 2.1: p-(a) und s-Orbital (b) eines Wasserstoffatoms

Im einfach angeregten Zustand befindet sich das Elektron in einem hantelförmigen p-Orbital (s. Abb. 2.1 a), während im Grundzustand das s-Orbital kugelförmig ist (s. Abb. 2.1 b). Bei beiden Orbitalen fallen der positive und der negative Ladungsschwerpunkt ineinander, so daß kein Dipolmoment wirksam wird.

Bei der Beschreibung des Übergangs vom p- in den s-Zustand mit dem Modell des Hertzschen Dipols nimmt man an, daß während des Übergangs eine harmonische Schwingung des negativen Ladungsschwerpunktes um den positiven Ladungsschwerpunkt erfolgt (s. Abb. 2.2). Da bei dieser Bewegung die Ladung beschleunigt wird, kommt es zur Abstrahlung elektromagnetischer Wellen, insbesondere senkrecht zur Schwingungsachse (z-Achse in Abbildung 2.2). Parallel zur Schwingungsachse wird keine elektromagnetische Welle abgestrahlt.

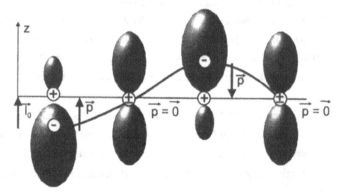

Abb. 2.2: Übergang vom p- in den s-Zustand nach dem Modell des Hertzschen Dipols

Bei der Berechnung der Abstrahlcharakteristik des Hertzschen Dipols wird von einer harmonischen Änderung des Dipolmomentes ausgegangen:

$$\vec{p}(t) = q \cdot \vec{l}(t) = q \cdot \vec{l}_0 \sin \omega t \qquad (2.2)$$

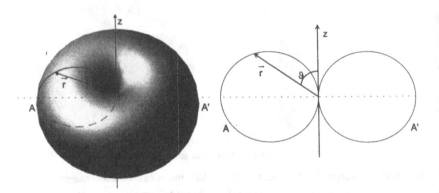

Abb. 2.3: Abstrahlcharakteristik des Hertzschen Dipols (Torus-Charakteristik)

Mit Hilfe der Maxwellschen Gleichungen kann der Poynting-Vektor $\vec{S}$, der die spezifische Ausstrahlung beschreibt, berechnet werden. Diese Rechnung soll hier nicht durchgeführt werden, kann jedoch in [1, S. 52] nachverfolgt werden. Stattdessen wird das Ergebnis vorgestellt, und es werden einzelne Terme des Ergebnisses diskutiert.

$$\vec{S} = \frac{\mu_0}{32\pi^2 c_0} \cdot \frac{\ddot{\vec{p}}^2 \sin^2 \vartheta}{r^2} \cdot \frac{\vec{r}}{r} \tag{2.3}$$

Die Abstrahlcharakteristik $\vec{S}(\vec{r})$ (in W/m^2) des Hertzschen Dipols ist in Abb. 2.3 dargestellt. Dabei beschreibt $\vec{r}$ den Ort und die Richtung des Beobachters.

Es ist zu erkennen, daß in Richtung der z-Achse, auf der die Bewegung der Ladungsschwerpunkte erfolgt, keine Leistung abgestrahlt wird. Dies kommt in der Gleichung durch den sin ϑ-Term zum Ausdruck und ist dadurch zu erklären, daß der Poynting-Vektor mit einer Komponente immer senkrecht auf der elektrischen Feldstärke $\vec{E}$ steht, da er durch $\vec{S} = \vec{E} \times \vec{H}$ definiert ist.

Mit zunehmender Entfernung r vom Dipol nimmt die Leistung mit r^{-2} ab. Denkt man sich Kugeln unterschiedlicher Größe um den Dipol herum, so muß die Strahlung, welche die Kugeloberflächen durchdringt, für alle Kugeln gleich groß sein, da wegen des Prinzips der Energieerhaltung keine Energie verloren gehen kann. Da die Kugeloberflächen mit r^2 wachsen, muß die Leistungsdichte mit r^{-2} kleiner werden.

Das Dipolmoment $\vec{p}$ erscheint in der Gleichung für $\vec{S}$ in der zweiten Ableitung nach der Zeit. Dies ist darauf zurückzuführen, daß lediglich *beschleunigte* Ladung strahlt und eine Beschleunigung durch zweifache zeitliche Ableitung des Ortsvektors ausgedrückt werden kann. Der

Ortsvektor des Ladungsschwerpunktes ist über $\vec{p} = q \cdot \vec{l}$ direkt mit dem Dipolmoment verbunden.

Zum Abschluß dieses Kapitels soll darauf eingegangen werden, wieso beschleunigte Ladung strahlt. Dabei wird zunächst das elektrische Feld eines **ruhenden** Elektrons betrachtet (s. Abb. 2.4 a), das durch eine isotrope, radiale Verteilung von geraden Feldlinien charakterisiert ist. Bei einem **gleichförmig bewegten** Elektron (Geschwindigkeit v = konst., $\frac{dv}{dt} = \dot{v} = 0$) sind die Feldlinien immer noch radial, aber nicht mehr isotrop (s. Abb. 2.4 b).

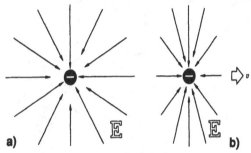

Abb. 2.4: Verlauf des elektrischen Feldes für ein ruhendes (a) und ein gleichförmig bewegtes (b) Elektron aus [1, S. 48].

Bei einem **beschleunigten** Elektron ($\dot{v} \neq 0$) treten zusätzlich Krümmungen der Feldlinien auf (s. Abb. 2.5). Wenn man von einer linearen Änderung der Geschwindigkeit ausgeht, geben die Punkte O_1, O_2, O_3 und O_4 in Abbildung 2.5 die Elektronenpositionen nach gleichen Zeitintervallen an.

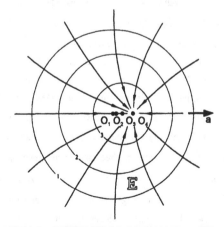

Abb. 2.5: Elektrisches Feld für ein beschleunigtes Elektron nach [1, S. 48].

Um die Krümmung der Feldlinien in Abb. 2.5 zu verstehen, wird in Abb. 2.6 die Beschleunigung des Elektrons aus der Ruhe (t=0, Punkt O, v=0) auf eine Geschwindigkeit v_1 zum Zeitpunkt t_1 betrachtet.

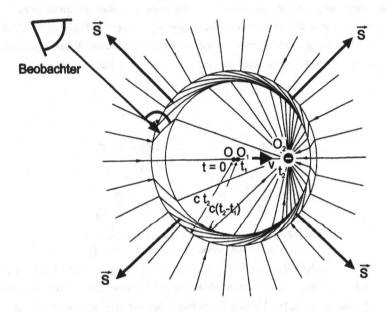

Abb. 2.6:   Feldlinien eines Elektrons, das aus der Ruhe (t=0, v=0) innerhalb der Zeit t_1 auf die Geschwindigkeit v_1 beschleunigt wird (nach [1, S.49]).

Für $t > t_1$ bewegt sich das Elektron gleichförmig mit v_1. Da die Feldlinien die Information über den Bewegungszustand mit einer endlichen Geschwindigkeit, der Lichtgeschwindigkeit, in die Umgebung tragen, gibt es Orte, welche die Information, daß das Elektron beschleunigt wurde, noch nicht erreicht hat. Daher stellt der äußere Kreis in Abb. 2.6 die Fläche des Ereignishorizontes dar, außerhalb dessen niemand die Bewegung des Elektrons bemerkt hat. Außerhalb dieses Kreises verlaufen die Feldlinien entsprechend Abb. 2.4 a mit dem Zentrum O. Der innere Kreis entspricht dem Ereignishorizont des Zeitpunktes t_1, ab dem das Elektron sich mit der Geschwindigkeit v_1 bewegt. Innerhalb dieses Kreises müssen die Feldlinien der Abb. 2.4 b entsprechen, da das Elektron sich ab $t = t_1$ gleichförmig bewegt. Das Zentrum der Feldlinien liegt bei O_2, da sich das Elektron zum Beobachtungszeitpunkt t_2 an diesem Ort befindet. Wegen des Satzes von Gauß müssen die Feldlinien außerhalb des äußeren Kreises und innerhalb des inneren Kreises ineinander übergehen, weil es ja im Zwischenraum keine Ladungen als Quellen oder Senken der Feldlinien gibt. So muß notwendigerweise ein „Knick" in den Feldlinien auftreten, der bei differentieller Betrachtung in eine Krümmung der Feldlinien übergeht. Eine Krümmung der Feldlinien hat zur Folge, daß es transversale Komponenten der Feldstärke gibt, die senkrecht auf der radialen Blickrichtung des Beobachters stehen (s. Abb. 2.6). Dies gilt gleichermaßen für die elektrische, wie für die magnetische Feldstärke. Über $\vec{S} = \vec{E} \times \vec{H}$ ist damit auch eine longitudinale Komponente der spezifischen Ausstrahlung $\vec{S}$ in Blickrichtung des Beobachters verbunden, die von ihm wahrgenommen werden kann. Bei geraden Feldlinien hat $\vec{S}$ keine Komponenten in der Blickrichtung des Beobachters. Deshalb kann eine gleichförmig bewegte oder eine ruhende Ladung nicht wahrgenommen werden.

2.2 Ausbreitung elektromagnetischer Wellen

In Kapitel 2.1 wurde die Entstehung elektromagnetischer Strahlung beim Übergang eines Atoms von einem angeregten Zustand in den Grundzustand beschrieben. Nun soll auf das Abstrahlverhalten von vielen Atomen übergegangen werden. Geht man davon aus, daß eine große Anzahl von Atomen Strahlung aussendet und diese Atome statistisch im Raum verteilt sind (s. Abb. 2.7), so überlagern sich die gerichtet abgestrahlten elektromagnetischen Wellen der Einzelatome zu einer Kugelwelle.

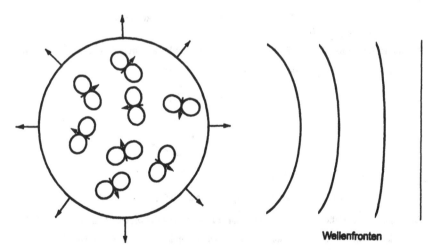

Wellenfronten

Abb. 2.7: Überlagerung der einzelnen anisotropen Abstrahlcharakteristiken von statistisch verteilten Atomen zu einer isotropen Kugelwelle, die in großer Entfernung als ebene Welle wahrgenommen wird.

Befindet sich der Beobachter in großer Entfernung vom Ursprung der Kugelwelle, so wird die Kugelwelle als ebene Welle wahrgenommen. Im folgenden wird daher die elektromagnetische Welle als ebene Welle beschrieben.

2.2.1 Beschreibung ebener Wellen

Die allgemeine Darstellung einer *ebenen Welle* lautet:

$$\vec{A}(\vec{r},t) = \underbrace{\vec{A}_{10}}_{\text{Amplitude}} \cdot \underbrace{f\left(ct - \left(\vec{e}_0 \cdot \vec{r}\right)\right)}_{\text{Wellenphase } \varphi} + \underbrace{\vec{A}_{20}}_{\text{Amplitude}} \cdot \underbrace{f\left(ct + \left(\vec{e}_0 \cdot \vec{r}\right)\right)}_{\varphi} \qquad (2.4)$$

Die Feldgröße $\vec{A}(\vec{r},t)$ beschreibt ganz allgemein ein Vektorfeld, das sich aus der Summe zweier gegenläufiger ebener Wellen zusammensetzt. Jede dieser ebenen Wellen wird durch das Produkt einer *Amplitude* $\vec{A}_0$ und einer Funktion der *Wellenphase* φ gebildet. Die Wellenphase φ beinhaltet die Informationen über die zeitliche und räumliche Ausdehnung der Welle:

$$\varphi = c\,t \mp \left(\vec{e}_0 \cdot \vec{r}\right) \qquad (2.5)$$

Welche Bedeutung haben die Größen c und $\vec{e}_0$?

Betrachtet man zu einem festen Zeitpunkt t_0 die Orte $\vec{r}$, an denen die Phase konstant ist ($\varphi = \varphi_0$), so stellt man fest, daß das Skalarprodukt $(\vec{e}_0 \cdot \vec{r})$ ebenfalls eine Konstante sein muß.

$$\underbrace{\varphi_0}_{\text{konstant}} = \underbrace{c\,t_0}_{\text{konstant}} \mp \left(\vec{e}_0 \cdot \vec{r}\right) \quad \Rightarrow \quad \left(\vec{e}_0 \cdot \vec{r}\right) = \text{konstant} \qquad (2.6)$$

Wenn das Skalarprodukt $(\vec{e}_0 \cdot \vec{r})$ konstant ist, so beschreibt der Ortsvektor $\vec{r}$ eine Ebene mit dem Normalenvektor $\vec{e}_0$ (Hessesche Normalen-Form der Ebene).

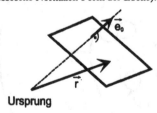

Ursprung

Abb. 2.8:   Beschreibung einer Ebene durch Orts- und Normalenvektor

Bei der ebenen Welle sind die Flächen konstanter Phase demnach Ebenen, die durch den Normalenvektor $\vec{e}_0$ charakterisiert werden. Dabei regelt das Vorzeichen von $(\vec{e}_0 \cdot \vec{r})$ die Ausbreitungsrichtung der Welle. So beschreibt beispielsweise das Minuszeichen eine Ausbreitung in Richtung der positiven Koordinatenachsen.

Um die Bedeutung des Faktors c zu verstehen, wird nun die Bewegung dieser Ebenen mit der Zeit betrachtet, wobei die Phase wieder konstant gehalten wird. Die Änderung der Phase $d\varphi$ im Zeitraum dt lautet:

$$d\varphi = c \cdot dt \mp \left(\vec{e}_0 \cdot d\vec{r}\right) = 0 \tag{2.7}$$

Durch Umformung kann ein Ausdruck für die Geschwindigkeit gefunden werden, mit der sich die Orte konstanter Phase im Raum bewegen.

$$0 = c \cdot dt \mp \left(\vec{e}_0 \cdot d\vec{r}\right)$$
$$= c \cdot \left(\vec{e}_0 \cdot \vec{e}_0\right) \cdot dt \mp \left(\vec{e}_0 \cdot d\vec{r}\right)$$
$$= \vec{e}_0 \cdot \underbrace{\left(c\, \vec{e}_0 \, dt \mp d\vec{r}\right)}_{=0}$$

Wenn die rechte Seite der Gleichung gleich Null ist, muß der Klammerausdruck verschwinden.

$$\Rightarrow \qquad 0 = c\, \vec{e}_0 \, dt \mp d\vec{r}$$

$$\Leftrightarrow \qquad \pm \frac{d\vec{r}}{dt} = c\, \vec{e}_0 \tag{2.8}$$

Die Geschwindigkeit, mit der sich Orte konstanter Phase in $\vec{e}_0$-Richtung durch den Raum bewegen, wird als *Phasengeschwindigkeit* c bezeichnet. Für elektromagnetische Wellen, die sich im Vakuum ausbreiten, ist die Phasengeschwindigkeit c gleich der Lichtgeschwindigkeit c_0 ($c_0 = 2,99792458 \cdot 10^8$ m/s).

Für die Einführung weiterer Begriffe wird nun der folgende Spezialfall einer ebenen Welle betrachtet. Eine harmonische ebene Welle, die sich eindimensional in positive x-Richtung ausbreitet, kann durch folgende Gleichung beschrieben werden:

$$\vec{A}(x, t) = \vec{A}_0 \cdot \cos\left[k(ct - x)\right] \tag{2.9}$$

Der Faktor k hat die Einheit 1/m und kann sowohl im Zusammenhang mit der zeitlichen als auch im Zusammenhang mit der räumlichen Periodizität der harmonischen Welle beschrieben werden.

- Zeitliche Periodizität

  Die zeitliche Periodizität einer Welle wird durch die Schwingungsdauer T, bzw. durch die Frequenz $\nu = 1/T$ beschrieben.

$$\vec{A}(x, t) = \vec{A}(x, t \pm T)$$
$$\vec{A}_0 \cdot \cos\left[k(ct - x)\right] = \vec{A}_0 \cdot \cos\left[k(c(t \pm T) - x)\right]$$
$$k(ct - x) = k(c(t \pm T) - x) \pm 2\pi$$
$$kct - kx = kct \pm kcT - kx \pm 2\pi$$

$$\pm kc = \mp \frac{2\pi}{T} = \mp 2\pi v = \mp \omega \qquad : \quad \text{Kreisfrequenz} \quad \omega \qquad (2.10)$$

- Örtliche Periodizität

  Die örtliche Periodizität einer Welle wird durch die Wellenlänge λ beschrieben. Durch kurze Rechnung erhält man einen Ausdruck für k:

$$\vec{A}(x,t) = \vec{A}(x \pm \lambda, t)$$
$$\vec{A}_0 \cos[k(ct - x)] = \vec{A}_0 \cos[k(ct - (x \pm \lambda))]$$
$$k(ct - x) = k(ct - (x \pm \lambda)) \pm 2\pi$$
$$kct - kx = kct - kx \mp k\lambda \pm 2\pi$$

$$\pm k = \pm \frac{2\pi}{\lambda} \quad : \quad \text{Wellenzahl} \qquad (2.11)$$

Die *Wellenzahl* k gibt demnach die Anzahl der Wellenzüge auf einem Einheitskreis mit dem Umfang 2π an.

Werden die Ausdrücke für die Wellenzahl und die Kreisfrequenz zusammengefaßt, so erhält man den folgenden Ausdruck für die Phasengeschwindigkeit:

$$c = \lambda \cdot v \qquad (2.12)$$

2.2.2 Ausbreitung ebener Wellen in einem absorbierenden Medium

Die Ausbreitung elektromagnetischer Strahlung in einem absorbierenden Medium wird durch die Maxwellschen Gleichungen beschrieben. Betrachtet man ein Medium ohne Raumladung und mit homogener Leitfähigkeit, so kann aus den Maxwell-Gleichungen die *Telegrafengleichung* abgeleitet werden.

$$\Delta \vec{E} - \varepsilon_0 \varepsilon_r \mu_0 \mu_r \cdot \frac{\partial^2 \vec{E}}{\partial t^2} - \sigma \cdot \mu_0 \mu_r \frac{\partial \vec{E}}{\partial t} = 0 \quad : \quad \text{Telegrafengleichung} \qquad (2.13)$$

mit μ_0 : Permeabilität, $\qquad \mu_0 = 4\pi \cdot 10^{-7} \frac{Vs}{Am}$

μ_r : relative Permeabilität

ε_0 : Dielektrizitätskonstante, $\quad \varepsilon_0 = \dfrac{1}{\mu_0 \cdot c_0^2}$ $\qquad (2.14)$

$$\varepsilon_0 = 8{,}854187817 \cdot 10^{-12} \frac{As}{Vm}$$

ε_r : relative Dielektrizitätskonstante

σ : elektrische Leitfähigkeit

Die Telegrafengleichung kann mit einem Ansatz für eine ebene harmonische Welle gelöst werden.

$$\vec{E}(\vec{r}, t) = \vec{E}_0 \cdot e^{j(\omega t - \vec{k} \cdot \vec{r})}$$

(2.15)

$\vec{k}$ ist der *Wellenvektor* und entspricht der Wellenzahl k, die in (2.11) für den Spezialfall einer eindimensionalen harmonischen Welle eingeführt wurde. Durch Einsetzen von (2.15) in (2.13) kann nach Eliminierung der Exponentialfunktion ein Ausdruck für die Wellenzahl k bestimmt werden.

$$j^2 k^2 - \varepsilon_0 \varepsilon_r \mu_0 \mu_r \cdot j^2 \omega^2 - \sigma \cdot \mu_0 \mu_r \cdot j\omega = 0$$

$$\Rightarrow \quad k = \sqrt{\varepsilon_0 \varepsilon_r \mu_0 \mu_r \cdot \omega^2 - j \cdot \sigma \mu_0 \mu_r \omega}$$

Nutzt man den Zusammenhang zwischen Dielektrizitätskonstante und Permeabilität (2.14), so kann für den Fall $\mu_r = 1$ ein kompakter Ausdruck für die Wellenzahl k formuliert werden.

$$k = \underbrace{\frac{\omega}{c_0}}_{k_0} \cdot \underbrace{\sqrt{\varepsilon_r - j \cdot \frac{\sigma}{\varepsilon_0 \omega}}}_{\underline{N}}$$

$$k = k_0 \cdot \underline{N}$$

(2.16)

$\underline{N}$ wird auch als *komplexe Brechzahl* bezeichnet und kann so formuliert werden, daß der Realteil und der Imaginärteil von $\underline{N}$ getrennt sind.

$$\underline{N} \equiv \sqrt{\varepsilon_r - j \cdot \frac{\sigma}{\varepsilon_0 \omega}} \equiv n \cdot (1 - j \cdot \kappa)$$

(2.17)

mit n : Brechungsindex

κ : Extinktionskoeffizient

Durch eine Reihenentwicklung des Wurzelausdrucks in (2.17) kann gezeigt werden, daß n und k wie folgt von den Größen ε_0, ε_r, σ und ω abhängen:

$$n \approx \sqrt{\varepsilon_r}$$

$$\kappa \approx \frac{\sigma}{2\varepsilon_r \varepsilon_0 \omega}$$

(2.18)

Der Realteil der komplexen Brechzahl $\underline{N}$ entspricht dem *Brechungsindex* n und beschreibt die **Ausbreitung** der Welle. Der Brechungsindex eines Mediums entspricht dem Verhältnis der Phasengeschwindigkeit einer elektromagnetischen Welle im Vakuum zu der Phasengeschwindigkeit der Welle im Medium.

$$n = \frac{c_0}{c}$$

(2.19)

Der *Extinktionskoeffizient* κ ist ein Maß für die **Dämpfung** der Welle im Medium. Dies soll am Beispiel einer eindimensionalen harmonischen Welle verdeutlicht werden.

$$E(x,t) = E_0 \cdot e^{j(\omega t - kx)} = E_0 \cdot e^{j(\omega t - k_0 \cdot \underline{N} \cdot x)}$$

$$= E_0 \cdot e^{j(\omega t - k_0 \cdot n \cdot x + k_0 \cdot n \cdot j \kappa \cdot x)} = E_0 \cdot e^{-k_0 \cdot n \cdot \kappa \cdot x} \cdot e^{j(\omega t - k_0 \cdot n \cdot x)}$$

Die Amplitude E_0 wird bei Ausbreitung der Welle in x-Richtung mit dem Vorfaktor $e^{-k_0 \cdot n \cdot \kappa \cdot x}$ gedämpft. Der Extinktionskoeffizient κ ist mit dem *Absorptionskoeffizienten* α verknüpft, der die Dämpfung der Strahlungsleistung in einem Medium beschreibt. Die Strahlungsleistung ist proportional zum Quadrat der elektrischen Feldstärke. Damit gilt für die Amplitude der Leistung, daß sie mit dem Vorfaktor $e^{-2 \cdot k_0 \cdot n \cdot \kappa \cdot x}$ gedämpft wird. Für den Absorptionskoeffizienten α erhält man damit den folgenden Ausdruck:

$$\alpha \equiv 2 \cdot k_0 \cdot n \cdot \kappa \overset{(2.11)}{=} 2 \cdot \frac{2\pi c}{\lambda c_0} \cdot n \cdot \kappa$$

$$\alpha = \frac{4\pi \cdot \kappa}{\lambda} \overset{(2.18)}{=} \frac{4\pi \cdot \sigma}{\lambda \cdot 2 n^2 \cdot \varepsilon_0 \omega} \overset{(2.11),(2.12)}{=} \frac{4\pi \cdot \sigma}{2 n^2 \cdot \varepsilon_0 \cdot 2\pi \cdot c} \overset{(2.19)}{=} \frac{\sigma}{\varepsilon_0 \cdot n \cdot c_0} \qquad (2.20)$$

Berechnet man den Wert des Absorptionskoeffizienten zum Beispiel für GaAs mit $n_{GaAs} \approx 3{,}6$ mit einem durchschnittlichen Wert für die Leitfähigkeit, z.B. für $\rho = 1/\sigma = 10\ \Omega cm$, so erhält man einen α-Wert von $\alpha \approx 10\ cm^{-1}$. Dieser Wert liegt um Größenordnungen unter dem Wert, den man experimentell finden kann (s. Abb. 4.5). Dieser Widerspruch zum Experiment ist darauf zurückzuführen, daß die elektromagnetische Strahlung hier allein im Wellenbild beschrieben und die Wechselwirkung mit dem Medium nicht berücksichtigt wurde. Eine ausführliche Diskussion des Absorptionskoeffizienten unter Berücksichtigung der Quantennatur des Lichtes und der Wechselwirkung mit dem absorbierenden Festkörper erfolgt in Kapitel 4.

2.2.3 Superposition von ebenen Wellen

Nach der Einführung der Größen, welche die ebenen Wellen beschreiben, wird nun die Überlagerung ebener Wellen untersucht. Dabei wird die Superposition von ebenen Wellen hier am Beispiel zweier eindimensionaler harmonischer ebener Wellen durchgeführt. Anhand dieses Beispiels sollen die Begriffe *Phasen-* und *Gruppengeschwindigkeit* sowie *Dispersion* erläutert werden.

Ausgangspunkt der Überlegungen sind zwei harmonische Wellen mit den Kreisfrequenzen ω_0 und $\omega = \omega_0 + \Delta\omega$ sowie den Wellenzahlen k_0 und $k = k_0 + \Delta k$:

$$A_1(x,t) = A \cdot \cos(\omega_0 t - k_0 x)$$
$$A_2(x,t) = A \cdot \cos(\omega t - k x)$$

(2.21)

Die Unterschiede der Kreisfrequenz und der Wellenzahl seien sehr viel kleiner als die Größen selber:

$$\Delta\omega \ll \omega, \omega_0 \quad \text{und} \quad \Delta k \ll k, k_0 \tag{2.22}$$

Mit diesen Annahmen und den Additionstheoremen kann die Überlagerung beider Wellen berechnet werden:

$$
\begin{aligned}
A_1 + A_2 &= A \cdot \cos(\omega_0 t - k_0 x) + A \cdot \cos(\omega t - k x) \\
&= 2 A \cdot \cos\left(\frac{\omega - \omega_0}{2} t - \frac{k - k_0}{2} x\right) \cdot \cos\left(\frac{\omega + \omega_0}{2} t - \frac{k + k_0}{2} x\right) \\
&\underset{\substack{\Delta\omega \ll \omega, \omega_0 \\ \Delta k \ll k, k_0}}{\approx} 2 A \cdot \underbrace{\cos\left(\underbrace{\frac{\Delta\omega}{2} t - \frac{\Delta k}{2} x}_{\Phi}\right)}_{\text{modulierte Amplitude}} \cdot \underbrace{\cos(\omega_0 t - k_0 x)}_{\text{Phase } \varphi}
\end{aligned}
$$

(2.23)

Das Ergebnis der Überlagerung ist eine Welle mit einer modulierten Amplitude (s. Abb. 2.9), bei der die Modulation lediglich durch die Unterschiede in der Frequenz und in der Wellenlänge der beiden Wellen bestimmt wird (s. Gleichung (2.23)). Eine solche Überlagerung wird auch als *Schwebung* bezeichnet.

In Abb. 2.9 sind sogenannte *Wellengruppen* zu erkennen, die durch die Modulation der Amplitude entstehen. Die Geschwindigkeit, mit der sich diese Wellengruppen ausbreiten, wird als die *Gruppengeschwindigkeit* v_{Gruppe} bezeichnet. Die Berechnung der Gruppengeschwindigkeit erfolgt in Analogie zur Berechnung der Phasengeschwindigkeit in Kapitel 2.2.1. Dabei wird die zeitliche Änderung der Orte konstanter Phase Φ der Wellengruppe betrachtet:

$$\Phi = \frac{\Delta\omega}{2} t - \frac{\Delta k}{2} x$$

$$d\Phi = \frac{\Delta\omega}{2} dt - \frac{\Delta k}{2} dx = 0$$

$$\frac{dx}{dt} = \frac{\Delta\omega}{\Delta k} \equiv v_{\text{Gruppe}} \tag{2.24}$$

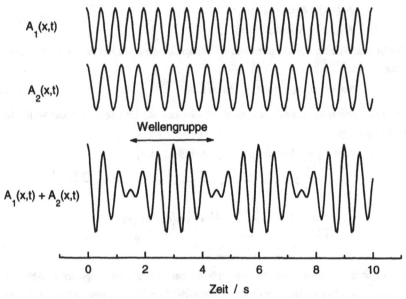

Abb. 2.9:   Überlagerung zweier ebener harmonischer Wellen zu einer Schwebung

Bisher wurde nur die Überlagerung zweier Wellen mit diskreten Frequenzen und Wellenzahlen betrachtet. Bei der Überlagerung von sehr vielen Wellen, die kontinuierlich verteilte Frequenzen und Wellenzahlen haben, geht die Definition der Gruppengeschwindigkeit von der Differenzen-Schreibweise in die Differential-Schreibweise über.

$$\lim_{\Delta k \to 0} \frac{\Delta \omega}{\Delta k} = \frac{d\omega}{dk} \equiv v_{Gruppe} \tag{2.25}$$

Zusammen mit der Definition der Phasengeschwindigkeit aus Kapitel 2.2.1:

$$v_{Phase} \equiv \frac{\omega}{k} \tag{2.26}$$

kann nun der Zusammenhang zwischen Phasen- und Gruppengeschwindigkeit, die sogenannte *Rayleigh-Beziehung*, bestimmt werden.

$$v_{Gruppe} \overset{(2.25)}{=} \frac{d\omega}{dk} \overset{(2.26)}{=} \frac{d\left(k \cdot v_{Phase}\right)}{dk} = v_{Phase} + k \cdot \frac{dv_{Phase}}{dk}$$

$$\overset{(2.11)}{=} v_{Phase} + \frac{2\pi}{\lambda} \cdot \frac{dv_{Phase}}{d\left(\frac{2\pi}{\lambda}\right)}$$

$$= v_{Phase} - \lambda \cdot \frac{dv_{Phase}}{d\lambda} \tag{2.27}$$

Gleichung (2.27) macht deutlich, daß sich Phasen- und Gruppengeschwindigkeit unterscheiden, wenn die Phasengeschwindigkeit eine Funktion der Wellenlänge ist. Diese Erscheinung wird auch als *Dispersion* bezeichnet.

Oftmals wird die Dispersion auch mit Hilfe des Brechungsindexes beschrieben (vgl.(2.19)).

$$n(\lambda) \equiv \frac{c_0}{v_{\text{Phase}}(\lambda)} \tag{2.28}$$

Mit (2.27) und (2.28) erhält man damit den folgenden Ausdruck für die Gruppengeschwindigkeit:

$$v_{\text{Gruppe}} = \frac{c_0}{n} - \lambda \cdot \frac{d\left(\frac{c_0}{n}\right)}{d\lambda} = \frac{c_0}{n} + \lambda \cdot \frac{c_0}{n^2} \cdot \frac{dn}{d\lambda} = \frac{c_0}{n} \cdot \left(1 + \frac{\lambda}{n} \cdot \frac{dn}{d\lambda}\right)$$

$$\boxed{v_{\text{Gruppe}} = v_{\text{Phase}} \cdot \left(1 + \frac{\lambda}{n} \cdot \frac{dn}{d\lambda}\right)} \tag{2.29}$$

Rayleigh-Beziehung

Die Rayleigh-Beziehung (2.29) ist eine äquivalente Formulierung der Gleichung (2.27) mit dem Unterschied, daß in (2.29) die Dispersion durch die Wellenlängenabhängigkeit des Brechungsindexes formuliert wird. Abb. 2.10 zeigt den Brechungsindex $n(\lambda)$ als Funktion der Wellenlänge λ für einige Materialien. Der Bereich der sichtbaren Strahlung ist hervorgehoben.

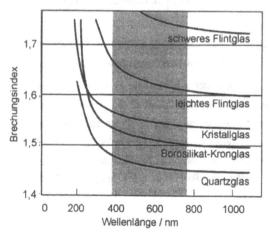

Abb. 2.10: Abhängigkeit des Brechungsindexes n von der Wellenlänge λ für unterschiedliche Materialien nach [1, S.62]

Abb. 2.10 zeigt, daß die Steigung von $n(\lambda)$ stark von der Wellenlänge abhängt. Nach Gleichung (2.29) ist dies der Größe der Dispersion zuzuschreiben.

Abb. 2.11 zeigt die Dispersionskurven unterschiedlicher optischer Werkstoffe. Interessant ist die Beobachtung, daß sämtliche Werkstoffe ein Minimum im Verlauf $|dn/d\lambda| = f(\lambda)$ enthalten, das sogenannte *Dispersionsminimum*. Dieser Wert, zum Beispiel für amorphen Quarz bei $\lambda \approx 1,3 \ \mu m$ gelegen, ist von hohem technischen Interesse (s. Abb. 9.2).

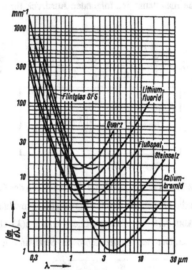

Abb. 2.11: Dispersion $|dn/d\lambda|$ als Funktion der Wellenlänge
für verschiedene Prismenmaterialien aus [2]

Man unterscheidet bei den optischen Werkstoffen die Bereiche *normaler Dispersion*, für welche die Gruppengeschwindigkeit kleiner als die Phasengeschwindigkeit ist ($dn/d\lambda < 0$), von den Bereichen *anomaler Dispersion*, bei denen die Gruppengeschwindigkeit größer als die Phasengeschwindigkeit ist ($dn/d\lambda > 0$). Im Bereich anomaler Dispersion befindet sich das absorbierende Medium in unmittelbarer Nähe einer Resonanzstelle seiner Festkörperstruktur mit dem Strahlungsfeld. Dieser Bereich sollte beim Arbeiten mit optischen Geräten möglichst vermieden werden.

2.2.4 Natürliche Strahlungsquellen

In Kapitel 2.2.3 wurde die Superposition zweier ebener Wellen untersucht, um die Begriffe Gruppengeschwindigkeit und Dispersion einzuführen. In diesem Kapitel erfolgt die Untersuchung der Überlagerung sehr vieler Wellenzüge, wie sie bei natürlichen Strahlungsquellen zu beobachten ist. Dabei werden die Begriffe *Kohärenz, Kohärenzzeit* und *Kohärenzlänge* eingeführt.

Bei der Beschreibung der Entstehung der elektromagnetischen Strahlung in Kapitel 2.1 wurde der Übergang eines angeregten Atoms in den Grundzustand durch Abstrahlung der endlichen Energiedifferenz der Energiezustände erläutert. Im Modell des Hertzschen Dipols erfolgt diese Abstrahlung durch eine harmonische Schwingung des Ladungsschwerpunktes. Dieser Abstrahlvorgang ist von einer endlichen Zeitdauer, da eine endliche Energiemenge abgestrahlt wird. Abb. 2.12 zeigt einen denkbaren Zeitverlauf der elektrischen Feldstärke eines solchen Abstrahlvorgangs.

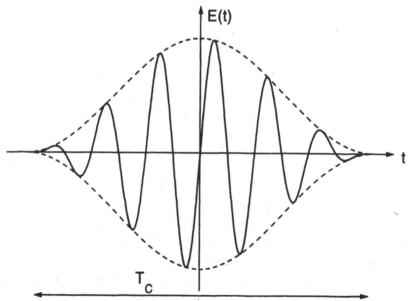

Abb. 2.12: Modellierter Zeitverlauf der elektrischen Feldstärke beim Abstrahlvorgang des Übergangs eines angeregten Atoms in den Grundzustand

Die zeitliche Länge des Wellenzuges wird auch als die *Kohärenzzeit* T_C bezeichnet. Betrachtet man die räumliche Ausbreitung der Welle mit der Geschwindigkeit c, so ist über c die Kohärenzzeit T_C mit der *Kohärenzlänge* L_C verknüpft.

$$L_C = c \cdot T_C \qquad\qquad (2.30)$$

Diese Bezeichnungen für die endlichen Wellenzüge beruhen auf der Definition des Begriffes *Kohärenz*. Man bezeichnet Kohärenz auch als Interferenzfähigkeit von Wellen. Das bedeutet, daß kohärente Wellenzüge durch Überlagerung Interferenzerscheinungen, d.h. Auslöschungen und Verstärkungen der Wellenamplitude, zeigen können. Für das Auftreten von Interferenzerscheinungen ist es notwendig, daß die interferierenden Wellenzüge in einer festen Phasenbeziehung zueinander stehen.

Die Abstrahlvorgänge der einzelnen Atome einer Strahlungsquelle erfolgen im allgemeinen unabhängig voneinander, so daß die abgestrahlten Wellenzüge keine feste Phasenbeziehung zueinander haben. Solche Strahlung wird als *inkohärent* bezeichnet. Wenn man es jedoch zum Beipiel mit Hilfe eines *Michelson-Interferometers* möglich macht, daß der Wellenzug eines einzelnen Abstrahlvorganges mit sich selbst überlagert wird, können Interferenzerscheinungen beobachtet werden.

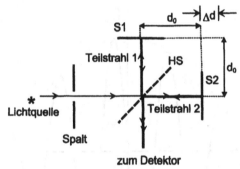

Abb. 2.13: Prinzipskizze eines Michelson-Interferometers

Abb. 2.13 zeigt den prinzipiellen Aufbau eines Michelson-Interferometers, bei dem das Licht einer Lichtquelle durch einen Spalt auf einen halbdurchlässigen Spiegel HS gesendet wird. Der halbdurchlässige Spiegel HS teilt den Lichtstrahl in die Teilstrahlen 1 und 2 auf. Nach der Reflexion an den Spiegeln S1 und S2 werden die Teilstrahlen wieder überlagert. Die Intensität der überlagerten Teilstrahlen wird von einem Detektor registriert. Durch Variation der Position des Spiegels S2 um die Strecke Δd kann die Länge des Strahlengangs des Teilstrahls 2 um den Wert $2 \cdot \Delta d$ verändert werden und auf diese Weise ein Gangunterschied der Teilstrahlen eingestellt werden. In Abhängigkeit von der Größe des Gangunterschiedes und der Wellenlänge des Lichtes registriert der Detektor eine gegenseitige Verstärkung oder Auslöschung der Teilstrahlen. Diese Interferenzeffekte können jedoch nur beobachtet werden, wenn die Länge des von der Lichtquelle ausgesendeten Wellenzuges, die Kohärenzlänge, größer als der Gangunterschied $2 \cdot \Delta d$ ist. Auf diese Weise kann die Kohärenzlänge der Strahlung einer Lichtquelle bestimmt werden.

Die Kohärenzzeit T_C kann mit der spektralen Bandbreite Δv der Strahlung in Zusammenhang gebracht werden. Zu diesem Zweck muß eine Verbindung zwischen der Beschreibung eines Wellenzuges im Zeit- und im Frequenzbereich hergestellt werden. Die *Fourier-Transformation* stellt eine solche Verbindung her. Durch die Fourier-Transformation können einmalige und nichtperiodische Signale, z.B. der endliche Abstrahlvorgang eines einzelnen Atoms, durch die Überlagerung von harmonischen Funktionen beschrieben werden. Gleichung (2.31) zeigt die Definitionsgleichung der Fourier-Transformation. Auf weitere Transformationsgesetze soll hier jedoch nicht näher eingegangen werden. Eine ausführlichere Darstellung findet sich zum Beispiel in [4].

$$\underline{S}(v) = \int\limits_{-\infty}^{+\infty} s(t) \cdot e^{-j2\pi \cdot v \cdot t} \, dt \qquad (2.31)$$

$\underline{S}(v)$ nennt man die *komplexe Spektraldichte* der Zeitfunktion $s(t)$ oder auch *die Fourier-Transformierte* von $s(t)$. Dieser Zusammenhang wird auch durch das Symbol $s(t) \circ\!\!-\!\!\bullet \underline{S}(v)$ dargestellt.

Am Beispiel einer endlichen harmonischen Schwingung (s. Abb. 2.14 a) soll der Zusammenhang zwischen der Kohärenzzeit T_C und der Halbwertsbreite Δv_H des Leistungsspektrums $L(v) \equiv |\underline{S}(v)|^2$ betrachtet werden. Das Leistungsspektrum wird deshalb untersucht, weil es der Messung eher zugänglich ist als das Spektrum der elektrischen oder magnetischen Feldstärke, welches der Fourier-Transformierten $\underline{S}(v)$ entspricht.

Da hier nur der prinzipielle Zusammenhang zwischen der spektralen Bandbreite und der Kohärenzzeit untersucht werden soll, wird ein einfaches Zeitsignal gewählt. Die prinzipiellen Aussagen gelten dann auch für kompliziertere Zeitsignale, wie sie zum Beispiel in Abb. 2.12 vorgestellt wurden.

Die Zeitfunktion $s(t)$ sei durch folgenden Ausdruck beschrieben (s. Abb. 2.14 a):

$$s(t) = \begin{cases} s_0 \cdot \cos(2\pi v_0 t) & \text{für} \quad |t| \leq \dfrac{T_C}{2} \\[2ex] 0 & \text{für} \quad |t| > \dfrac{T_C}{2} \end{cases} \qquad (2.32)$$

Die Fourier-Transformierte $\underline{S}(v)$ kann durch Ausführen der Transformationsvorschrift (2.31) oder durch Nachschlagen in Tabellen für die Fourier-Transformation (z.B. in [4]) bestimmt werden.

$$\underline{S}(\nu) = s_0 \cdot \frac{T_C}{2} \cdot \frac{\sin\left(\pi(\nu - \nu_0) \cdot T_C\right)}{\pi(\nu - \nu_0) \cdot T_C} + s_0 \cdot \frac{T_C}{2} \cdot \frac{\sin\left(\pi(\nu + \nu_0) \cdot T_C\right)}{\pi(\nu + \nu_0) \cdot T_C} \qquad (2.33)$$

Der Frequenzgang von S(ν) ist in Abbildung 2.14 b dargestellt.

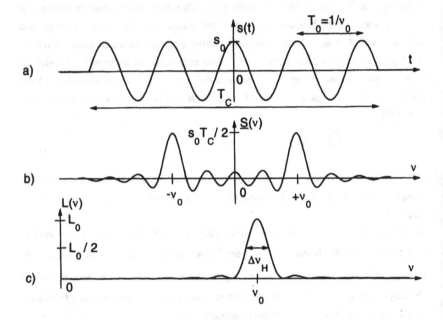

Abb. 2.14: a) Endlicher harmonischer Wellenzug s(t) mit der Kohärenzzeit T_C,

b) Fourier-Transformierte $\underline{S}(\nu)$ ●—o s(t) und

c) Leistungsspektrum L(ν) mit der Halbwertsbreite $\Delta\nu_H$

Um die Berechnung des Leistungsspektrums L(ν) zu vereinfachen, wird nur der Anteil der Fourier-Transformierten im positiven Frequenzbereich betrachtet, da für die Bestimmung der Halbwertsbreite keine zusätzlichen Informationen im Bereich negativer Frequenzen hinzukommen (s. Abb. 2.14 b). Der Bereich positiver Frequenzen entspricht in guter Näherung dem ersten Summanden in (2.33).

$$\underline{S}(\nu) \approx s_0 \cdot \frac{T_C}{2} \cdot \frac{\sin\left(\pi(\nu - \nu_0) \cdot T_C\right)}{\pi(\nu - \nu_0) \cdot T_C} \qquad \text{für } \nu > 0$$

$$\Rightarrow \quad L(v) = |\underline{S}(v)|^2 \approx \left(s_0 \cdot \frac{T_C}{2} \cdot \frac{\sin\left(\pi(v - v_0) \cdot T_C\right)}{\pi(v - v_0) \cdot T_C} \right)^2 \tag{2.34}$$

Die Halbwertsbreite Δv_H bestimmt man aus der Frequenz v_H, bei der das Leistungsspektrum auf die Hälfte des Maximalwertes abgesunken ist (s. Abb. 2.14 c).

$$\Delta v_H = 2 \cdot \left(v_H - v_0 \right) \tag{2.35}$$

$$\text{mit} \quad \frac{L(v_H)}{L(v_0)} = \left(\frac{\sin\left(\pi(v_H - v_0) \cdot T_C\right)}{\pi(v_H - v_0) \cdot T_C} \right)^2 = \frac{1}{2} \tag{2.36}$$

Gleichung (2.36) ist eine transzendente Bestimmungsgleichung für v_H, welche durch die Substitution $x_0 = \pi(v_H - v_0) \cdot T_C$ in die folgende Form überführt werden kann:

$$\sin x_0 - \frac{1}{\sqrt{2}} \cdot x_0 = 0 \tag{2.37}$$

Die Lösung von (2.37) kann numerisch, zum Beispiel mit Hilfe des Newton-Verfahrens, bestimmt werden.

$$x_0 = 1{,}391557\ldots \tag{2.38}$$

Für die Halbwertsbreite Δv_H erhält man mit (2.35) und (2.38) das folgende Ergebnis:

$$\Delta v_H = 2 \cdot \left(v_H - v_0 \right) = 2 \cdot \frac{x_0}{\pi \cdot T_C} \approx 0{,}886 \cdot \frac{1}{T_C} \tag{2.39}$$

Der Zahlenfaktor in (2.39) gilt für das hier vorgestellte Beispiel eines endlichen Wellenzuges, der sich entsprechend Gleichung (2.32) formulieren läßt. Für andere endliche Wellenzüge ändert sich der Faktor nur geringfügig und ist in der Größenordnung von 1, so daß die folgende verallgemeinerte Aussage über den Zusammenhang von Halbwertsbreite und Kohärenzzeit gültig ist:

$$\Delta v_H \propto \frac{1}{T_C} \tag{2.40}$$

Das Ergebnis (2.40) sagt aus, daß je größer die Kohärenzzeit eines Wellenzuges wird, desto kleiner ist seine spektrale Bandbreite. Anders formuliert heißt das, daß nur mit sehr schmalbandigen, nahezu monochromatischen Frequenzspektren sehr große Kohärenzzeiten zu erreichen sind. Diese Aussage kann auch als *Unschärferelation der Wellenübertragung* betrachtet werden und kann mit der Heisenbergschen Unschärferelation verglichen werden, die in Kapitel 2.4 vorgestellt wird.

Ein Vergleich unterschiedlicher Lichtquellen zeigt, mit welchen Lichtquellen große Kohärenzzeiten und -längen erreicht werden können.

Lichtquelle	Δv / Hz	T_C / s	L_C / m	Anzahl der Wellen-züge
heiße Strahlungsquellen	$\leq 10^{14}$	$\geq 10^{-14}$	$\geq 3 \cdot 10^{-6}$	$1...10$
beste Niederdrucklampen für monochromatisches Licht	$\geq 10^9$	$\leq 10^{-9}$	$\leq 0,3$	$10^5...10^6$
Heliumlaser	≈ 10	$\approx 0,1$	$\approx 3 \cdot 10^7$	$\approx 5 \cdot 10^{11}$

Tabelle 2.1: Spektrale Bandbreiten, Koärenzzeiten und -längen unterschiedlicher Lichtquellen

Zum Abschluß dieses Kapitels werden in Tabelle 2.2 die Begriffe zusammengefaßt, die in Kapitel 2.2 eingeführt wurden.

Größe	Beschreibung		
φ	Phase der ebenen Welle	$\varphi = c\,t \mp \left(\vec{e}_0 \cdot \vec{r} \right)$	(2.5)
$\vec{e}_0$	Vektor in Ausbreitungsrichtung der Welle, d.h. Normalenvektor der Ebenen konstanter Phase	$\left(\vec{e}_0 \cdot \vec{r} \right) = \text{konstant}$	(2.6)
c, v_{Phase}	Phasengeschwindigkeit: Geschwindigkeit, mit der sich die Ebenen konstanter Phase durch den Raum bewegen	$\pm \dfrac{d\vec{r}}{dt} = c \cdot \vec{e}_0$	(2.8)
v, ω	Frequenz, Kreisfrequenz	$\omega = 2\pi \cdot v$	(2.10)
λ	Wellenlänge	$c = \lambda \cdot v$	(2.12)
k	Wellenzahl örtliche Periodizität: zeitliche Periodizität:	$k = 2\pi/\lambda$ $k \cdot c = \omega$	(2.11) (2.10)
n	Brechungsindex	$n = \dfrac{c_0}{v_{\text{Phase}}}$	(2.19)
v_{Gruppe}	Gruppengeschwindigkeit: Geschwindigkeit, mit der sich Wellengruppen, die durch Überlagerung von Wellen entstehen, im Raum ausbreiten	$v_{\text{Gruppe}} = v_{\text{Phase}}\left(1 + \dfrac{\lambda}{n} \cdot \dfrac{dn}{d\lambda}\right)$ Rayleigh-Beziehung	(2.29)
T_C, L_C	Kohärenzzeit, Kohärenzlänge: Zeitliche, bzw. örtliche Länge eines Wellenzuges	$L_C = c \cdot T_C$	(2.30)
Δv_H	spektrale Bandbreite	$\Delta v_H \propto \dfrac{1}{T_C}$	(2.40)

Tabelle 2.2: Übersicht der Größen, welche ebene Wellen beschreiben

2.3 Der Schwarze Körper

Zum Abschluß der Beschreibung der elektromagnetischen Strahlung wird in diesem Kapitel das Emissionsverhalten eines Schwarzen Körpers behandelt. Die Beschreibung der spektralen Energiedichte eines Schwarzen Körpers mit Hilfe der Feldtheorie (s. Kapitel 2.3.2), bei der die elektromagnetische Strahlung als Welle betrachtet wird, führt zu Widersprüchen, die erst mit der Einführung des Teilchencharakters der elektromagnetischen Strahlung beseitigt werden können (s. Kapitel 2.3.3). Zunächst wird jedoch der Begriff des Schwarzen Körpers eingeführt.

2.3.1 Definition des Schwarzen Körpers

Jeder Körper versucht, mit seiner Umgebung den Zustand des thermodynamischen Gleichgewichtes einzunehmen. Dabei kann der Wärmeaustausch mit der Umgebung durch *Wärmekonvektion*, *Wärmeleitung* und *Wärmestrahlung* erfolgen. Hier soll lediglich auf Aspekte der Wärmestrahlung eingegangen werden. Es gibt zwei Arten der Strahlung, die an dem Wärmeaustausch beteiligt sind: Die Eigen- und die Fremdstrahlung.

Der Körper emittiert *Eigenstrahlung*, die durch die spezifische Ausstrahlung M_e (in W/m^2) oder durch die Strahlstärke I_e (in W/sr) beschrieben werden kann. Andererseits trifft auf den Körper *Fremdstrahlung*, die durch die Bestrahlungsstärke E_0 (in W/m^2) beschrieben wird. Die Fremdstrahlung kann von dem Körper reflektiert, absorbiert oder transmittiert werden (s. Abb. 2.15).

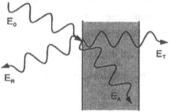

Abb. 2.15: Reflexion, Absorption und Transmission von Fremdstrahlung

Die Summe aus reflektierter, absorbierter und transmittierter Strahlung muß gleich der einfallenden Fremdstrahlung sein. Bezieht man die Anteile der reflektierten, absorbierten oder transmittierten Strahlung auf die einfallende Strahlung, so können die Größen *Reflexions-* (R), *Absorptions-* (A) und *Transmissionsvermögen* (T) definiert werden, deren Summe immer gleich eins ist.

$$E_0 = E_R + E_A + E_T \quad \Leftrightarrow \quad 1 = \frac{E_R}{E_0} + \frac{E_A}{E_0} + \frac{E_T}{E_0} \quad \Leftrightarrow \quad 1 = R + A + T \quad (2.41)$$

Der *Schwarze Körper* ist ein idealisierter Körper, dessen Absorptionsvermögen A_{SK} gleich eins ist, das heißt, daß der Schwarze Körper keine Strahlung reflektiert ($R_{SK} = 0$, perfekte Absorption für alle Wellenlängen) oder transmittiert ($T_{SK} = 0$, perfekte thermische Isolation). Nach dem *Kirchhoffschen Gesetz* ist die emittierte Strahlungsleistungsdichte eines Schwarzen Körpers nur von der Frequenz der Strahlung und der Temperatur des Schwarzen Körpers abhängig. Eine Vorstellung vom Schwarzen Körper kann man sich mit Hilfe eines Ofens machen, dessen Innenwände vom Ruß geschwärzt sind, so daß alle Strahlung von den Wänden absorbiert wird. Durch Erhitzen der Ofenwände fangen diese nur aufgrund ihrer Temperatur an zu strahlen. Es entsteht dabei ein thermisches Gleichgewicht zwischen der Abstrahlung der Ofenwände und der auf sie fallenden Strahlung aus dem Hohlraum.

Die Strahlungsleistungsdichte eines Schwarzen Körpers wurde 1879 experimentell von Stefan und Boltzmann untersucht. Sie stellten das *Stefan-Boltzmann-Gesetz* auf, das besagt, daß die Strahlungsleistungsdichte des Schwarzen Körpers proportional zur vierten Potenz der Temperatur ist:

$$E_{SK} = \sigma \cdot T^4 \qquad \text{mit} \qquad \sigma = 5,67 \cdot 10^{-8} \, \frac{W}{m^2 \, K^4} \qquad (2.42)$$

Stefan-Boltzmann-Gesetz

Die Proportionalitätskonstante σ wird als *Stefan-Boltzmann-Konstante* bezeichnet.

Die Berechnung der Strahlungsleistungsdichte, die durch das Stefan-Boltzmann-Gesetz beschrieben wird, erfolgt über die Beschreibung der spektralen Energiedichte des Schwarzen Körpers $u_{SK}(v,T)$. Daher wird nun auf den Zusammenhang zwischen spektraler Energiedichte (in Ws/(Hz m^3)) und spektraler Strahlungsleistungsdichte (in W/(Hz m^2)) eingegangen.

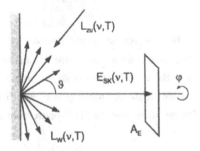

Abb. 2.16: Gleichgewicht zwischen Wand und Hohlraum des Schwarzen Körpers

Die spektrale Bestrahlungsstärke $E_{SK}(\nu,T)$, die durch Abstrahlung der Wand des Schwarzen Körpers auf die Fläche A_E trifft, kann durch die Strahldichte $L_W(\nu,T)$ der Wand ausgedrückt werden (vgl. Abb. 2.16). Die Strahldichte ist der Quotient aus Strahlungsleistungsdichte und Raumwinkel der Abstrahlung (vgl. Tabelle 1.1). Es wird angenommen, daß die Wand ein *Lambert-Strahler* ist, das heißt, daß die Wand isotrop in den Halbraum strahlt. Dabei muß berücksichtigt werden, daß bei einer Abstrahlung der Wand unter dem Winkel ϑ nur der Anteil $\cos\vartheta \cdot L_W(\nu,T)$ auf die Fläche A_E trifft. Die vollständige Bestrahlungsstärke $E_{SK}(\nu,T)$ erhält man durch Integration über den Halbraum.

$$E_{SK}(\nu,T) = \int\limits_{\Omega_{Halbraum}} \cos\vartheta \cdot L_W(\nu,T)\, d\Omega = \int\limits_{\varphi=0}^{2\pi} \int\limits_{\vartheta=0}^{\pi/2} \cos\vartheta \cdot L_W(\nu,T)\,\sin\vartheta\, d\vartheta\, d\varphi$$

$$= L_W(\nu,T) \cdot 2\pi \cdot \int\limits_{\vartheta=0}^{\pi/2} \cos\vartheta \cdot \sin\vartheta\, d\vartheta = L_W(\nu,T) \cdot 2\pi \cdot \left[\frac{1}{2}\sin^2\vartheta\right]_0^{\pi/2}$$

$$E_{SK}(\nu,T) = L_W(\nu,T) \cdot \pi \tag{2.43}$$

Die Wand des Schwarzen Körpers steht im thermischen Gleichgewicht mit dem Hohlraum des Schwarzen Körpers. Das heißt, daß die Strahldichte der Abstrahlung der Wand $L_W(\nu,T)$ gleich der Strahldichte der Zustrahlung $L_{HR}(\nu,T)$ aus dem Hohlraum ist.

$$L_{HR}(\nu,T) = L_W(\nu,T) \tag{2.44}$$

Die Strahldichte $L_{HR}(\nu,T)$ kann durch die spektrale Energiedichte $u_{SK}(\nu,T)$ ausgedrückt werden. Die spektrale Energiedichte $u_{SK}(\nu,T)$ im Schwarzen Körper wird mit Lichtgeschwindigkeit c_0 in Form elektromagnetischer Strahlung transportiert. Dies entspricht einer spektralen Strahlungsleistungsdichte $c_0 \cdot u_{SK}(\nu,T)$. Da die Strahlungsenergie in alle Raumrichtungen transportiert wird, muß für die Berechnung der Strahldichte durch den Raumwinkel 4π geteilt werden.

$$L_{HR}(\nu,T) = \frac{c_0 \cdot u_{SK}(\nu,T)}{4\pi} \tag{2.45}$$

Damit erhält man für die spektrale Bestrahlungsstärke $E_{SK}(\nu,T)$:

$$E_{SK}(\nu,T) = \pi \cdot L_W(\nu,T) = \pi \cdot \frac{c_0 \cdot u_{SK}(\nu,T)}{4\pi}$$

$$= \frac{c_0}{4} \cdot u_{SK}(\nu,T) \tag{2.46}$$

Integriert man die spektrale Bestrahlungsstärke über den kompletten Frequenzbereich, so erhält man die integrale Strahlungsleistungsdichte des Schwarzen Körpers, die im Stefan-Boltzmann-Gesetz beschrieben wird.

$$S_{SK}(T) = \int\limits_{\nu=0}^{\infty} E_{SK}(\nu, T)\,d\nu = \frac{c_0}{4} \cdot \int\limits_{\nu=0}^{\infty} u_{SK}(\nu, T)\,d\nu \qquad (2.47)$$

In den beiden folgenden Kapiteln werden zwei Ableitungen der spektralen Energiedichte eines Schwarzen Körpers vorgestellt. Mit Hilfe der Gleichung (2.47) können diese Ergebnisse mit dem experimentell gefundenen Stefan-Boltzmann-Gesetz (2.42) verglichen und auf ihre Gültigkeit hin überprüft werden.

2.3.2 Berechnung der Energiedichte des Schwarzen Körpers nach Rayleigh-Jeans

Die Berechnung der spektralen Energiedichte des Schwarzen Körpers nach Rayleigh und Jeans folgt der Maxwell-Theorie, bei der die elektromagnetische Strahlung als Welle aufgefaßt wird. In diesem Modell kann die Energie im Hohlraum des Schwarzen Körpers nur durch stehende Wellen gespeichert werden. Jeder dieser stehenden E- und H-Wellen wird eine mittlere Energie zugeordnet. So erhält man die Gesamtenergie im Schwarzen Körper aus dem Produkt der mittleren Energie pro Welle mit der Anzahl der stehenden Wellen. Dieses Verfahren wird auch als die *Rayleigh-Jeanssche Abzähl-methode* bezeichnet. Abb. 2.17 verdeutlicht den „roten Faden" der Rechnung.

Da die Rechnung für die elektrische und magnetische Feldstärke analog durchgeführt werden kann, wird hier lediglich die Rechnung für die elektrische Feldstärke vorgestellt. Der hier behandelte Schwarze

Abb. 2.17: Berechnung der spektralen Energiedichte eines Schwarzen Körpers nach der Rayleigh-Jeansschen Abzählmethode

Körper ist ein Würfel der Kantenlänge l, der gut durch kartesische Koordinaten beschrieben werden kann. Daher wird auch die Rechnung in kartesischen Koordinaten durchgeführt.

Die stehenden Wellen im Hohlraum des Schwarzen Körpers müssen die Wellengleichung erfüllen:

$$\Delta \vec{E} - \frac{1}{c_0^2} \frac{\partial^2 \vec{E}}{\partial t^2} = 0 \qquad \text{mit} \qquad \Delta \vec{E} = \begin{pmatrix} \Delta E_x \\ \Delta E_y \\ \Delta E_z \end{pmatrix} \tag{2.48}$$

Jede einzelne kartesische Komponente $E_i = f(t,x,y,z)$ mit $i = x,y,z$ muß ebenfalls die Wellengleichung erfüllen:

$$\frac{\partial^2 E_i}{\partial x^2} + \frac{\partial^2 E_i}{\partial y^2} + \frac{\partial^2 E_i}{\partial z^2} = \frac{1}{c_0^2} \frac{\partial^2 E_i}{\partial t^2} \tag{2.49}$$

Stehende Wellen im Hohlraum des Schwarzen Körpers können nur existieren, wenn sich an den Wänden des Schwarzen Körpers Knoten ausbilden (s. Abb. 2.18).

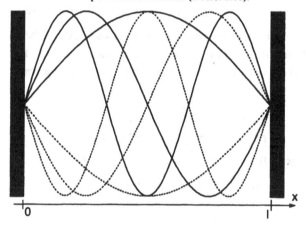

Abb. 2.18: Stehende Wellen im Hohlraum des Schwarzen Körpers

Damit können die folgenden Randbedingungen zur Lösung der Differentialgleichung (2.48) formuliert werden:

$$E_i(0, y, z, t) = E_i(l, y, z, t) = 0$$
$$E_i(x, 0, z, t) = E_i(x, l, z, t) = 0 \tag{2.50}$$
$$E_i(x, y, 0, t) = E_i(x, y, l, t) = 0$$

Mit Hilfe eines Produktansatzes können die Abhängigkeiten von den Variablen x,y,z und t voneinander getrennt werden.

Produktansatz: $\qquad E_i(x, y, z, t) = f(x) \cdot g(y) \cdot h(z) \cdot F(t) \qquad$ (2.51)

Eingesetzt in die Differentialgleichung (2.48) erhält man:

$$ghF \cdot f'' + fhF \cdot g'' + fgF \cdot h'' = \frac{fgh}{c_0^2} \cdot \ddot{F} \quad \Big| \quad \frac{1}{fghF}$$

$$\Leftrightarrow \qquad \frac{f''}{f} + \frac{g''}{g} + \frac{h''}{h} = \frac{1}{c_0^2} \cdot \frac{F''}{F} \qquad\qquad (2.52)$$

Die Gleichung (2.52) kann für alle x,y,z und t nur erfüllt werden, wenn die Summanden einzeln Konstanten sind.

$$\frac{f''}{f} = \alpha \quad ; \quad \frac{g''}{g} = \beta \quad ; \quad \frac{h''}{h} = \gamma \quad ; \quad \frac{1}{c_0^2}\frac{F''}{F} = \delta$$

$$\alpha + \beta + \gamma = \delta \qquad\qquad (2.53)$$

Damit ist die partielle Differentialgleichung (2.48) in vier gewöhnliche Differentialgleichungen überführt worden.

$$f'' = \alpha \cdot f \quad ; \quad g'' = \beta \cdot g \quad ; \quad h'' = \gamma \cdot h \quad ; \quad F'' = c_0^2 \delta \cdot F \qquad (2.54)$$

Diese Differentialgleichungen müssen nun einzeln gelöst werden. Da die Differentialgleichungen für die Funktionen f, g und h die gleiche Struktur haben und gleiche Randbedingungen gelten, wird hier nur die Lösung der Differentialgleichung für f(x) durchgeführt.

Lösungsansatz:
$$f(x) = C_1 \cdot e^{\sqrt{\alpha}\,x} + C_2 \cdot e^{-\sqrt{\alpha}\,x}$$

$$f'(x) = C_1 \sqrt{\alpha} \cdot e^{\sqrt{\alpha}\,x} - C_2 \sqrt{\alpha} \cdot e^{-\sqrt{\alpha}\,x}$$

$$f''(x) = C_1 \alpha \cdot e^{\sqrt{\alpha}\,x} + C_2 \alpha \cdot e^{-\sqrt{\alpha}\,x} = \alpha \cdot f(x)$$

Randbedingungen:
$$f(0) = 0 \quad \Rightarrow \quad C_1 + C_2 = 0 \quad \Rightarrow \quad C_1 = -C_2$$

$$f(l) = 0 \quad \Rightarrow \quad C_1\left(e^{\sqrt{\alpha}\,l} - e^{-\sqrt{\alpha}\,l}\right) = 0$$

$$\Rightarrow \quad e^{2\sqrt{\alpha}\,l} = 1 \qquad\qquad (2.55)$$

Die Differentialgleichung für f(x) hat nur dann eine Lösung, wenn α die Gleichung (2.55) erfüllt. (2.55) ist die Eigenwertgleichung der Differentialgleichung (2.54) für die Funktion f(x). Die Lösungen von (2.55) sind die Eigenwerte, die es nun zu bestimmen gilt.

Neben der trivialen Lösung $\alpha = 0$ kann man weitere Lösungen für α finden, wenn der Exponent in (2.55) in komplexer Schreibweise formuliert wird.

$$e^{2\sqrt{\alpha}\,l} = e^z = e^{u+jv} = e^u \left(\cos v + j \cdot \sin v\right) = 1 \qquad (2.56)$$

Aus Gleichung (2.56) ergeben sich die folgenden Bedingungen für die Variablen u und v:

$$\Rightarrow \quad u = 0$$

$$\Rightarrow \quad \cos v + j \cdot \sin v = 1 + 0 \cdot j$$

$$\Rightarrow \quad v = 2\pi \cdot n_x \qquad \text{mit} \quad n_x = 0, \pm 1, \pm 2, \pm 3, \dots \qquad (2.57)$$

Mit (2.57) erhält man folgende Eigenwerte der Differentialgleichung für f(x):

$$2\sqrt{\alpha}\ l = z = j \cdot 2\pi \cdot n_x$$

$$\Rightarrow \quad \alpha = -\frac{\pi^2}{l^2} \cdot n_x^2 \tag{2.58}$$

Die Eigenwerte der Differentialgleichgungen für die Funktionen g(y) und h(z), die Konstanten β und γ, werden analog berechnet:

$$\alpha = -\frac{\pi^2}{l^2} \cdot n_x^2 \quad ; \quad \beta = -\frac{\pi^2}{l^2} \cdot n_y^2 \quad ; \quad \gamma = -\frac{\pi^2}{l^2} \cdot n_z^2 \tag{2.59}$$

Die Differentialgleichung für die Funktion F(t) wird mit dem folgenden Ansatz gelöst:

$$F(t) \propto e^{\pm c_0 \sqrt{\delta}\ t} \tag{2.60}$$

Da keine Anfangsbedingungen bei diesem Problem gegeben sind, kann δ zunächst nicht bestimmt werden. Unter der Annahme, daß **stationäre harmonische Wellen** betrachtet werden, entspricht der Vorfaktor von t dem Produkt jω, so daß nun δ berechnet werden kann.

$$F(t) \propto e^{\pm c_0 \sqrt{\delta}\ t} \propto e^{\pm j\omega t}$$

$$\Rightarrow \quad c_0 \sqrt{\delta}\ t = j\omega t$$

$$\Rightarrow \quad \delta = -\frac{\omega^2}{c_0^2} \tag{2.61}$$

Setzt man die Gleichungen (2.59) und (2.61) in (2.53) ein, so erhält man den folgenden Ausdruck:

$$-\frac{\pi^2}{l^2} \cdot n_x^2 - \frac{\pi^2}{l^2} \cdot n_y^2 - \frac{\pi^2}{l^2} \cdot n_z^2 = -\frac{\omega^2}{c_0^2}$$

$$\Leftrightarrow \quad \frac{\pi^2}{l^2} \cdot \left(n_x^2 + n_y^2 + n_z^2\right) = \frac{4\pi^2 \nu^2}{c_0^2}$$

$$\Leftrightarrow \quad \left(n_x^2 + n_y^2 + n_z^2\right) = \frac{4 \cdot l^2 \nu^2}{c_0^2}$$

$$\Leftrightarrow \quad \frac{2 \cdot l \cdot \nu}{c_0} = \sqrt{n_x^2 + n_y^2 + n_z^2} \tag{2.62}$$

(2.62) beschreibt die Kombinationen der **ganzen positiven** Zahlen n_x, n_y und n_z, welche zu Lösungen der Differentialgleichung (2.48) mit den Randbedingungen (2.50) führen. Negative ganze Zahlen führen zu keinen neuen Lösungen. Jede dieser Lösungen repräsentiert damit eine einzelne stehende Welle im Hohlraum des Schwarzen Körpers.

Um die Anzahl der unterschiedlichen Lösungen zu bestimmen, wird Gleichung (2.62) als Beschreibung der Oberfläche einer Kugel mit dem Radius r interpretiert. Der Vektor $\vec{r}$ ist der Ortsvektor der Kugeloberfläche, seine Komponenten n_x, n_y und n_z sind die Laufzahlen aus (2.62).

$$\vec{r} = \begin{pmatrix} n_x \\ n_y \\ n_z \end{pmatrix} \qquad \text{mit} \qquad |\vec{r}| = \begin{vmatrix} n_x \\ n_y \\ n_z \end{vmatrix} = \sqrt{n_x^2 + n_y^2 + n_z^2} = \frac{2 \cdot v \cdot l}{c_0} \qquad (2.63)$$

Bei dieser Darstellung beschreiben die ganzen Zahlen n_x, n_y und n_z diskrete Punkte, die auf der Kugeloberfläche liegen. Jeder dieser Punkte repräsentiert **eine** Lösung der Wellengleichung. Die Oberfläche der Kugel mit dem Radius r entspricht in guter Näherung der Anzahl der Lösungen, wenn man bei genügend großen Laufzahlen n_x, n_y und n_z ist. Jede dieser Lösungen wird durch die Frequenz v charakterisiert.

Fragt man nach der Anzahl aller Lösungen im Frequenzintervall [v, $v+dv$], so entspricht nach Gleichung (2.63) dem Frequenzintervall ein Radienintervall [r, $r+dr$], und die Anzahl der Lösungen wird für den Fall sehr großer Laufzahlen n_x, n_y und n_z durch das Volumen der Kugelschale mit der Dicke dr angenähert. Da die Zahlen n_x, n_y und n_z nur in quadratischer Form in Gleichung (2.62) vorkommen, erhält man keine unterschiedlichen Lösungen der Wellengleichung, wenn positive und negative Zahlen n_x, n_y und n_z berücksichtigt werden. Dies hat zur Folge, daß bei der Frage nach unterschiedlichen Lösungen im Frequenzintervall [v, $v+dv$] nur der positive Oktant der Kugelschale im n_x, n_y, n_z-Raum bei der Rechnung berücksichtigt werden darf. Das Volumen dV einer Kugelschale im positive Oktanten wird durch die Gleichung $dV = \frac{1}{8} \cdot 4\pi \cdot r^2 \cdot dr$ beschrieben.

Mit $r = \frac{2 \cdot v \cdot l}{c_0}$ und $dr = \frac{2 \cdot l}{c_0} \cdot dv$ folgt für die Anzahl Z der unterschiedlichen stehenden Wellen im Frequenzintervall [v, $v+dv$]:

$$Z = dV = \frac{4\pi \cdot r^2 \cdot dr}{8} = \frac{\pi}{2} \cdot \left(\frac{2 \cdot v \cdot l}{c_0} \right)^2 \cdot \frac{2 \cdot l}{c_0} dv = \frac{4\pi \cdot l^3 \cdot v^2}{c_0^3} dv \qquad (2.64)$$

Der Übergang zu der Berechnung der Energie des Schwarzen Körpers erfolgt mit Hilfe des *Gleichverteilungssatzes*. Danach kann jedem Freiheitsgrad der elektromagnetischen Welle eine Energie von $\frac{1}{2}kT$ zugeordnet werden. Es gibt 4 Freiheitsgrade der elektromagnetischen Welle. Zwei Freiheitsgrade für die hin- und rücklaufende Welle und zwei Freiheitsgrade für die elektrische und die magnetische Feldstärke. Damit erhält man folgenden Ausdruck für die Gesamtenergie des Schwarzen Körpers:

$$W = \underbrace{4}_{\text{Freiheitsgrade}} \cdot \underbrace{\frac{1}{2}kT}_{\text{Energie pro Welle}} \cdot \underbrace{\frac{4\pi \cdot l^3 \cdot v^2}{c_0^3}dv}_{\text{Anzahl der Wellen}} \qquad (2.65)$$

Den Abschluß der Rechnung bildet der Übergang auf die Energie**dichte**. Die Energiedichte erhält man durch die Normierung der Energie W auf das Volumen des Schwarzen Körpers l^3.

Die spektrale Energiedichte des Schwarzen Körpers wird meist durch das Produkt der Verteilungsfunktion der spektralen Energiedichte $u(v,T)$ und dem Frequenzintervall dv formuliert. So erhält man den folgenden Ausdruck der Energiedichte des Schwarzen Körpers nach Rayleigh und Jeans, der in der doppelt-logarithmischen Darstellung in Abb. 2.20 durch die Isothermen bei T = 1000 K und T = 10000 K als Gerade dargestellt ist:

$$u_{RJ}(v,T) \cdot dv = \frac{8\pi \cdot kT \cdot v^2}{c_0^3}dv \qquad (2.66)$$

Energiedichte des Schwarzen Körpers
nach Rayleigh und Jeans

Zur Überprüfung dieses Ergebnisses kann das Stefan-Boltzmann-Gesetz (2.42) verwendet werden.

$$S_{SK}(T) = \frac{c_0}{4} \cdot \int_{v=0}^{\infty} u_{SK}(v,T)\,dv = \sigma \cdot T^4 \qquad (2.67)$$

Wird die Strahlungsleistungsdichte mit dem Ausdruck für die Energiedichte nach Rayleigh und Jeans berechnet, so erkennt man, daß die Strahlungsleistungsdichte gegen Unendlich geht, da $u_{RJ}(v,T)$ mit v^2 wächst.

$$S_{SK,RJ}(T) = \frac{c_0}{4} \cdot \int_{v=0}^{\infty} u_{RJ}(v,T)\,dv = \frac{c_0}{4} \cdot \int_{v=0}^{\infty} \frac{8\pi \cdot kT}{c_0^3} v^2 dv \rightarrow \infty \qquad (2.68)$$

Dieser Widerspruch zum Experiment wird auch als *UV-Katastrophe* bezeichnet. Im Bereich niedriger Frequenzen der elektromagnetischen Strahlung beschreibt das Strahlungsgesetz von Rayleigh und Jeans die experimentellen Ergebnisse jedoch sehr gut.

Da das Emissionsverhaltens des Schwarzen Körpers allein mit den Mitteln der Maxwell-Theorie, bei der elektromagnetische Strahlung als Welle betrachtet wird, nicht beschrieben werden kann, muß nun auf das Teilchenbild der Strahlung übergegangen werden. Dies geschieht in der Ableitung der spektralen Energiedichte des Schwarzen Körpers nach Planck.

2.3.3 Berechnung der Energiedichte des Schwarzen Körpers nach Planck

Planck stellte im Jahre 1900 ein Strahlungsgesetz auf, das zunächst nur den Bereich der Wärmestrahlung beschreiben sollte. Zu diesem Zweck führte er das *Wirkungsquantum* h ein, das auch als *Plancksches Wirkungsquantum* bezeichnet wird. Das Wirkungsquantum h hat die Einheit Ws^2 und entspricht damit einem Produkt aus Energie und Zeit. Ein solches Produkt wird auch als *Wirkung* bezeichnet. Planck nahm an, daß die Wirkung keine beliebigen Werte annehmen kann, sondern immer ein Vielfaches des Wirkungsquantums h ist. Der Wert von h ist eine Naturkonstante.

$$h = 6,6256 \cdot 10^{-34} \, Ws^2$$
$$\hbar = \frac{h}{2\pi} = 1,0545 \cdot 10^{-34} \, Ws^2 \tag{2.69}$$

Die Einführung des Wirkungsquantums hat zur Folge, daß auch die Energie der elektromagnetischen Strahlung nur bestimmte Werte annehmen kann. Die Energie der Strahlung ist stets ein Vielfaches des Strahlungsquantums, das auch als *Photon* bezeichnet wird. Die Energie eines Photons der elektromagnetischen Strahlung mit der Frequenz ν ist durch die folgende Gleichung gegeben:

$$W_{phot} = h \cdot \nu = \hbar \cdot \omega \tag{2.70}$$

Die Einführung des Photons ist der Übergang vom Wellen- zum Teilchenbild der Beschreibung der elektromagnetischen Strahlung. Elektromagnetische Strahlung ist damit ein Strom von „Energie-Teilchen", den Photonen, die sich mit der Lichtgeschwindigkeit c_0 im Vakuum bewegen. Die Photonen können, wie alle anderen Teilchen auch, durch typische Teilchen-Eigenschaften, wie zum Beispiel Masse und Impuls, beschrieben werden.

Entsprechend der Relativitätstheorie ist die Masse des Photons m_{phot} mit der Energie des Photons über die Lichtgeschwindigkeit c_0 verbunden:

$$W_{phot} = m_{phot} \cdot c_0^2 \tag{2.71}$$

Der Impuls des Photons p_{phot} ist über die Geschwindigkeit der Photonen mit der Masse verknüpft:

$$p_{phot} = m_{phot} \cdot v_{phot} = m_{phot} \cdot c_0 \tag{2.72}$$

Mit Gleichung (2.70), (2.71) und der Definition der Wellenzahl k (2.10), kann der folgende Ausdruck für den Impuls eines Photons hergeleitet werden:

$$P_{phot} = m_{phot} \cdot c_0 \overset{(2.71)}{=} \frac{W_{phot}}{c_0} \overset{(2.70)}{=} \frac{h\nu}{c_0} = \frac{h}{2\pi} \cdot \frac{2\pi\nu}{c_0}$$

$$P_{phot} \overset{(2.10)}{=} \hbar \cdot k \qquad (2.73)$$

Tabelle 2.3 faßt die Eigenschaften der Photonen zusammen.

Energie	$W_{phot} = h\nu = \hbar\omega$	(2.70)
Impuls	$P_{phot} = \hbar \cdot k$	(2.73)
Masse	$m_{phot} = \dfrac{W_{phot}}{c_0^2}$	(2.71)

Tabelle 2.3: Eigenschaften der Photonen

1905 zeigte Einstein, daß das Strahlungsgesetz von Planck auf den gesamten Frequenzbereich elektromagnetischer Strahlung angewendet werden kann. In den folgenden Abschnitten soll die Einsteinsche Ableitung des Planckschen Strahlungsgesetzes vorgestellt werden.

Ausgangspunkt dieser Ableitung ist die Beschreibung der möglichen Wechselwirkungsprozesse zwischen elektromagnetischer Strahlung und Materie. Diese Wechselwirkungsprozesse sind in Abb. 2.19 schematisch dargestellt.

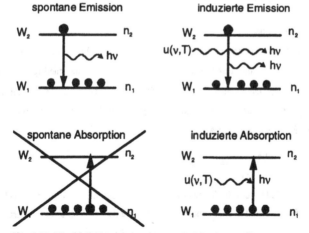

Abb. 2.19: Wechselwirkungsprozesse zwischen elektromagnetischer Strahlung und Materie. Die spontane Absorption ist nach dem II. Hauptsatz der Thermodynamik unmöglich.

In Abb. 2.19 sind Atome mit ihrer Elektronenkonfiguration dargestellt, die sich in unterschiedlichen Energiezuständen W_1 und W_2 befinden kann. Durch Emission oder Absorption von Photonen können die Atome den Energiezustand wechseln. Wenn elektromagnetische Strahlung den Wechsel des Energieniveaus hervorruft, bezeichnet man diesen Wechsel als induzierte Emission oder Absorption. Erfolgt der Wechsel des Energieniveaus ohne äußere Einflüsse, so spricht man von spontaner Emission, bzw. Absorption. Damit ergeben sich die vier folgenden unterschiedlichen Wechselwirkungsprozesse:

- *spontane Emission*

  Ein Atom im angeregten Zustand W_2 geht ohne äußere Einwirkung in den Zustand niedrigerer Energie W_1 über. Die Energiedifferenz $\Delta W = W_2 - W_1$ wird in Form eines Photons mit der Energie $\Delta W = h\nu$ abgestrahlt.

  Bezeichnet man die Anzahl der Atome pro Volumen, die sich im Zustand W_1, bzw. W_2 befinden mit n_1, bzw. n_2, so kann man eine Ratengleichung formulieren, welche die Abnahme der Konzentration der Atome im Energieniveau W_2 mit der Zeit beschreibt. Dabei wird angenommen, daß je größer n_2 ist, desto größer die **Abnahme** $-\dfrac{dn_2}{dt}$ ist.

$$-\frac{dn_2}{dt}\bigg|_{sp.Em.} = A_{21} \cdot n_2 \qquad (2.74)$$

- *induzierte Emission*

  Ein Atom im höheren Energieniveau W_2 wird durch Photonen, die mit der Energiedichte $u(\nu,T)$ eingestrahlt werden, zum Übergang auf das niedrigere Energieniveau W_1 angeregt. Dabei wird ebenfalls ein Photon der Energie $\Delta W = h\nu$ abgestrahlt. Dieser Übergang geschieht um so schneller, je größer die eingestrahlte Energiedichte und je größer die Anzahl der Atome n_2 ist.

$$-\frac{dn_2}{dt}\bigg|_{in.Em.} = B_{21} \cdot n_2 \cdot u(\nu,T) \qquad (2.75)$$

Im Wellenbild kann die induzierte Emission dadurch erklärt werden, daß die elektrische Feldstärke der einfallenden elektromagnetischen Welle die Elektronenhülle des Atoms im Zustand W_2 zu einer erzwungenen Schwingung anregt und auf diese Weise eine Abstrahlung, wie in Kapitel 2.1 beschrieben, hervorruft.

- *spontane Absorption*

  Bei der spontanen Absorption müßte ein im Grundzustand W_1 befindliches Atom ohne äußeren Einfluß in den angeregten Zustand W_2 übergehen. Dieser Wechselwirkungsprozeß ist nach dem zweiten Hauptsatz der Thermodynamik unmöglich.

- *induzierte Absorption*

  Ein im Grundzustand W_1 befindliches Atom wird durch ein Photon der Energie $h\nu$ in einen angeregten Zustand $W_2 = W_1 + h\nu$ angehoben. Die Abnahme der Anzahl der Atome im Zustand W_1 mit der Zeit ist proportional zu n_1 und zur Energiedichte der einfallenden Strahlung.

$$-\frac{dn_1}{dt}\bigg|_{\text{in.Ab.}} = B_{12} \cdot n_1 \cdot u(\nu, T) \tag{2.76}$$

Die Anzahl der Atome, die pro Zeiteinheit vom angeregten Zustand in den Grundzustand übergehen, ist gleich der Anzahl der Atome, die vom Grundzustand in den angeregten Zustand wechseln. Man sagt auch, daß sich Emission und Absorption im *detaillierten Gleichgewicht* der Elementarprozesse befinden. Dies führt zu folgendem Ausdruck:

$$-\frac{dn_2}{dt}\bigg|_{\text{sp.Em.}} - \frac{dn_2}{dt}\bigg|_{\text{in.Em.}} = -\frac{dn_1}{dt}\bigg|_{\text{in.Ab.}} \tag{2.77}$$

Mit den Ratengleichungen (2.74-2.76) und Gleichung (2.77) kann ein Ausdruck für die spektrale Energiedichte der elektromagnetischen Strahlung gewonnen werden.

$$A_{21} \cdot n_2 + B_{21} \cdot n_2 \cdot u(\nu, T) = B_{12} \cdot n_1 \cdot u(\nu, T)$$

$$\Leftrightarrow \qquad u(\nu, T) = \frac{A_{21} \cdot n_2}{B_{12} \cdot n_1 - B_{21} \cdot n_2}$$

$$u(\nu, T) = \frac{A_{21}}{B_{12} \cdot \dfrac{n_1}{n_2} - B_{21}} \tag{2.78}$$

Die Proportionalitätskonstanten der Ratengleichungen, die auch als *Einsteinkoeffizienten* bezeichnet werden, müssen nun, ebenso wie das Verhältnis der Besetzungsdichten n_1/n_2 mit Hilfe physikalisch sinnvoller Annahmen bestimmt werden.

1. Die Besetzungsdichte n eines Zustandes W ist um so größer, je kleiner die Energie W und je größer die Temperatur T ist. Die Verteilungsfunktion, die diese Besetzung regelt, ist die Boltzmann-Verteilungsfunktion.

$$n(W, T) \propto e^{-\frac{W}{kT}} \tag{2.79}$$

mit k: Boltzmann-Konstante, $k = 1{,}380658 \cdot 10^{-23} \, \text{Ws} / \text{K}$

Unter der Annahme, daß am Wechselwirkungsprozeß zwischen Atom und Photon nur ein einzelnes Photon mit der Energie $h\nu = \Delta W$ beteiligt ist, erhält man mit Gleichung (2.79) für das Verhältnis der Besetzungsdichten n_1/n_2:

$$\frac{n_1}{n_2} = e^{\frac{W_2 - W_1}{kT}} = e^{\frac{h \cdot \nu}{kT}} \tag{2.80}$$

2. Die induzierte Emission und die induzierte Absorption sind die gegenseitigen Umkehrprozesse. Daher wird angenommen, daß die Proportionalitätskonstanten der Ratengleichungen (2.75) und (2.76) gleich groß sind.

$$B_{21} = B_{12} \equiv B \tag{2.81}$$

3. Im Bereich niedriger Frequenzen der elektromagnetischen Strahlung ($h\nu \ll kT$) wird die experimentell bestimmte Energiedichte des Schwarzen Körpers in guter Näherung durch das Rayleigh-Jeanssche Strahlungsgesetz beschrieben.

$$u(\nu, T) \approx u_{RJ}(\nu, T) = \frac{8\pi \cdot kT \cdot \nu^2}{c_0^3} \qquad \text{für } h\nu \ll kT \tag{2.82}$$

Mit Hilfe der Annahmen (2.80-2.82) kann die Energiedichte nach Gleichung (2.78) nun bestimmt werden.

$$u(\nu, T) \overset{(2.78)}{=} \frac{A_{21}}{B_{12} \cdot \dfrac{n_1}{n_2} - B_{21}} \overset{(2.80),(2.81)}{=} \frac{A_{21}}{B \cdot e^{\frac{h\nu}{kT}} - B} = \frac{A_{21}}{B} \cdot \frac{1}{e^{\frac{h\nu}{kT}} - 1} \tag{2.83}$$

Für kleine Argumente kann die e-Funktion in eine Reihe entwickelt werden $e^x \approx 1+x$. Zusammen mit (2.82) kann damit der Quotient A_{21}/B bestimmt werden.

$$u(\nu, T) \overset{(2.83)}{=} \frac{A_{21}}{B} \cdot \frac{1}{e^{\frac{h\nu}{kT}} - 1} \overset{h\nu \ll kT}{\approx} \frac{A_{21}}{B} \cdot \frac{1}{\left(1 + \dfrac{h\nu}{kT}\right) - 1} = \frac{A_{21}}{B} \cdot \frac{kT}{h\nu} \overset{(2.82)}{=} u_{RJ}(\nu, T)$$

$$\Leftrightarrow \frac{A_{21}}{B} = u_{RJ}(\nu, T) \cdot \frac{h\nu}{kT} \tag{2.84}$$

Setzt man die Ausdrücke (2.66) und (2.84) in (2.83) ein, so erhält man die folgende Gleichung für die Beschreibung der Energiedichte des Schwarzen Körpers nach Planck:

$$u_{Pl}(v,T) \overset{(2.83),(2.84)}{=} u_{RJ}(v,T)\frac{\frac{hv}{kT}}{e^{\frac{hv}{kT}}-1} \overset{(2.66)}{=} \frac{8\pi \cdot kT \cdot v^2}{c_0^3} \cdot \frac{\frac{hv}{kT}}{e^{\frac{hv}{kT}}-1}$$

$$\boxed{u_{Pl}(v,T)\,dv = \frac{8\pi \cdot h}{c_0^3} \cdot \frac{v^3}{e^{\frac{hv}{kT}}-1}\,dv} \qquad (2.85)$$

Plancksches Strahlungsgesetz

Für kleine Frequenzen der Strahlung geht das *Plancksche Strahlungsgesetz*, entsprechend der Annahme 3, in das Gesetz von Rayleigh und Jeans über. Bei der Strahlung größerer Frequenzen verliert das Rayleigh-Jeanssche Strahlungsgesetz seine Gültigkeit, da alle stehenden Wellen bei der Herleitung mit der gleichen Energie 2kT bewertet wurden. Die folgende Formulierung des Planckschen Strahlungsgesetzes (2.85) macht deutlich, daß hier eine Verteilungsfunktion f(hv) die Bewertung regelt. Die Bose-Einstein-Verteilungsfunktion bewirkt ein Absenken der Energie mit größer werdenden Frequenzen, so daß es nicht zur „UV-Katastrophe" wie beim Rayleigh-Jeansschen Strahlungsgesetz kommt.

$$u_{RJ}(v,T) = \underbrace{\frac{8\pi v^2}{c_0^3}}_{\substack{\text{Anzahl der stehenden} \\ \text{Wellen}}} \cdot \underbrace{kT}_{\substack{\text{konstantes klassisches} \\ \text{Energiemaß nach} \\ \text{Gleichverteilungssatz}}}$$

$$u_{Pl}(v,T) = \underbrace{\frac{8\pi v^2}{c_0^3}}_{} \cdot \underbrace{hv}_{\substack{\text{nicht-konstantes} \\ \text{quantenmechanisches} \\ \text{Energiemaß}}} \cdot \underbrace{\frac{1}{e^{\frac{hv}{kT}}-1}}_{\substack{\text{Bose–Einstein-} \\ \text{Verteilungsfunktion } f(hv)}} \qquad (2.86)$$

Abb. 2.20 zeigt den Verlauf der spektralen Energiedichte des Schwarzen Körpers nach Gleichung (2.85) für unterschiedliche Temperaturen. Interessant ist die Tatsache, daß die Isotherme für 6000 K, dies ist ungefähr gleich der Temperatur der Sonnenoberfläche, ihr Maximum im Bereich der sichtbaren Strahlung aufweist. Dies ist ein Hinweis darauf, wie gut das menschliche Auge an seine Umgebung angepaßt ist.

Häufig wird das Plancksche Strahlungsgesetz mit Hilfe der Strahldichte $L_\lambda(\lambda,T)$ formuliert, da sich auf diese Weise Sender- mit entsprechenden Empfängergrößen vergleichen lassen, also z.B. das Spektrum des Senders Sonne mit dem auf der Erde auftreffenden Spektrum als Empfängergröße. So findet man in der DIN-Norm 5031, Teil 8 die folgende Formulierung des Planckschen Strahlungsgesetzes:

$$L_\lambda(\lambda, T)\, d\lambda = c_1 \cdot n^{-2} \cdot \lambda^{-5} \cdot \left(e^{\frac{c_2}{n \cdot \lambda \cdot T}} - 1 \right)^{-1} \cdot \pi^{-1} \cdot \Omega_0^{-1} \tag{2.87}$$

$$\text{mit} \quad c_1 = 2\pi\, h \cdot c_0^2 \quad \text{und} \quad c_2 = \frac{h \cdot c_0}{k}$$

Hierbei bezeichnet n die Brechzahl des umgebenden Mediums und Ω_0 den Einheitsraumwinkel (= 1 sr). Den Ausdruck (2.87) erhält man durch Übertragung der Formulierung für die Frequenz ν auf den Ausdruck für die Wellenlänge λ. Bei der Übertragung ist neben der Verteilungsfunktion $u_{Pl}(\nu, T)$ ebenfalls das Differential $d\nu$ zu berücksichtigen. Aus $c = \lambda \cdot \nu$ entsteht

$$d\nu = c \cdot d\left(\frac{1}{\lambda}\right) = -\frac{c}{\lambda^2}\, d\lambda \quad \text{und man erhält mit (2.85) für den Betrag der Energiedichte:}$$

$$u_{Pl}(\lambda, T)\, d\lambda = \frac{8\pi\, h \cdot c_0}{\lambda^5} \cdot \frac{1}{e^{\frac{h \cdot c_0}{\lambda \cdot kT}} - 1}\, d\lambda \tag{2.88}$$

Der Übergang zur spektralen Strahldichte erfolgt mit Gleichung (2.45).

$$L_{Pl}(\lambda, T)\, d\lambda = \frac{2\, h \cdot c_0^2}{\lambda^5} \cdot \frac{1}{e^{\frac{h \cdot c_0}{\lambda \cdot kT}} - 1}\, d\lambda \tag{2.89}$$

Berücksichtigt man nun noch die Brechzahl des umgebenden Mediums, indem man c_0 durch $c \cdot n$ ersetzt (2.19), erhält man Ausdruck (2.87).

Für jede Temperatur T_S eines Schwarzen Körpers ist nach (2.85) eine bestimmte Verteilung der elektromagnetischen Strahlung gegeben. Dieser Verteilung kann, sofern die Strahlung im Bereich der sichtbaren Strahlung liegt, vom menschlichen Auge ein Farbeindruck zugeordnet werden. Die Temperatur T_S wird daher auch als *Farbtemperatur* dieses Farbeindrucks bezeichnet.

Für steigende Temperaturen verschiebt sich das Maximum der Isothermen in Richtung höherer Frequenzen der Strahlung. Dies hat zur Folge, daß die Farbe Blau durch eine höhere Farbtemperatur beschrieben wird als zum Beispiel die Farbe Rot.

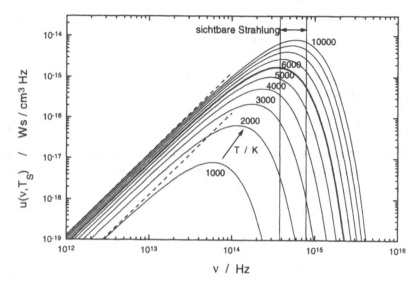

Abb. 2.20: Isothermen der spektralen Energiedichte des Schwarzen Körpers nach Planck (———)
und nach Rayleigh und Jeans (- - - -). Die Strahlungsverteilung bei der Temperatur
der Sonnenoberfläche ($T_S \approx 6000$ K) ist hervorgehoben.

Die Lage des Maximums der Abstrahlung eines Schwarzen Körpers wird durch das
Wiensche Verschiebungsgesetz beschrieben.

$$\frac{v_{max}}{T} = konst \tag{2.90}$$

Wiensches Verschiebungsgesetz

Durch Ableitung von (2.85) kann das Wiensche Verschiebungsgesetz hergeleitet werden. Im
Anhang A1 ist diese Rechnung durchgeführt.

Zum Abschluß dieses Kapitels wird zur Überprüfung des Planckschen Strahlungsgesetzes gezeigt, wie das Stefan-Boltzmann-Gesetz (2.42) aus Gleichung (2.47) und (2.85) abgeleitet
wird.

$$S_{SK}(T) \overset{(2.47)}{=} \frac{c_0}{4} \cdot \int\limits_{v=0}^{\infty} u_{Pl}(v,T)\, dv \overset{(2.85)}{=} \frac{c_0}{4} \cdot \int\limits_{v=0}^{\infty} \frac{8\pi h}{c_0^3} \cdot \frac{v^3}{e^{\frac{hv}{kT}} - 1}\, dv$$

$$= \frac{2\pi h}{c_0^2} \cdot \int\limits_{v=0}^{\infty} \underbrace{\frac{v^3}{e^{\frac{hv}{kT}} - 1}}_{I} \, dv \tag{2.91}$$

Das Integral I kann durch eine Rechnung, die im Anhang A2 dargestellt wird, in den folgenden Ausdruck überführt werden:

$$I = \frac{1}{15} \cdot \left(\frac{\pi kT}{h} \right)^4 \tag{2.92}$$

Damit erhält man den folgenden Ausdruck, der dem Stefan-Boltzmann-Gesetz entspricht und der einen analytischen Ausdruck für die experimentell ermittelte Stefan-Boltzmann-Konstante enthält:

$$S_{SK}(T) = \frac{2\pi h}{c_0^2} \cdot I = \frac{2\pi h}{c_0^2} \cdot \frac{1}{15} \left(\frac{\pi kT}{h} \right)^4 = \underbrace{\frac{2\pi^5 k^4}{15 c_0^2 h^3}}_{\sigma} \cdot T^4$$

$$\text{mit} \quad \sigma = \frac{2\pi^5 k^4}{15 c_0^2 h^3} = 5,6705 \cdot 10^{-8} \, \frac{W}{m^2 K^4} \tag{2.93}$$

2.4 Die Quantentheorie der elektromagnetischen Strahlung

Die grundlegende Folgerung aus der von Planck und Einstein entwickelten Quantentheorie der elektromagnetischen Strahlung ist, daß entsprechend dem untersuchten Energiebereich und den Versuchsbedingungen die komplementäre Natur der Strahlung einmal stärker Wellenphänomene, das andere Mal stärker Quantenerscheinungen erzeugt. So ist die Ausbreitung der elektromagnetischen Strahlung im Raum im Wellenbild zu beschreiben (Kapitel 2.2), die Wechselwirkung mit der Materie jedoch im Quantenbild, wie zum Beispiel die Emission und Absorption durch die Wände des Schwarzen Körpers (Kapitel 2.3).

Interessant ist hier, daß man quantitativ die Energiegrenze $hv = kT$ angeben kann, unterhalb derer Wellenerscheinungen und oberhalb derer Quantenerscheinungen in der komplementären Natur der Strahlung dominieren. Als Beispiel ist hier die Einsteinsche Ableitung der Planckschen Formel zu nennen (vgl. Gleichung (2.84)), bei der für Energien $hv \ll kT$ die Energiedichte des Schwarzen Körpers durch das Wellenbild nach Rayleigh und Jeans beschrieben wurde.

Werden Wellen- und Teilchen-Eigenschaften der Strahlung miteinander verknüpft, so ergibt sich als Konsequenz die *Heisenbergsche Unschärferelation*. In der Heisenbergschen Unschärferelation werden die „Unschärfen" von kanonisch konjugierten Variablen wie Energie und Zeit oder Ort und Impuls oder Winkel und Drehimpuls miteinander verknüpft und Grenzen für diese Unschärfen angegeben. Die Unschärfe einer Größe sagt aus, wie genau diese Größe angegeben werden kann.

Die Heisenbergschen Unschärferelationen lauten

für den Ort x und Impuls p $\quad : \quad \Delta x \cdot \Delta p \geq h$, $\hspace{2cm}$ (2.94)

für den Winkel Θ und Drehimpuls J $\quad : \quad \Delta \theta \cdot \Delta J \geq h$, $\hspace{2cm}$ (2.95)

für die Energie W und Zeit t $\quad : \quad \Delta W \cdot \Delta t \geq h$. $\hspace{2cm}$ (2.96)

Um die Bedeutung der Unschärferelation zu erläutern, betrachte man als Beispiel die Unschärferelation der Zeit und Energie (2.96). Gleichung (2.96) beinhaltet vor allem zwei Aussagen:

1. Die Unschärfe von Energie und Zeit sind umgekehrt proportional zueinander. Das heißt, daß die Energie eines Photons (oder eines anderen atomaren Teilchens) um so genauer angegeben werden kann, desto ungenauer der Zeitpunkt definiert ist, zu dem die Energie-Aussage gemacht werden soll.

2. Es existiert eine Untergrenze für das Produkt aus Energie- und Zeit-Unschärfe, die durch das Plancksche Wirkungsquantum festgelegt wird.

Die erste Aussage wurde schon in Kapitel 2.2.4 in anderer Form bei der Berechnung des Zusammenhanges zwischen Kohärenzzeit und spektraler Bandbreite eines endlichen Wellenzuges erwähnt (s. (2.40)).

$$\Delta v_H \propto \frac{1}{T_C} \hspace{3cm} (2.40)$$

Interpretiert man die Kohärenzzeit T_C als die nicht zu unterschreitende Beobachtungszeit des Wellenzuges und damit als zeitliche Unschärfe Δt, so kann durch Multiplikation mit dem Planckschen Wirkungsquantum h aus (2.40) ein zu Gleichung (2.96) analoger Zusammenhang abgeleitet werden.

$$\Delta v_H \propto \frac{1}{\Delta t} \quad \Leftrightarrow \quad \underbrace{h \cdot \Delta v_H}_{\Delta W} \propto \frac{h}{\Delta t}$$

$$\Rightarrow \quad \Delta W \propto \frac{h}{\Delta t} \hspace{3cm} (2.97)$$

Damit wird deutlich, daß dieser Teil der Heisenbergschen Unschärferelation vollständig mit der Wellennatur der elektromagnetischen Strahlung erklärt werden kann.

Im Gegensatz dazu ist die Formulierung einer **Untergrenze** für das Produkt der Unschärfe (Aussage 2) auf die Quantennatur der Strahlung zurückzuführen.

Dieses Beispiel verdeutlicht, wie in der Heisenbergschen Unschärferelation das Wellenbild mit dem Teilchenbild verknüpft wird.

Wir werden bei der Erklärung der Injektionslumineszenz indirekter Halbleiter (Kapitel 7) auf die Heisenbergsche Unschärferelation zurückkommen.

Zusammenfassung Kapitel 2

♦ Im Modell des Hertzschen Dipols entsteht elektromagnetische Strahlung durch eine harmonische Schwingung der Elektronenhülle eines Atoms beim Übergang vom angeregten Zustand in den Grundzustand des Atoms.

♦ Die Ausbreitung und Überlagerung elektromagnetischer Strahlung kann durch ebene Wellen beschrieben werden. In diesem Zusammenhang wurde der Brechungsindex, die Dispersion und die Kohärenzzeit, bzw. -länge eingeführt.

♦ Die Kohärenzzeit eines endlichen Wellenzuges ist umgekehrt proportional zur spektralen Bandbreite des Signals. Dieser Zusammenhang kann auch als Unschärferelation der Wellenübertragung bezeichnet werden.

♦ Die Formulierung der Absorption elektromagnetischer Strahlung im Festkörper im Wellenbild führt zum Widerspruch mit den experimentellen Beobachtungen.

♦ Die Beschreibung des Emissions- und Absorptionsverhaltens des Schwarzen Körpers kann im Wellenbild der Strahlung durch das Rayleigh-Jeanssche Strahlungsgesetz nur für Frequenzen mit $hv \ll kT$ beschrieben werden. Die vollständige Beschreibung des Schwarzen Körpers erfolgt mit dem Planckschen Strahlungsgesetz, das die Quantennatur der Strahlung mitberücksichtigt.

♦ Energie und Zeit, Ort und Impuls, Winkel und Drehimpuls können bei Teilchen, die dem Welle-Teilchen-Dualismus unterliegen, nicht unabhängig voneinander mit beliebiger Genauigkeit bestimmt werden (Heisenbergsche Unschärferelation).

3 Das Wellenbild des Festkörpers

In der klassischen Betrachtungsweise wird der Festkörper im Teilchenbild betrachtet. Als Beispiel hierfür ist das Bohrsche Atommodell zu nennen, bei dem zum Beispiel das Wasserstoff-Atom aus einem Atomkern besteht, der von einem Elektron umkreist wird. Das Elektron ist in diesem Modell ein Teilchen mit einer Masse und einem Impuls. In diesem Kapitel wird das Elektron nicht mehr als Teilchen beschrieben, sondern es wird der Wellencharakter des Elektrons vorgestellt. Man bezeichnet das Elektron dann als Materiewelle. Zur Einführung wird zunächst in Kapitel 3.1 die Wellengleichung der Materiewelle, die Schrödinger Gleichung, eingeführt. Ausgehend davon wird dann in Kapitel 3.2 das Energie-Impuls-Diagramm (W(k)-Diagramm) abgeleitet, mit dessen Hilfe die Wechselwirkung zwischen elektromagnetischer Strahlung und den Festkörpern beschrieben werden kann.

3.1 Schrödinger Gleichung

3.1.1 Zeitabhängige Schrödinger Gleichung

Ausgangspunkt der Betrachtung des Elektrons als Materiewelle ist die von de Broglie eingeführte Materiewellenlänge, die auch als die *de Broglie-Wellenlänge* λ_{dB} bezeichnet wird.

$$\lambda_{dB} = \frac{h}{p} \tag{3.1}$$

Die de Broglie-Wellenlänge ordnet einem Masse-Teilchen mit dem Impuls p eine Wellenlänge zu, die den Wellencharakter des Teilchens beschreibt. Äquivalent zu Gleichung (3.1) ist die Formulierung des Impulses mit Hilfe der Wellenzahl k:

$$p = \frac{h}{2\pi} \cdot \frac{2\pi}{\lambda_{dB}} = \hbar \cdot k$$

Im allgemeinen Fall können Impuls und Wellenzahl als Vektoren geschrieben werden. Die Wellenzahl k wird dann zum Wellenzahlvektor $\vec{k}$, der in Ausbreitungsrichtung der Materiewelle zeigt.

$$\vec{p} = \hbar \cdot \vec{k} \tag{3.2}$$

Die Energie W des Elektrons wird durch die Frequenz der Materiewelle bestimmt.

$$W = h \cdot v = \frac{h}{2\pi} \cdot 2\pi v = \hbar \cdot \omega \tag{3.3}$$

Um die Wellengleichung der Materiewelle des Elektrons zu formulieren, wird die Feldgröße $\Psi(\vec{r},t)$ eingeführt, welche das Elektron als Materiewelle beschreibt, aber zunächst nicht näher physikalisch gedeutet wird. Unter der Annahme, daß das Elektron als harmonische ebene Materiewelle beschrieben werden kann, wird der folgende Ansatz für die Feldgröße $\Psi(\vec{r},t)$ formuliert:

$$\Psi(\vec{r},t) = \Psi_0 \cdot e^{j(\vec{k}\cdot\vec{r}-\omega\cdot t)} \tag{3.4}$$

Mit den Gleichungen (3.2) und (3.3) kann die Wellenphase in (3.4) mit Hilfe der Energie und des Impulses des Elektrons formuliert werden.

$$\overset{(3.2),(3.3)}{\Rightarrow} \quad \Psi(\vec{r},t) = \Psi_0 \cdot e^{\frac{j}{\hbar}(\vec{p}\cdot\vec{r}-W\cdot t)} \tag{3.5}$$

Für die weitere Rechnung wird der Energieerhaltungssatz $W = W_{kin} + W_{pot}$ so umgeformt, daß die Energie des Elektrons nur durch die potentielle Energie und den Impuls des Elektrons ausgedrückt wird.

$$W = W_{kin} + W_{pot}$$
$$= \frac{1}{2}mv^2 + W_{pot} = \frac{(mv)^2}{2m} + W_{pot}$$
$$\text{mit} \quad \vec{p} = m \cdot \vec{v}$$

$$\Rightarrow \quad W = \frac{p^2}{2m} + W_{pot} \tag{3.6}$$

Durch Multiplikation des Ausdrucks (3.6) mit dem Ansatz für die Feldgröße $\Psi(\vec{r},t)$ kann eine Gleichung formuliert werden, die durch weitere Umformung zur Wellengleichung der Materiewelle entwickelt werden kann. Zunächst sei jedoch darauf hingewiesen, daß in der Quantenmechanik die Multiplikation $W \cdot \Psi(\vec{r},t)$ zur Operatorenrechnung zählt. $W \cdot$ ist ein Operator, man könnte auch sagen: eine Rechenvorschrift, der auf die Feldgröße $\Psi(\vec{r},t)$ angewandt wird. Für solche Operatoren ist die Gültigkeit der einfachen Rechengesetze, wie zum Beispiel des Kommutativgesetzes, nicht selbstverständlich. Im Falle der hier behandelten linearen Operatoren kann jedoch diese Gültigkeit gezeigt werden, so daß in herkömmlicher Weise gerechnet werden darf.

$$W = \frac{p^2}{2m} + W_{pot} \quad \bigg| \cdot \Psi(\vec{r},t)$$

$$\Leftrightarrow \quad W \cdot \Psi = \frac{1}{2m}p^2 \cdot \Psi + W_{pot} \cdot \Psi \tag{3.7}$$

Die Ausdrücke $p^2 \cdot \Psi$ und $W \cdot \Psi$ können durch Bildung der zeitlichen und örtlichen Ableitungen des Ansatzes (3.5) ausgedrückt werden.

- Bestimmung von $p^2 \cdot \Psi$

  Da der Impuls p im Exponenten in Gleichung (3.5) vor der Ortsvariablen $\vec{r}$ steht, ist es plausibel, daß durch die zweifache örtliche Ableitung von $\Psi(\vec{r},t)$ der Vorfaktor p^2 entstehen kann. Die zweifache Ableitung nach $\vec{r}$ wird durch den Laplace-Operator Δ beschrieben.

$$\Delta\Psi(\vec{r},t) = \text{div grad } \Psi(\vec{r},t) \tag{3.8}$$

Zunächst muß jedoch der Gradient der Feldgröße $\Psi(\vec{r},t)$ mit Hilfe des Ansatzes (3.5) berechnet werden.

$$\begin{aligned}
\text{grad } \Psi(\vec{r},t) &= \frac{\partial \Psi(\vec{r},t)}{\partial x}\cdot\vec{e}_x + \frac{\partial \Psi(\vec{r},t)}{\partial y}\cdot\vec{e}_y + \frac{\partial \Psi(\vec{r},t)}{\partial z}\cdot\vec{e}_z \\[2mm]
&= \quad \frac{j}{\hbar}p_x\cdot\Psi_0\cdot e^{\frac{j}{\hbar}(\vec{p}\cdot\vec{r}-W\cdot t)}\cdot\vec{e}_x \\[2mm]
&\quad + \frac{j}{\hbar}p_y\cdot\Psi_0\cdot e^{\frac{j}{\hbar}(\vec{p}\cdot\vec{r}-W\cdot t)}\cdot\vec{e}_y \\[2mm]
&\quad + \frac{j}{\hbar}p_z\cdot\Psi_0\cdot e^{\frac{j}{\hbar}(\vec{p}\cdot\vec{r}-W\cdot t)}\cdot\vec{e}_z
\end{aligned}$$

$$\text{grad } \Psi(\vec{r},t) = \frac{j}{\hbar}\cdot\vec{p}\cdot\Psi(\vec{r},t) \tag{3.9}$$

Durch Einsetzen von (3.9) in (3.8) erhält man den Ausdruck für den Laplace-Operator und damit auch für $p^2 \cdot \Psi$.

$$\begin{aligned}
\Delta\Psi(\vec{r},t) &= \text{div grad } \Psi(\vec{r},t) \\[2mm]
&= \quad \left(\frac{j}{\hbar}p_x\right)^2\cdot\Psi_0\cdot e^{\frac{j}{\hbar}(\vec{p}\cdot\vec{r}-W\cdot t)} \\[2mm]
&\quad + \left(\frac{j}{\hbar}p_y\right)^2\cdot\Psi_0\cdot e^{\frac{j}{\hbar}(\vec{p}\cdot\vec{r}-W\cdot t)} \\[2mm]
&\quad + \left(\frac{j}{\hbar}p_z\right)^2\cdot\Psi_0\cdot e^{\frac{j}{\hbar}(\vec{p}\cdot\vec{r}-W\cdot t)}
\end{aligned}$$

$$\Delta\Psi(\vec{r},t) = -\frac{p^2}{\hbar^2}\cdot\Psi(\vec{r},t)$$

$$\Leftrightarrow \quad p^2\cdot\Psi(\vec{r},t) = -\hbar^2\cdot\Delta\Psi(\vec{r},t) \tag{3.10}$$

- Bestimmung von $W \cdot \Psi$

  Durch einfache Ableitung des Ansatzes (3.5) nach der Zeit kann der Ausdruck $W \cdot \Psi$ berechnet werden.

$$\frac{\partial \Psi(\vec{r},t)}{\partial t} = \dot{\Psi} = -\frac{j}{\hbar} W \cdot \Psi_0 \cdot e^{\frac{j}{\hbar}(\vec{p}\cdot\vec{r}-W\cdot t)}$$

$$= -\frac{j}{\hbar} W \cdot \Psi(\vec{r},t)$$

$$\Leftrightarrow \quad W \cdot \Psi(\vec{r},t) = -\frac{\hbar}{j} \cdot \dot{\Psi} \tag{3.11}$$

Werden (3.10) und (3.11) in (3.7) eingesetzt, so entsteht die zeitabhängige *Schrödinger-Differentialgleichung* der Materiewelle des Elektrons:

$$\boxed{-\frac{\hbar}{j} \frac{\partial \Psi(\vec{r},t)}{\partial t} = -\frac{\hbar^2}{2m} \cdot \Delta \Psi(\vec{r},t) + W_{pot} \cdot \Psi(\vec{r},t)}$$

zeitabhängige Schrödinger-Differentialgleichung   (3.12)

Welche Eigenschaft des Elektrons die Feldgröße $\Psi(\vec{r},t)$ repräsentiert, bleibt hier offen. Bislang wurde lediglich die **Phase** der Materiewelle interpretiert, die Amplitude Ψ_0 wurde nicht diskutiert. Eine Deutung der Amplitude erfolgt mit Hilfe der Normierungsbedingung.

3.1.2 Normierungsbedingung

Die im allgemeinen komplexe Feldgröße $\Psi(\vec{r},t)$ beschreibt das Elektron als Materiewelle, wurde bisher jedoch nicht weitergehend physikalisch interpretiert. Eine Deutung der Feldgröße $\Psi(\vec{r},t)$ erfolgte 1927 durch Born. Er interpretierte das Produkt aus Ψ und der konjugiert komplexen Größe Ψ^* als *Wahrscheinlichkeitsdichte*.

Wie ist der Begriff der „Wahrscheinlichkeitsdichte" zu verstehen ?

Eine Wahrscheinlichkeitsdichte kann zum Beispiel auf eine physikalische Größe wie die Raumladungsdichte $\rho(\vec{r})$ angewendet werden, wenn die exakte Verteilung der Raumladungsdichte in einem betrachteten Volumen dV zwischen x und x+dx, y und y+dy und z und z+dz nicht bekannt ist und nur statistische Aussagen über die Verteilung der Raumladungsdichte gemacht werden können. Das Produkt $\Psi^* \cdot \Psi \cdot dV$ ist dann eine Verteilungsfunktion für die Wahrscheinlichkeit, die physikalische Größe (hier die Raumladungsdichte einer Elementarladung q) in dem Volumen dV anzutreffen. In diesem Fall beschreibt das Volumenintegral über das Produkt aus Elementarladung q und $\Psi^* \cdot \Psi \cdot dV$ eine mittlere Raumladungsdichte des betrachteten Volumens V.

$$\bar{\rho} = q \cdot \int_V \Psi^* \cdot \Psi \, dV \qquad (3.13)$$

Wachsen die Integrationsgrenzen in das Unendliche, so wird die Wahrscheinlichkeit, die physikalische Größe im betrachteten Volumen anzutreffen, zur Gewißheit. In unserem Beispiel bedeutet das, daß alle Raumladungsdichten im Volumenintegral erfaßt werden.

Wird das Produkt $\Psi^* \cdot \Psi$ nicht auf eine bestimmte physikalische Größe angewendet, kann $\Psi^* \cdot \Psi$ als Aufenthaltswahrscheinlichkeitsdichte einer Eigenschaft im Volumen interpretiert werden. Betrachtet man zum Beispiel das Elektron im Festkörper als Eigenschaft, so beschreibt das Volumenintegral über $\Psi^* \cdot \Psi \cdot dV$ die Aufenthaltswahrscheinlichkeit des Elektrons im Festkörper im Volumen dV, zwischen den Koordinaten x und x+dx, y und y+dy sowie z und z+dz. Das Volumenintegral über ein unendliches Volumen beschreibt dann die Wahrscheinlichkeit, daß sich das Festkörperelektron im unendlichen Volumen befindet. Existiert das Elektron, so wird die Wahrscheinlichkeit in diesem Fall zu eins, das heißt zur Sicherheit. Man bezeichnet die mathematische Formulierung für diesen Sachverhalt als *Normierungsbedingung*.

$$\int_{-\infty}^{\infty} \Psi^* \Psi \, dV = 1$$

Normierungsbedingung   (3.14)

Geht man davon aus, daß $\Psi(\bar{r}, t)$ durch eine harmonische Funktion beschrieben wird, so entspricht die Normierungsbedingung der Bedingung für die Orthogonalität der harmonischen Funktionen.

Die Normierungsbedingung (3.14) tritt als Randbedingung bei der Lösung der Schrödinger-Gleichung auf. Dabei bezieht sich (3.14) stets auf das betrachtete System, bei dem unter Umständen bereits innerhalb eines begrenzten Volumens (Integrationsgrenze $< \infty$) die Bedingung erfüllt ist.

3.1.3 Zeitfreie Schrödinger Gleichung

Die zeitabhängige Schrödinger Gleichung (3.12) ist vom Typ der Wärmeleitungsgleichung. Wird der Term $W \cdot \Psi$ in Gleichung (3.7) nicht durch die zeitliche Ableitung von $\Psi(\bar{r}, t)$ ersetzt, erhält man die zeitfreie Formulierung der Schrödinger Gleichung, die vom Typ einer Schwingungs-Differentialgleichung ist.

$$\overset{(3.7)}{\Rightarrow} \quad W \cdot \Psi = \frac{1}{2m} p^2 \cdot \Psi + W_{pot} \cdot \Psi$$

$$\overset{(3.10)}{\Rightarrow} \quad W \cdot \Psi = \frac{1}{2m}\left(-\hbar^2 \cdot \Delta\psi\right) + W_{pot} \cdot \Psi$$

$$\Delta\Psi(\vec{r}) = -\frac{2m}{\hbar^2} \cdot \left(W(\vec{r}) - W_{pot}(\vec{r})\right) \cdot \Psi(\vec{r})$$

zeitfreie Schrödinger Differentialgleichung   (3.15)

3.2 Das Elektron im Kristallgitter

Die Beschreibung des Elektrons als Materiewelle erfolgt mit Hilfe der Schrödinger-Gleichung, die in Kapitel 3.1 vorgestellt wurde. Da hier lediglich stationäre Zustände betrachtet werden sollen, ist der Ausgangspunkt aller Berechnungen die zeitfreie Schrödinger-Gleichung (3.15). In der Schrödinger-Gleichung ist die Umgebung, in der sich das Elektron befindet, durch den Verlauf der potentiellen Energie berücksichtigt. Untersuchen wir nun das Elektron im Kristallgitter, so müssen wir uns eine Vorstellung vom Verlauf der potentiellen Energie im Kristallgitter machen. In Abb. 3.1 ist dieser Verlauf der potentiellen Energie der Elektronen im Kristallgitter den Modellen gegenübergestellt, die in diesem Kapitel behandelt werden sollen.

Um eine anschauliche Darstellung des Kristallgitters zu erhalten, stellen wir uns das Kristallgitter als eine eindimensionale Aneinanderreihung positiv geladener Atomkerne vor (s. Abb. 3.1 a). Die Atomkerne haben einen Abstand zueinander, welcher der Gitterkonstanten a entspricht. Der Gesamtkristall hat die Länge L.

Der Einfachheit halber beginnt und endet die Atomkette exakt an den Atomkernen, obwohl die Kristallbegrenzungen in einer genaueren Darstellung wegen der Elektronenhüllen, welche die Atomkerne umgeben, über die Atomkette hinaus reichen müßten.

Das anziehende Coulomb-Potential gegenüber einer negativen Einzelladung kann durch die folgende Gleichung beschrieben werden:

$$W_{pot} = -\frac{q^2}{4\pi\varepsilon_0} \cdot \frac{1}{r}$$ (3.16)

Im Gesamtkristall überlagern sich die Hyperbeln der potentiellen Energie der Einzelatome. Dabei entstehen zwischen den Atomkernen Berge potentieller Energie, deren Höhe von der Gitterkonstanten und der Ladung der Atomkerne bestimmt wird. An den Rändern des Kristalls wächst der Berg der potentiellen Energie stark an, da keine Nachbaratome vorhanden sind, welche die potentielle Energie vermindern könnten. In Abb. 3.1 a ist der prinzipielle Verlauf des Gesamtpotentials dargestellt.

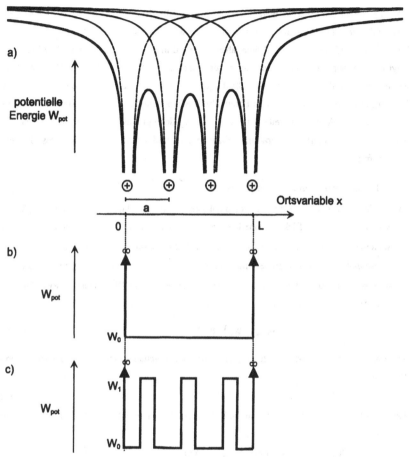

Abb. 3.1: a) Potentielle Energie der Kristallelektronen im periodischen Kristallgitter
durch Überlagerung der Coulomb-Potentiale der Einzelatome

b) Modell des eindimensionalen Potentialkastens

c) Ansatz für die potentielle Energie im Modell nach Kronig und Penney

Da der Gesamtverlauf der potentiellen Energie der Kristallelektronen in Verbindung mit der
Schrödinger-Gleichung zu sehr komplizierten Rechnungen führt, wird der Verlauf der potentiellen Energie durch sogenannte *Potentialkastenmodelle* angenähert. Das einfachste Modell ist
der eindimensionale Potentialkasten, der in Abb. 3.1 b dargestellt ist. Innerhalb des Kristalls
wird die potentielle Energie durch eine Konstante W_0 angenähert. An den Kristall-Grenzen

geht die potentielle Energie gegen Unendlich, so daß die Kristall-Elektronen im Kristall eingeschlossen sind. In Kapitel 3.2.1 wird auf dieses Modell näher eingegangen.

Eine genauere Modellierung des Potentialverlaufs wird in Kapitel 3.2.2 vorgestellt. Abb. 3.1 c zeigt den Verlauf der potentiellen Energie, der diesem Modell zugrunde liegt. Die Potential-berge sind durch Rechteck-Potentialwälle dargestellt und an den Kristallgrenzen wird wie beim Potentialkasten eine unendlich hohe Potentialschwelle angenommen. Der Einschluß der Elek-tronen im Gesamtkristall ist weiterhin gewährleistet, jedoch gibt es bei diesem Modell Elektro-nen, die an die ionisierten Gitteratome gebunden sind, und solche, die innerhalb des Gesamt-kristalls frei sind.

3.2.1 Der eindimensionale Potentialkasten

Im Modell des eindimensionalen Potentialkastens mit unendlich hohen Potentialwänden (s. Abb. 3.1 b) steht das Elektron innerhalb des Potentialkastens unter dem Einfluß einer örtlich konstanten potentiellen Energie W_0 und kann den Potentialkasten nicht verlassen.

Die Beschreibung der stationären Materiewelle des Elektrons erfolgt durch die zeitfreie Schrödinger-Gleichung (3.15), in welche die potentielle Energie W_0 eingesetzt wird. Für den Bereich $0 \leq x \leq L$ gilt demnach:

$$\frac{d^2\Psi(x)}{dx^2} = -\frac{2m}{\hbar^2} \cdot \left(W(x) - W_0\right) \cdot \Psi(x) \tag{3.17}$$

Zur Lösung der Differentialgleichung (3.17) wird der folgende Ansatz für die Wellenfunktion $\Psi(x)$ gewählt:

$$\Psi(x) = c_1 \cdot \cos(kx) + c_2 \cdot \sin(kx) \tag{3.18}$$

Das Einsetzen des Ansatzes (3.18) in die Differentialgleichung (3.17) führt zur Festlegung der Konstanten k.

$$\Psi'(x) = -c_1 \cdot k \cdot \sin(kx) + c_2 \cdot k \cdot \cos(kx)$$

$$\Psi''(x) = -c_1 \cdot k^2 \cdot \cos(kx) - c_2 \cdot k^2 \cdot \sin(kx)$$

$$\Leftrightarrow \quad \Psi''(x) = -k^2 \cdot \Psi(x)$$

$$\overset{(3.17)}{\Rightarrow} \quad k^2 = \frac{2m}{\hbar^2} \cdot \left(W(x) - W_0\right) \tag{3.19}$$

Wie kann die Konstante k physikalisch gedeutet werden ?

Nach dem Energieerhaltungssatz setzt sich die Gesamtenergie $W(x)$ aus der potentiellen Ener-gie und der kinetischen Energie zusammen. Die potentielle Energie im Potentialkasten beträgt W_0. Mit Gleichung (3.19) erhält man für die kinetische Energie:

$$W(x) = W_{pot} + W_{kin} = W_0 + W_{kin}$$

$$W_{kin} = W(x) - W_0 \overset{(3.19)}{=} \frac{\hbar^2 k^2}{2m} \tag{3.20}$$

Geht man davon aus, daß die kinetische Energie durch $W_{kin} = \frac{1}{2} mv^2$ beschrieben wird, erkennt man, daß die Konstante k der bekannten *Wellenzahl* (s. Tab. 2.2) entspricht, die über $p = \hbar \cdot k$ (s. Gleichung (3.2)) mit dem Impuls verknüpft ist.

$$W_{kin} = \frac{1}{2} mv^2 = \frac{\hbar^2 k^2}{2m} \qquad \Leftrightarrow \qquad \hbar^2 k^2 = m^2 v^2 = p^2 \tag{3.21}$$

Um die Konstanten c_1 und c_2 zu bestimmen, müssen zwei Randbedingungen formuliert werden. An den Rändern des Potentialkastens geht die potentielle Energie gegen Unendlich. Dies hat zur Folge, daß das Elektron den Potentialkasten nicht verlassen kann. Die Aufenthaltswahrscheinlichkeitsdichte $\Psi \cdot \Psi^*$ und damit auch die Wellenfunktion Ψ werden damit an den Rändern zu Null werden.

$$\text{RB I} \quad : \Psi(x = 0) = 0 \quad \Rightarrow \quad c_1 = 0$$

$$\text{RB II} \quad : \Psi(x = L) = 0 \quad \Rightarrow \quad \sin(kL) = 0 \tag{3.22}$$

Die Gleichung (3.22) ist die *Eigenwertgleichung* des Problems und ist für die folgenden Überlegungen von großer Bedeutung. Die Eigenwertgleichung beschreibt nicht die Lösung der Differentialgleichung, sondern macht über die Existenz einer Lösung eine Aussage. Nur für bestimmte Werte von kL kann Gleichung (3.22) erfüllt werden. Nur für diese k-Werte, die über Gleichung (3.19) mit der Energie des Elektrons verknüpft sind, existiert eine Lösung der Differentialgleichung.

$$\sin(kL) = 0 \quad \Rightarrow \quad kL = n \cdot \pi \quad \text{mit } n = 0, \pm 1, \pm 2, \ldots \in \mathbf{Z} \tag{3.23}$$

$$\overset{(3.19)}{\Rightarrow} \quad \frac{2m}{\hbar^2} \cdot (W_n - W_0) = k^2 = \frac{n^2 \cdot \pi^2}{L^2}$$

$$\Leftrightarrow \quad (W_n - W_0) = \frac{\pi^2 \cdot \hbar^2}{2m \cdot L^2} \cdot n^2 \tag{3.24}$$

Gleichung (3.24) beschreibt demnach die erlaubten Energien, wobei „erlaubte" Energien die sind, welche zur Lösung der Schrödinger-Gleichung führen. Für jeden dieser Energie-Eigenwerte W_n existiert eine Lösung der Differentialgleichung. Diese Lösungen Ψ_n werden als *Eigenfunktionen* bezeichnet. Die Eigenfunktionen können bis auf die Konstante c_2 aus den Gleichungen (3.18) und (3.23) bestimmt werden.

$$\Psi_n(x) = c_2 \cdot \sin\left(\frac{n \cdot \pi}{L} x\right) \tag{3.25}$$

Die Konstante c_2 kann mit Hilfe der Normierungsbedingung (3.14) berechnet werden. Abb. 3.2 zeigt die Eigenwerte und Eigenfunktionen, die sich aus den Gleichungen (3.24) und (3.25) ergeben.

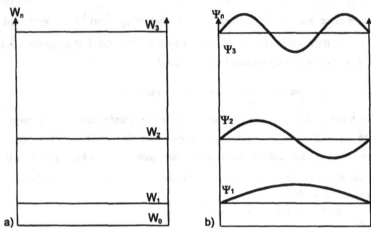

Abb. 3.2:   Niedrigste Energieeigenwerte W_n(a) und Eigenfunktionen Ψ_n (b) für den eindimensionalen Potentialkasten für die Werte n = 1,2,3

Bei der Betrachtung dieser Art von Eigenwertproblemen steht die Bestimmung der Eigenfunktionen nicht im Vordergrund. Die wichtigste Aussage betrifft die Existenz von Lösungen der Differentialgleichung durch die Berechnung der Eigenwerte. Physikalisch werden diese Ergebnisse in einer Darstellung der erlaubten Energien W_n in Abhängigkeit vom Impuls des Elektrons p_n, der proportional zur Wellenzahl k_n ist, interpretiert. Diese Darstellung wird allgemein als das *W(k)-Diagramm* bezeichnet.

Abb. 3.3 zeigt das W(k)-Diagramm, das sich aus den Gleichungen (3.23) und (3.24) ergibt. Die diskreten Energiezustände W_n liegen auf einer Parabel, die durch die Gleichung (3.19) beschrieben wird. Die Diskretisierung der Energiezustände ist auf die Randbedingungen zurückzuführen. Dadurch, daß das Elektron den Potentialkasten nicht verlassen kann, kommt es zur Einschränkung auf die erlaubten Impuls- und damit auch Energiewerte. Dies kann durch die folgende Überlegung verdeutlicht werden:

Vergrößert man die Ausdehnung des Potentialkastens (d.h. L), so verlieren die Ränder mit den Potentialschwellen an Einfluß. Das Elektron geht dann immer mehr in den Zustand eines freien Elektrons über. Mathematisch wird dies durch einen Grenzübergang mit $L \to \infty$ ausgedrückt. In der folgenden Rechnung soll untersucht werden, wie sich die Lage der Energiezustände im

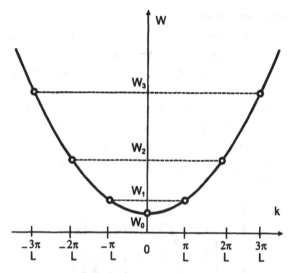

Abb. 3.3: W(k)-Diagramm für das Elektron im eindimensionalen
Potentialkasten der Länge L (Punkte) und für das freie
Elektron (durchgezogene Linie)

W(k)-Diagramm bei diesem Grenzübergang verändert. Dazu wird der energetische Abstand
zwischen zwei Energieniveaus bestimmt.

$$W_{n+1} - W_n = \frac{\pi^2 \hbar^2}{2mL^2} \cdot (n+1)^2 - \frac{\pi^2 \hbar^2}{2mL^2} \cdot n^2 = \frac{\pi^2 \hbar^2}{2mL^2} \cdot (2n+1)$$

$$\Rightarrow \quad \lim_{L \to \infty} (W_{n+1} - W_n) = 0 \tag{3.26}$$

Gleichung (3.26) verdeutlicht, daß die Abstände zwischen den Energieniveaus verschwinden,
wenn der Einfluß der Potentialschwellen verringert wird. Das W(k)-Diagramm für das Elektron im Potentialkasten, das durch eine Folge diskreter Punkte charakterisiert ist, geht beim
Grenzübergang zum freien Elektron in einen kontinuierlichen Verlauf über, welcher der Gleichung (3.19) entspricht. In Abb. 3.3 ist dieser Verlauf als durchgezogene Linie dargestellt. Das
freie Elektron hat eine potentielle Energie W_0 und kann beliebige kinetische Energien einnehmen, die über einen quadratischen Zusammenhang mit dem Impuls verknüpft sind.

$$\overset{(3.19)}{\Rightarrow} \quad k^2 = \frac{2m}{\hbar^2} \cdot (W - W_0) \tag{3.27}$$

$$\Leftrightarrow \quad W = \underbrace{W_0}_{W_{pot}} + \underbrace{\frac{k^2 \hbar^2}{2m}}_{W_{kin}}$$

3.2.2 Das Kronig-Penney-Modell

In diesem Kapitel wird das Kristallelektron durch eine gegenüber dem in Kapitel 3.2.1 vorgestellten Modell verbesserte Modellvorstellung beschrieben. Dieses verbesserte Modell berücksichtigt die periodische Struktur eines Kristalls, die sich in dem Verlauf der potentiellen Energie widerspiegelt. Abb. 3.1 a zeigte den Verlauf der potentiellen Energie, wie er durch Überlagerung der Potentiale einer eindimensionalen Kette von Atomrümpfen entsteht. Bei der Beschreibung des Kristallelektrons in diesem Kapitel wird der Potentialverlauf zunächst durch eine unendlich ausgedehnte Abfolge von Rechteck-Potentialwällen angenähert, wie sie in Abb. 3.4 gezeigt ist. Durch Annäherung der Potentialwälle mit δ-Funktionen geht dieses Modell in das Modell von Kronig und Penney über.

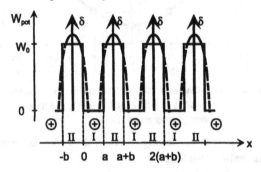

Abb. 3.4: Coulombpotentiale einer Kette von Punktladungen
(- - - -)und Näherungen durch Rechteck-Potentialwälle
und δ-Funktionen (nach Kronig und Penney)

Der Herleitung des W(k)-Diagramms nach dem Kronig-Penney-Modell erfolgt in ähnlicher Weise wie die Berechnung des W(k)-Diagramms mit dem eindimensionalen Potentialkasten. Der prinzipielle Ablauf ist in Abb. 3.5 dargestellt.

Zunächst wird die Schrödingergleichung für den Bereich innerhalb und außerhalb des Potentialwalls formuliert. Mit einem speziellen Ansatz für $\Psi(x)$ wird die Periodizität des Potentials berücksichtigt. Für jeden der zwei Bereiche, für den die Differentialgleichung aufgestellt wird, enthält der Ansatz zwei unbekannte Konstanten, da die Differentialgleichung zweiter Ordnung ist. Aus diesem Grund müssen 4 Randbedingungen formuliert werden. Das Gleichungssystem dieser 4 Gleichungen mit den 4 Unbekannten hat nur dann eine eindeutige Lösung, wenn die Koeffizientendeterminante verschwindet. Diese Bedingung führt zur Formulierung der Eigenwertgleichung, die durch Vereinfachung des Potential-Verlaufs in die Beschreibung des W(k)-Diagramms nach Kronig und Penney überführt werden kann. Dieser Rechnungsablauf wird nun detailliert vorgestellt.

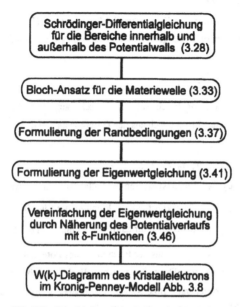

Abb. 3.5: Prinzipieller Ablauf der Herleitung des W(k)-Diagramms im Kronig-Penney-Modell

- Formulierung der Schrödinger-Differentialgleichung

Die zeitfreie Schrödinger-Gleichung (3.15) wird für die Bereiche I und II getrennt formuliert, da in den beiden Bereichen unterschiedliche potentielle Energien vorgegeben sind.

$$
\begin{array}{lll}
\text{I} & 0 \le x \le a & : \quad \dfrac{d^2\Psi_I}{dx^2} + \dfrac{2m}{\hbar^2} W \cdot \Psi_I = 0 \\[3mm]
\text{II} & -b \le x \le 0 & : \quad \dfrac{d^2\Psi_{II}}{dx^2} + \dfrac{2m}{\hbar^2}\left(W - W_0\right)\cdot\Psi_{II} = 0
\end{array}
\tag{3.28}
$$

Durch Einführung der Konstanten α und β können die Gleichungen (3.28) vereinfacht werden. Während in α nur Eigenschaften des Kristallelektrons (Masse und Energie) enthalten sind, verknüpft β Elektronen- mit Kristall-Eigenschaften. Letztere werden durch die Höhe der Potentialschwelle W_0 zwischen zwei Atomrümpfen ausgedrückt.

$$
\text{mit} \quad \alpha^2 \equiv \frac{2m}{\hbar^2}W \quad \text{und} \quad -\beta^2 \equiv \frac{2m}{\hbar^2}\left(W - W_0\right)
\tag{3.29}
$$

$$
\Rightarrow \quad \begin{aligned}
\Psi_I'' + \alpha^2 \cdot \Psi_I &= 0 \\
\Psi_{II}'' - \beta^2 \cdot \Psi_{II} &= 0
\end{aligned}
\tag{3.30}
$$

- **Ansatz für die Materiewelle**

  In dem Ansatz zur Lösung des Differentialgleichungssystems (3.30) wird die Periodizität des Gitter-Potentials berücksichtigt. Die potentielle Energie ist periodisch mit dem *Gitter-translationsvektor* $\vec{t}$.

  $$W_{pot}(\vec{r}) = W_{pot}(\vec{r} + \vec{t}) \qquad (3.31)$$

  Der Gittertranslationsvektor beschreibt die Verschiebung zwischen zwei äquivalenten Punkten im Kristallgitter. Er setzt sich aus den Gitterkonstanten und dem Kristall-Koordinatensystem zusammen.

  $$\vec{t} = n_1 \cdot t_1 \cdot \vec{e}_1 \; + \; n_2 \cdot t_2 \cdot \vec{e}_2 \; + \; n_3 \cdot t_3 \cdot \vec{e}_3 \qquad (3.32)$$

  mit $\vec{e}_1, \vec{e}_2, \vec{e}_3$: Einheitsvektoren des Gitter-Koordinatensystems

  t_1, t_2, t_3 : Gitterkonstanten in Richtung der Einheitsvektoren

  n_1, n_2, n_3 : Laufzahlen für äquivalente Punkte im Kristallgitter

Nach dem *Theorem von Bloch* wird aus der Periodizität des Potentials auf die Periodizität der Materiewelle $\Psi(\vec{r})$ geschlossen. Desweiteren nahm Bloch an, daß $\Psi(\vec{r})$ durch eine ebene harmonische Welle, die sogenannte *Bloch-Welle*, beschrieben werden kann und daß die Amplitude der ebenen Welle ebenfalls die Periodizität des Kristallgitters aufweist. Die Amplitude wird auch als *Bloch-Funktion* bezeichnet.

$$
\begin{array}{ll}
W_{pot}(\vec{r}) = W_{pot}(\vec{r} + \vec{t}) & \\[2mm]
\Rightarrow \quad \Psi(\vec{r}) = \gamma(\vec{r}) \cdot e^{j(\vec{k} \cdot \vec{r})} & \text{Bloch} - \text{Welle} \\[2mm]
\Rightarrow \quad \gamma(\vec{r}) = \gamma(\vec{r} + \vec{t}) & \text{Bloch} - \text{Funktion}
\end{array}
\qquad (3.33)
$$

Bloch-Theorem

Der eindimensionale Bloch-Ansatz kann nun in die Differentialgleichungen (3.30) eingesetzt werden. Man erhält damit anstelle der Differentialgleichungen für $\Psi(x)$ eine Formulierung der Gleichungen für die Bloch-Funktion $\gamma(x)$.

$$\Psi'(x) = \gamma'(x) \cdot e^{jkx} + jk \cdot \gamma(x) \cdot e^{jkx}$$

$$\Psi''(x) = \gamma''(x) \cdot e^{jkx} + jk \cdot \gamma'(x) \cdot e^{jkx} + jk \cdot \gamma'(x) \cdot e^{jkx} - k^2 \cdot \gamma(x) \cdot e^{jkx}$$

(3.30)

$$\Rightarrow \quad \gamma_1''(x) \cdot e^{jkx} + 2 \cdot jk \cdot \gamma_1'(x) \cdot e^{jkx} - k^2 \cdot \gamma_1(x) \cdot e^{jkx} + \alpha^2 \cdot \gamma_1(x) \cdot e^{jkx} = 0$$

$$\Leftrightarrow \quad \gamma_I''(x) + 2 \cdot jk \cdot \gamma_I'(x) + \left(\alpha^2 - k^2\right) \cdot \gamma_I(x) = 0$$

$$\text{bzw.} \quad \gamma_{II}''(x) + 2 \cdot jk \cdot \gamma_{II}'(x) - \left(\beta^2 + k^2\right) \cdot \gamma_{II}(x) = 0 \tag{3.34}$$

Zur Lösung der Gleichungen (3.34) werden nun Ansätze für die Bloch-Funktionen formuliert. Dazu werden zunächst die konstanten Faktoren vor $\gamma_I(x)$ und $\gamma_{II}(x)$ in (3.34) umgeformt, um rechnerisch günstige Formen zu finden.

$$\left(\alpha^2 - k^2\right) = \left[+j(\alpha - k)\right] \cdot \left[-j(\alpha + k)\right]$$

$$-\left(\beta^2 + k^2\right) = \left[+(\beta - jk)\right] \cdot \left[-(\beta + jk)\right] \tag{3.35}$$

Mit diesen Ausdrücken ergeben sich folgende Ansätze:

$$\gamma_I(x) = A_I \cdot e^{+j(\alpha - k)x} + B_I \cdot e^{-j(\alpha + k)x}$$

$$\gamma_{II}(x) = A_{II} \cdot e^{+(\beta - jk)x} + B_{II} \cdot e^{-(\beta + jk)x} \tag{3.36}$$

Da die Schrödinger-Gleichung eine Differentialgleichung zweiter Ordnung ist, sind in jedem Ansatz zwei Konstanten zu bestimmen. Insgesamt ergeben sich also vier Konstanten, die mit Hilfe der Randbedingungen bestimmt werden müssen.

- Formulierung der Randbedingungen

Als Randbedingungen wird die Stetigkeit der Bloch-Funktionen und die Stetigkeit der Ableitung der Bloch-Funktionen an den Sprungstellen der potentiellen Energie gefordert.

$$\begin{aligned} &\text{RB 1} \quad : \quad \gamma_I(0) = \gamma_{II}(0) \\ &\text{RB 2} \quad : \quad \gamma_I(a) = \gamma_{II}(-b) \\ &\text{RB 3} \quad : \quad \gamma_I'(0) = \gamma_{II}'(0) \\ &\text{RB 4} \quad : \quad \gamma_I'(a) = \gamma_{II}'(-b) \end{aligned} \tag{3.37}$$

Durch Einsetzen der Ansätze (3.36) in die Gleichungen (3.37) erhält man ein lineares Gleichungssystem für die Konstanten A_I, A_{II}, B_I und B_{II}.

$$\text{RB 1} \quad : A_I \qquad\qquad + B_I \qquad\qquad - A_{II} \qquad\qquad - B_{II} \qquad\qquad = 0$$

$$\text{RB 2} \quad : A_I \cdot e^{+j(\alpha - k)a} + B_I \cdot e^{-j(\alpha + k)a} - A_{II} \cdot e^{-(\beta - jk)b} - B_{II} \cdot e^{+(\beta + jk)b} = 0$$

$$\text{RB 3} \quad : A_I \cdot j(\alpha - k) \quad - B_I \cdot j(\alpha + k) \quad - A_{II} \cdot (\beta - jk) \quad + B_{II} \cdot (\beta + jk) \quad = 0 \tag{3.38}$$

$$\text{RB 4} \quad : A_I \cdot j(\alpha - k) \cdot e^{+j(\alpha - k)a} \quad - \quad B_I \cdot j(\alpha + k) \cdot e^{-j(\alpha + k)a}$$

$$- A_{II} \cdot (\beta - jk) \cdot e^{-(\beta - jk)b} \quad + \quad B_{II} \cdot (\beta + jk) \cdot e^{+(\beta + jk)b} \quad = 0$$

Das Gleichungssystem (3.38) kann auch in Matrizenschreibweise formuliert werden. Dabei werden die Koeffizienten hinter den Konstanten A_I, A_{II}, B_I und B_{II} in der Koeffizientenmatrix **K** zusammengefaßt.

$$\mathbf{K} \cdot \begin{pmatrix} A_I \\ B_I \\ A_{II} \\ B_{II} \end{pmatrix} = \begin{pmatrix} 0 \\ 0 \\ 0 \\ 0 \end{pmatrix} \tag{3.39}$$

● Formulierung der Eigenwertgleichung

Das lineare Gleichungssystem (3.39) hat die triviale Lösung $A_I = A_{II} = B_I = B_{II} = 0$. Eine weitere eindeutige Lösung existiert nur dann, wenn die Determinante der Koeffizienten-matrix $D = \det(\mathbf{K})$ verschwindet.

$$\det(\mathbf{K}) = 0 \tag{3.40}$$

Gleichung (3.40) ist die erste Formulierung der Eigenwertgleichung des Systems. Mit den Regeln der Berechnung von Determinanten und den Definitionsgleichungen für die trigo-nometrischen und hyperbolischen Funktionen, kann (3.40) in den folgenden Ausdruck um-geformt werden:

$$\frac{\beta^2 - \alpha^2}{2\alpha\beta} \cdot \sinh(\beta b) \cdot \sin(\alpha a) + \cosh(\beta b) \cdot \cos(\alpha a) = \cos[k(a+b)] \tag{3.41}$$

● Näherung von Kronig und Penney

Gleichung (3.41) kann vereinfacht werden, wenn anstelle der rechteckförmigen Potential-wälle δ-Funktionen der potentiellen Energie angenommen werden. Dies entpricht einer Nä-herung $W_0 \rightarrow \infty$ und $b \rightarrow 0$ mit konstantem Produkt $W_0 \cdot b$. Physikalisch bedeutet $W_0 \rightarrow \infty$, daß die Materiewelle den Potentialwall nicht durchdringen kann. Durch den Grenzübergang $b \rightarrow 0$ verschwindet jedoch dieser Potentialwall, so daß das konstante Produkt $W_0 \cdot b$ die Bedingung für die Durchdringung des Potentialwalls festlegt.

Diese Näherung wirkt auf alle Terme in (3.41), in denen b oder β enthalten ist.

– Grenzübergang für βb

Mit (3.29) erhält man für βb:

$$\beta \cdot b \overset{(3.29)}{=} \sqrt{\frac{2m}{\hbar^2} \cdot (W_0 - W)} \cdot b$$

Wenn W_0 gegen Unendlich geht, kann W gegenüber W_0 vernachlässigt werden.

$$\beta \cdot b \approx \sqrt{\frac{2m}{\hbar^2} \cdot W_0} \cdot b$$

Da das Produkt $W_0 \cdot b$ konstant ist, kann W_0 in Abhängigkeit von b formuliert werden. Dies führt zu

$$\beta \cdot b \approx \sqrt{\frac{2m}{\hbar^2} \cdot \frac{konst}{b}} \cdot b = \sqrt{\frac{2m}{\hbar^2} \cdot konst} \cdot \frac{b}{\sqrt{b}} = \sqrt{\frac{2m}{\hbar^2} \cdot konst} \cdot \sqrt{b} \; .$$

Damit erhält man folgenden Grenzwert:

$$\lim_{\substack{W_0 \to \infty \\ b \to 0}} [\beta \cdot b] = \lim_{\substack{W_0 \to \infty \\ b \to 0}} \left[\sqrt{\frac{2m}{\hbar^2} \cdot konst} \cdot \sqrt{b} \right] = 0 \tag{3.42}$$

Nach Gleichung (3.42) kann der Grenzübergang für $W_0 \to \infty$ und $b \to 0$ durch den Grenzübergang für $\beta \cdot b \to 0$ ersetzt werden.

– Grenzübergang für $\dfrac{\beta^2 - \alpha^2}{2\alpha\beta} \cdot \sinh(\beta b)$

$$\lim_{\substack{W_0 \to \infty \\ b \to 0}} \left[\frac{\beta^2 - \alpha^2}{2\alpha\beta} \cdot \sinh(\beta b) \right] = \lim_{\substack{W_0 \to \infty \\ b \to 0}} \left[\frac{\beta^2 b - \alpha^2 b}{2\alpha} \cdot \frac{\sinh(\beta b)}{\beta b} \right]$$

$$\overset{(3.42)}{=} \lim_{\substack{W_0 \to \infty \\ b \to 0}} \left[\frac{\beta^2 b - \alpha^2 b}{2\alpha} \right] \cdot \underbrace{\lim_{\beta b \to 0} \left[\frac{\sinh(\beta b)}{\beta b} \right]}_{=1}$$

$$= \lim_{\substack{W_0 \to \infty \\ b \to 0}} \left[\frac{\beta^2 b}{2\alpha} \right] - \underbrace{\lim_{b \to 0} \left[\frac{\alpha^2 b}{2\alpha} \right]}_{=0} \overset{(3.29)}{=} \lim_{\substack{W_0 \to \infty \\ b \to 0}} \left[\frac{2m}{\hbar^2}(W_0 - W) \cdot \frac{b}{2\alpha} \right]$$

$$= \lim_{\substack{W_0 \to \infty \\ b \to 0}} \left[\frac{m}{\alpha\,\hbar^2} \underbrace{W_0 \cdot b}_{=konst} \right] - \underbrace{\lim_{b \to 0} \left[\frac{m}{\alpha\,\hbar^2} W \cdot b \right]}_{=0} = \frac{m}{\alpha\,\hbar^2} W_0 \cdot b$$

$$\overset{W \ll W_0}{\approx} \frac{\beta^2 \cdot b}{2\alpha} \tag{3.43}$$

– Grenzübergang für $\cosh(\beta b)$ und $\cos[k(a+b)]$

$$\lim_{\substack{W_0 \to \infty \\ b \to 0}} \cosh(\beta \cdot b) = \lim_{\beta b \to 0} \cosh(\beta \cdot b) = 1 \tag{3.44}$$

$$\lim_{\substack{W_0 \to \infty \\ b \to 0}} \cos[k(a+b)] = \cos(ka) \tag{3.45}$$

Werden nun die Grenzwerte nach (3.42-3.45) in die Eigenwertgleichung (3.41) eingesetzt, so ergibt sich eine vereinfachte Formulierung der Eigenwertgleichung, welche die Grundlage für das Kronig-Penney-Modell des Kristallelektrons darstellt.

$$\frac{\beta^2 b}{2\alpha} \cdot \sin(\alpha a) + \cos(\alpha a) = \cos(k a)$$

$$\Leftrightarrow \qquad \boxed{P \cdot \frac{\sin(\alpha a)}{\alpha a} + \cos(\alpha a) = \cos(k a)} \tag{3.46}$$

Kronig-Penney-Modell des Kristallelektrons

$$\text{mit} \qquad P = \frac{a b \beta^2}{2} = \frac{a b m}{\hbar^2} \cdot (W_0 - W) \tag{3.47}$$

$$\alpha^2 = \frac{2m}{\hbar^2} \cdot W \tag{3.29}$$

$$\beta^2 = \frac{2m}{\hbar^2} \cdot (W_0 - W)$$

Gleichung (3.46) beschreibt die **Eigenschaften der Materiewelle des Elektrons im periodischen Gitterpotential eines idealisierten eindimensionalen Kristalls**. Da diese Eigenschaften nicht direkt der Gleichung (3.46) entnommen werden können, werden einzelne Terme der Gleichung getrennt untersucht und auf ihre Bedeutung hinsichtlich der Eigenschaften des Elektrons hin diskutiert. Für die Diskussion wird die linke Seite der Gleichung (3.46) als Funktion $f(P, \alpha a)$ bezeichnet.

$$f(P, \alpha a) \equiv P \cdot \frac{\sin(\alpha \cdot a)}{\alpha \cdot a} + \cos(\alpha \cdot a) \tag{3.48}$$

Abb. 3.6 zeigt eine Auftragung der Funktion $f(P, \alpha a)$ über dem Produkt $\alpha \cdot a$, das nach Gleichung (3.47) proportional zur Wurzel der Energie des Elektrons ist. Der Parameter P wurde hier beliebig auf den Wert $P = 3\pi/2$ gesetzt.

Neben der Funktion $f(P, \alpha a)$ ist in Abb. 3.6 der Bereich zwischen -1 und +1 gekennzeichnet. Dies ist der Wertebereich der cos-Funktion auf der rechten Seite in Gleichung (3.46). Durch Schraffur wurden die Bereiche hervorgehoben, in denen die Funktion $f(P, \alpha a)$ Werte zwischen -1 und +1 einnimmt. Nur in diesen Bereichen ist die Gleichung (3.46) erfüllt. Diese Darstellung verdeutlicht das erste wichtige Ergebnis: Die Eigenwertgleichung (3.46) ist nur für bestimmte Werte des Produktes $\alpha \cdot a$ lösbar. Das bedeutet, daß es Bereiche erlaubter Energien gibt, für die das Elektron als Materiewelle im Kristall beschrieben werden kann. Diese Bereiche erlaubter Energien werden auch als *Energiebänder* bezeichnet.

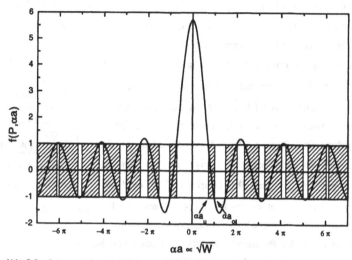

Abb. 3.6: Interpretation der Eigenwertgleichung im Kronig-Penney-Modell des Kristallelektrons. $f(P, \alpha a)$ ist über $\alpha \cdot a$ aufgetragen und der Parameter P wird konstant gehalten.

Die Lösungen der Schrödingergleichung beschreiben sogenannte *Energiezustände*, unabhängig davon, ob diese Zustände mit Elektronen besetzt sind oder nicht. Das höchste Energieband, das mit Elektronen vollständig besetzt ist, wird als das *Valenzband* bezeichnet. Das Energieband, welches über dem Valenzband liegt, nennt man *Leitungsband*. Das Leitungsband ist nur teilweise mit Elektronen besetzt, so daß ein Elektron innerhalb des Bandes einen neuen Energiezustand einnehmen kann, ohne eine Energielücke überwinden zu müssen. Dies ist eine Voraussetzung für den Stromtransport und erklärt somit den Namen des Leitungsbandes.

Die Breite der Energiebänder nimmt mit größer werdender Energie zu. Dementsprechend werden die verbotenen Bereiche der Energie immer kleiner. Innerhalb eines Energiebandes kann $f(P, \alpha a)$ alle Werte zwischen -1 und +1 einnehmen. Das bedeutet, daß sich in der cos-Funktion für die Impuls-Werte in Form des Produktes $k \cdot a$ keine Einschränkungen ergeben. Eine Zuordnung der Impuls-Werte zu den erlaubten Energie-Werten führt zum W(k)-Diagramm des Kristallelektrons.

Das W(k)-Diagramm ermöglicht die gleichzeitige Beschreibung von Energie und Impuls des Kristallelektrons. Dies ist von so großer Bedeutung, weil bei der Beschreibung von Elektronenübergängen stets der Energie- und Impuls-Erhaltungssatz berücksichtigt werden müssen.

Der Impuls ist über Gleichung (3.2) mit der Wellenzahl k und die Energie W über Gleichung (3.29) mit α^2 verknüpft. Abb. 3.7 zeigt, wie das W(k)-Diagramm konstruiert werden kann.

Das W(k)-Diagramm wird so konstruiert, daß für einen gegebenen Wert k_0 die rechte Seite der Gleichung (3.46) berechnet wird. Dieser Wert, der hier mit X_0 bezeichnet wird, hängt über die Umkehrfunktion von $f(P,\alpha a)$ mit α_{0i} zusammen. Dieser letzte Zusammenhang ist nicht eindeutig, da in jedem Energieband die Bedingung $f(P,\alpha a)=X_0$ erfüllt werden kann. So ergibt sich für jedes einzelne Energieband ein zum k_0 zugehöriger Wert α_{0i}, dem über Gleichung (3.29) ein Energiewert W_{0i} zugeordnet werden kann. Abb. 3.8 zeigt das Ergebnis eines auf diese Weise konstruierten W(k)-Diagramms.

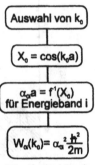

Abb. 3.7: Konstruktion des W(k)-Diagramms

Aufgrund der cos(ka)-Funktion ist das W(k)-Diagramm periodisch mit der Periode $2\pi/a$. Daher wird sehr oft nur eine Periode des W(k)-Diagramms betrachtet, da in den weiteren Perioden keine neuen Informationen hinzukommen. Diese reduzierte Form des W(k)-Diagramms, bei der entweder der Bereich $-\pi/a \leq k \leq +\pi/a$ oder der Bereich $0 \leq k \leq +2\pi/a$ betrachtet wird, wird als das *reduzierte Zonenschema* bezeichnet. Den betreffenden Bereich des W(k)-Diagramms nennt man auch die erste *Brillouinsche Zone*.

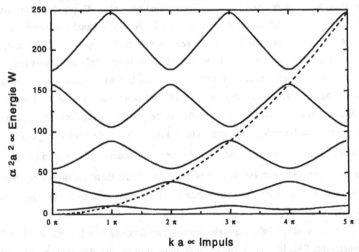

Abb. 3.8: W(k)-Diagramm eines Kristallelektrons im Kronig-Penney-Modell mit $P \neq 0$ (———) und $P = 0$ (- - - -)

Bei den bisherigen Betrachtungen wurde der Faktor P konstant gehalten. In den folgenden Absätzen soll der Einfluß von P näher untersucht werden. Nach Gleichung (3.47) ist P proportional zur Höhe der Potentialschwelle W_0. Daher kann man P als Maß für die Bindung des Elektrons an den Kristall interpretieren. Für P = 0 geht Gleichung (3.46) in den folgenden Ausdruck über:

$$\cos(\alpha a) = \cos(k a) \quad \Leftrightarrow \quad \alpha = k$$

$$\stackrel{(3.29)}{\Rightarrow} \frac{2m}{\hbar^2} W = k^2 \tag{3.49}$$

(3.49) entspricht der Gleichung (3.27), die bei der Beschreibung des freien Elektrons ermittelt wurde. Der parabolische W(k)-Verlauf, der typisch für ein freies Elektron ist, wurde in Abb. 3.8 als gestrichelte Linie eingezeichnet. Die Annäherung des W(k)-Diagramms für ein gebundenes Kristallelektron an die Kurve für ein freies Elektron deutet an, daß das Kristallelektron zum Teil den Charakter eines freien Elektrons besitzt. Man bezeichnet das Kristallelektron oft auch als *quasifreies* Elektron.

Abb. 3.9 zeigt wie Abb. 3.6 den Verlauf der Funktion $f(P, \alpha a)$ über dem Produkt $\alpha \cdot a$, jedoch mit zusätzlicher Variation der Konstanten P.

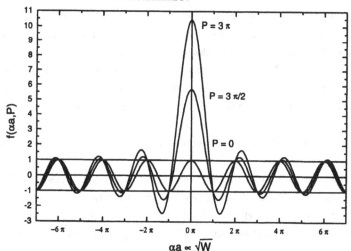

Abb. 3.9: Einfluß der Höhe der Potentialschwelle (ausgedrückt durch Variation von P) auf die Lösung der Eigenwertgleichung (3.46)

Für P = 0 wird deutlich, daß alle Werte von $\alpha \cdot a$ zu Lösungen der Eigenwertgleichung führen, da $f(P, \alpha a)$ stets zwischen -1 und +1 liegt. Wird P vergrößert, nimmt die Breite der Bereiche der erlaubten Energien ab, da immer größere Teile von f (P,αa) oberhalb von +1, bzw. unterhalb von -1 liegen. Dieser Sachverhalt soll durch Abb. 3.10 verdeutlicht werden.

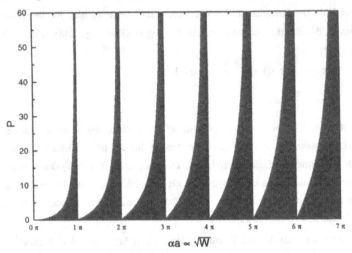

Abb. 3.10: Einfluß von P auf die Breite der Bereiche der erlaubten Energien

In Abb. 3.10 ist für unterschiedliche Werte von P der Bereich der $\alpha \cdot a$ -Werte gekennzeichnet, der zu Lösungen der Eigenwertgleichung führt. Die Breite des grau gezeichneten Bereichs steht dabei für die Breite eines Energiebandes. In dieser Darstellung wird deutlich, daß für große Werte von P die Energiebänder schmaler werden. Geht P gegen Unendlich entarten die Energiebänder zu diskreten Energieniveaus. Dieses Ergebnis entspricht dem in Kapitel 3.2.1 vorgestellten Ergebnis, was man beim Modell des Potentialkastens mit unendlich hohen Potentialbarrieren erhalten hat. Dieses Modell gilt zum Beispiel für Elektronen diskreter Atome, die ihren Platz nicht verlassen können und (nach Bohr) mit diskreten Energieniveaus ausgestattet sind.

Die Konstruktion des W(k)-Diagramms hat gezeigt, daß Energie und Impuls des Kristallelektrons in komplizierter Weise miteinander verknüpft sind. Daher wird nun zum Abschluß dieses Kapitels eine vereinfachte Beschreibung des W(k)-Diagramms des Kristallelektrons vorgestellt. Die Vereinfachung beruht auf einer Näherung der Gleichung (3.46) im Bereich der Kanten der Energiebänder, wo die Funktion $f(P, \alpha\, a)$ die Werte -1 oder +1 einnimmt. Die αa-Werte der Unterkante, bzw. Oberkante des Energiebandes werden mit αa_u, bzw. αa_o bezeichnete und sind für das erste Energieband in Abb. 3.6 hervorgehoben.

Im Bereich der Bandkanten kann nun eine Reihenentwicklung der linken und der rechten Seite von Gleichung (3.46), das heißt der Funktionen $f(P, \alpha a)$ und cos(ka), durchgeführt werden. Diese Reihenentwicklung und die Zusammenfassung der Ergebnisse ist im Anhang 3 gezeigt. Als Endergebnis erhält man den folgenden Ausdruck für die Beschreibung des W(k)-Diagramms im Bereich der Kanten der Energiebänder:

$$W(k) \approx W_{Kante} \pm \frac{\hbar^2 \cdot k^2}{2m_{eff}} \qquad (3.50)$$

Abb. 3.11 veranschaulicht, wie das W(k)-Diagramm im Bereich der Bandkanten durch die quadratische Funktion (3.50) genähert werden kann.

Ein Vergleich der Gleichung (3.50) mit Gleichung (3.27) zeigt, daß das Kristallelektron im Bereich der Bandkanten ähnlich wie ein freies Elektron beschrieben werden kann, das eine potentielle und kinetische Energie aufweist. Die potentielle Energie wird durch die Bandkanten-energie bestimmt und die kinetischen Energie hängt quadratisch vom Impuls des Elektrons ab. Im Zusammenhang mit der Diskussion des Vorfaktors P wurde die Beschreibung des Kristall-elektrons als *quasifreies Elektron* bereits erwähnt.

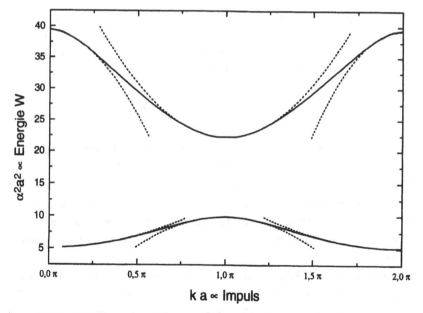

Abb. 3.11: W(k)-Diagramm des Kristallelektrons in den ersten beiden Energiebändern im Kronig-Penney-Modell (——) und Näherung durch Gleichung (3.50) (- - - -)

Der Unterschied zwischen dem freien Elektron und dem Kristallelektron wird durch die *effektive Masse* m_{eff} des Elektrons ausgedrückt. Bei der Interpretation des Kristallelektrons als quasifreies Elektron werden alle Kraftwirkungen des Kristalls auf das Elektron in m_{eff} zusammengefaßt. Die effektive Masse wird im Anhang 3 eingeführt und für die Band-Oberkante und die Band-Unterkante getrennt formuliert.

$$m_{eff} = \begin{cases} \dfrac{m}{a\alpha_{oben}} \cdot \dfrac{df}{d\alpha a}\bigg|_{\alpha_{oben}} & : \text{ Oberkante des Energiebandes} \\[4mm] -\dfrac{m}{a\alpha_{unten}} \cdot \dfrac{df}{d\alpha a}\bigg|_{\alpha_{unten}} & : \text{ Unterkante des Energiebandes} \end{cases} \qquad (3.51)$$

Sofern die Funktion $f(P, \alpha a)$ im Bereich der Bandkanten linear genähert werden kann, folgt daraus wegen der konstanten Steigung $df/d\alpha a$, daß das Prinzip einer konstanten effektiven Masse nicht nur direkt an der Bandkante, sondern auch in der Umgebung der Bandkante gültig ist.

Meist wird die effektive Masse nicht durch Gleichung (3.51) beschrieben, sondern mit Hilfe der zweiten Ableitung des $W(k)$-Diagramms formuliert.

$$W(k) = W_{Kante} + \frac{\hbar^2 \cdot k^2}{2m_{eff}}$$

$$\frac{dW(k)}{dk} = \frac{\hbar^2 \cdot k}{m_{eff}} \quad \Rightarrow \quad \frac{d^2W(k)}{dk^2} = \frac{\hbar^2}{m_{eff}}$$

$$\Leftrightarrow \quad m_{eff} = \frac{\hbar^2}{\dfrac{d^2W(k)}{dk^2}} \qquad (3.52)$$

Nach (3.52) wird die effektive Masse des Kristallelektrons durch den Kehrwert der Krümmung des $W(k)$-Diagramms beschrieben. Bei dieser Formulierung der effektiven Masse wird deutlich, daß im Bereich der Oberkante eines Energiebandes das Elektron mit einer negativen effektiven Masse beschrieben wird. An der Unterkante des Energiebandes ist die effektive Masse positiv.

Da ein Elektron mit negativer effektiver Masse anschaulich nur schwer zu verstehen ist, wird bei Elektronen in der Nähe der Oberkante eines Energiebandes das Konzept des *Defektelektrons* eingeführt.

Das Defektelektron, das häufig auch als *Loch* bezeichnet wird, ist ein Teilchen, das sich vom Elektron nur durch das Vorzeichen seiner Ladung und der effektiven Masse unterscheidet. Ein elektrisches Feld übt auf das Defektelektron eine im Vergleich zum Elektron entgegengesetzte Kraft aus (vgl. Abb. 3.12).

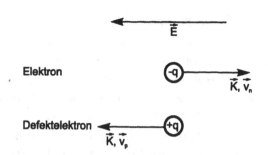

Abb. 3.12: Vergleich der Kraftwirkung eines elektrischen Feldes auf ein Elektron und ein Defektelektron

Die Bewegung von Elektron und Defektelektron, ausgedrückt durch die Geschwindigkeiten $\vec{v}_n$ und $\vec{v}_p$, sind entgegengesetzt.

Elektron   : $\vec{v}_n = -\mu_n \cdot \vec{E}$ (3.53)

Defektelektron : $\vec{v}_p = \mu_p \cdot \vec{E}$

Der Feldstrom von Elektron und Defektelektron setzt sich aus dem Produkt von Ladung, Konzentration der Ladungsträger und der Geschwindigkeit der Ladungsträger zusammen. Da sowohl die Geschwindigkeiten $\vec{v}_n$ und $\vec{v}_p$ als auch die Ladungen unterschiedliches Vorzeichen haben, ergibt sich eine äquivalente Formulierung der Feldströme des Elektrons und des Defektelektrons.

Elektron   : $\vec{j}_n = \underbrace{-q}_{Q_n} \cdot n \cdot \vec{v}_n = q \cdot n \cdot \mu_n \cdot \vec{E}$ (3.54)

Defektelektron : $\vec{j}_p = \underbrace{+q}_{Q_p} \cdot p \cdot \vec{v}_p = q \cdot p \cdot \mu_p \cdot \vec{E}$

mit   n: Konzentration der Elektronen

      p: Konzentration der Defektelektronen

So erkennt man, daß ein Elektron mit negativer Ladung ($Q_n < 0$) und positiver effektiver Masse einen Ladungstransport („Strom") bewirkt genau wie ein Defektelektron mit positiver Ladung ($Q_p > 0$) und negativer effektiver Masse. Die Beschleunigung $\vec{b}$ bleibt durch den doppelten Vorzeichenwechsel in der Bewegungsgleichung $\vec{K} = m_{eff} \cdot \vec{b}$ für eine Ladung Q unter Wirkung der elektrischen Feldstärke $\vec{E}$ unverändert.

$$\vec{b} = \left(\frac{Q}{m_{eff}}\right) \cdot \vec{E}$$ (3.55)

3.2.3 Das reale Energie-Impuls-Diagramm

Das reale Energie-Impuls-Diagramm unterscheidet sich vor allem deshalb vom W(k)-Diagramm des Kronig-Penney-Modells, weil im Kronig-Penney-Modell eine **unendlich** ausgedehnte **eindimensionale** Kette von Atomen als Modell des Kristallgitters angenommen wurde. In diesem Kapitel sollen die Einflüsse dieser beiden Einschränkungen diskutiert werden. Dabei wird zunächst der Einfluß endlicher Kristallabmessungen untersucht.

Um den Einfluß der Kristallgrenzen zu berücksichtigen, wird der Verlauf der potentiellen Energie im Inneren des Kristalls (vgl. Abb. 3.4) durch unendlich hohe Potentialwälle an den Enden des Kristalls ergänzt (s. Abb. 3.13).

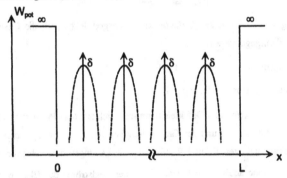

Abb. 3.13: Verlauf der potentiellen Energie in einem endlichen Kristall

Innerhalb des Kristalls wird die potentielle Energie entsprechend dem Kronig-Penney-Modell δ-förmig angenommen, das heißt, die Potentialwälle sind zwar unendlich hoch aber auch unendlich dünn, so daß die Materiewelle diese Potentialschwellen durchtunneln kann und sich so im gesamten Kristall ausbreiten kann. An den Kristallgrenzen ist der Potentialverlauf so gestaltet, daß die Materiewelle die Potentialschwellen nicht durchdringen kann. Dies entspricht der Annahme, daß das Kristallelektron im Kristall eingeschlossen ist.

Um anhand einfacher mathematischer Überlegungen die Konsequenzen zu erläutern, die sich daraus für das Kristallelektron ergeben, wird zunächst der Potentialverlauf periodisch fortgesetzt (s. Abb. 3.14). Da die Materiewelle im Kristall eingeschlossen ist und es daher keinerlei Wechselwirkung des Kristallelektrons im Bereich $0 \leq x \leq L$ mit den Bereichen $x < 0$ und $x > L$ gibt, führt die periodische Fortsetzung nicht zu einer Verfälschung der Ergebnisse.

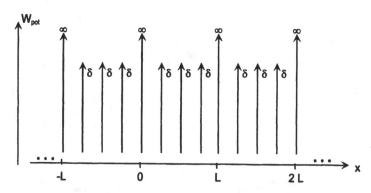

Abb. 3.14: Periodische Fortsetzung des Verlaufs der potentiellen Energie in einem endlichen Kristall

Für diesen Verlauf der potentiellen Energie erhält man nun einen modifizierten Ansatz für die Bloch-Welle, da die Bloch-Welle nunmehr nicht nur periodisch mit der Gitterkonstanten, sondern auch periodisch mit der Kristallänge L sein muß.

Bloch-Ansatz: $\Psi(x) = \gamma(x) \cdot e^{jkx}$ mit $\gamma(x) = \gamma(x+L)$ (3.55)

$$\Psi(x) = \Psi(x+L) \tag{3.56}$$

Wie die folgende Rechnung zeigt, kann Gleichung (3.56) nur erfüllt werden, wenn die k-Werte eine bestimmte Bedingung erfüllen.

$$\Psi(x+L) = \gamma(x+L) \cdot e^{jk(x+L)} \overset{(3.55)}{=} \gamma(x) \cdot e^{jkx} \cdot e^{jkL} \overset{(3.55)}{=} \Psi(x) \cdot e^{jkL} \overset{(3.56)}{=} \Psi(x)$$

$$\Rightarrow \quad e^{jkL} = 1 \quad \Leftrightarrow \quad \cos(kL) + j \cdot \sin(kL) = 1 + 0 \cdot j$$

$$\Rightarrow \quad kL = n \cdot 2\pi \quad \text{mit} \quad n = 0, \pm 1, \pm 2, \dots \in \mathbb{Z} \tag{3.57}$$

Der Übergang auf einen endlichen Kristall führt zu einer Diskretisierung der k-Werte, da nach Gleichung (3.57) nur noch bestimmte k-Werte zu einem Bloch-Ansatz führen, der Gleichung (3.56) erfüllt. Im W(k)-Diagramm hat das zur Folge, daß streng genommen die Kurven, welche den Zusammenhang zwischen Energie und Impuls beschreiben, nur noch als Punktefolgen gezeichnet werden dürfen, wobei der k-Wert eines jeden Punktes die Bedingung (3.57) erfüllen muß. Abb. 3.15 zeigt in schematischer Weise, daß die erlaubten Energiezustände im W(k)-Diagramm wie Perlen auf einer Kette angeordnet sind.

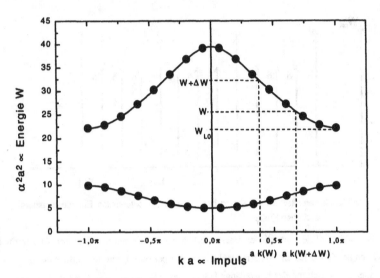

Abb. 3.15: Schematische Darstellung der erlaubten Energiezustände in den ersten beiden Energiebändern in einem endlichen Kristall

Der Abstand der k-Werte zweier benachbarter Punkte beträgt $2\pi/L$.

$$\Delta k = \frac{2\pi}{L} \tag{3.58}$$

Für Kristallabmessungen, die groß gegenüber der Gitterkonstanten sind, wird der Abstand zwischen zwei Punkten so klein, daß man das W(k)-Diagramm als kontinuierliche Kurve darstellen kann. Dies gilt für Realkristalle allgemein.

Ist der Abstand der k-Werte zweier Zustände im W(k)-Diagramm bekannt, so kann durch eine einfache Überlegung die Anzahl der Energiezustände Z pro Energieintervall ΔW und damit die sogenannte *Zustandsdichte* D(W) berechnet werden.

$$D(W) = \frac{Z}{\Delta W} \tag{3.59}$$

Dem Energieintervall ΔW entspricht ein Intervall der k-Werte [k(W),k(W+ΔW)] (s. Abb. 3.15). In diesem Intervall sind die Zustände nach (3.58) im Abstand $2\pi/L$ angeordnet. Damit erhält man für die Zustandsdichte:

$$Z = \frac{k(W + \Delta W) - k(W)}{2\pi / L}$$

$$\Rightarrow \quad D(W) = \frac{L}{2\pi} \cdot \frac{k(W + \Delta W) - k(W)}{\Delta W} \tag{3.60}$$

Durch den Grenzübergang $\Delta W \to 0$ kann (3.60) mit Hilfe der Ableitung von k(W) formuliert werden.

$$\lim_{\Delta W \to 0} D(W) = \frac{L}{2\pi} \cdot \frac{d\,k(W)}{dW}$$

$$\text{mit}\quad k(W) \overset{(3.50)}{=} \sqrt{\frac{2m}{\hbar^2}\left(W - W_{L0}\right)}$$

$$\Rightarrow\quad D(W) = \frac{L}{2\pi} \cdot \sqrt{\frac{2m}{\hbar^2}} \cdot \frac{1}{2} \cdot \frac{1}{\sqrt{W - W_{L0}}} \propto \frac{1}{\sqrt{W - W_{L0}}} \tag{3.61}$$

Für das hier zugrunde gelegte **eindimensionale** Kronig-Penney-Modell ist die Zustandsdichte proportional zum Kehrwert der Wurzel der Energie. Bei einer **dreidimensionalen** Beschreibung des Kristalls erhält man als Ergebnis, daß die Zustandsdichte direkt proportional zur Wurzel der Energie ist [6]. Dieser Zusammenhang wird bei der Berechnung des Absorptionskoeffizienten in Kapitel 4.2 verwendet werden.

$$D(W) \propto \sqrt{W - W_{L0}} \tag{3.62}$$

In den folgenden Abschnitten soll auf weitere Unterschiede eingegangen werden, die zwischen dem ein- und dreidimensionalen Modell zur Beschreibung des Festkörpers bestehen.

Im Kronig-Penney-Modell wurde der Kristall als eine eindimensionale Kette von Atomen beschrieben, in deren periodischem Potential sich die Materiewelle des Kristallelektrons in Richtung der Atomkette ausbreitet. Beim Übergang auf die Beschreibung der dreidimensionalen Struktur eines Realkristalls muß berücksichtigt werden, daß die Materiewelle sich in beliebige Kristallrichtungen ausbreiten kann. Je nach Wahl der Ausbreitungsrichtung ist die Periodizität des Gitterpotentials, in dem die Materiewelle sich ausbreitet, eine andere. Abbildung 3.16 soll am Beispiel des Kristallgitters des Siliziums verdeutlichen, daß für zwei ausgewählte Kristallrichtungen ([1 0 0]- und [1 1 1]-Richtung) die periodische Abfolge der Gitteratome und damit auch die Periodizität des Gitterpotentials unterschiedlich ist.

Silizium kristallisiert im Diamantgitter. Das Diamantgitter besteht aus zwei kubisch flächenzentrierten Gittern (fcc-Gitter), die in Richtung der Raumdiagonalen um eine viertel Raumdiagonale gegeneinander verschoben sind. In [1 0 0]-Richtung ist die Periode der Gitteratome durch die Gitterkonstante a festgelegt. In [1 1 1]-Richtung wechselt der Abstand der Gitteratome immer zwischen einem Viertel und drei Viertel der Raumdiagonale der kubischen Einheitszelle.

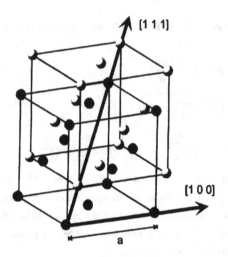

Abb. 3.16: Schematische Darstellung eines Silizium-Kristalls, der im Diamantgitter kristallisiert. Die Atome der beiden fcc-Gitter sind
unterschiedlich dargestellt, obwohl alle Atome gleichartig sind.
Die Kristallrichtungen [1 0 0] und [1 1 1] sind hervorgehoben.

Ein unterschiedliches Gitterpotential führt zu unterschiedlichen Materiewellen, so daß je nach
betrachteter Ausbreitungsrichtung der Materiewelle ein anderes W(k)-Diagramm entsteht. Für
Silizium werden meist nur die beiden Kristallrichtungen [1 0 0] und [1 1 1] betrachtet, die sich
aufgrund ihrer hohen Symmetrieeigenschaften auszeichnen.

Im allgemeinen Fall unterscheidet sich das W(k)-Diagramm des dreidimensionalen Kristalls von
dem des eindimensionalen Kronig-Penney-Modells dadurch, daß jedes Energieband aus einer
Anzahl von Unterbändern besteht. Aus wievielen Unterbändern ein Energieband besteht, kann
durch die folgende Überlegung verdeutlicht werden: Jedes Energieband (und Unterband) wird
durch die effektive Masse des Kristallelektrons beschrieben (vgl. (3.50)). Dabei wird die effektive Masse durch die zweifache Ableitung der Energie nach der Wellenzahl k bestimmt. Im
allgemeinen, dreidimensionalen Fall wird die effektive Masse durch die zweifache Ableitung
nach den Komponenten des Wellenvektors bestimmt. Die effektive Masse wird dann als Tensor
mit 9 Komponenten formuliert.

$$\tilde{m}_{eff} = \hbar^2 \begin{pmatrix} \dfrac{\partial^2 W}{\partial k_1^2} & \dfrac{\partial^2 W}{\partial k_1 \partial k_2} & \dfrac{\partial^2 W}{\partial k_1 \partial k_3} \\[2mm] \dfrac{\partial^2 W}{\partial k_2 \partial k_1} & \dfrac{\partial^2 W}{\partial k_2^2} & \dfrac{\partial^2 W}{\partial k_2 \partial k_3} \\[2mm] \dfrac{\partial^2 W}{\partial k_3 \partial k_1} & \dfrac{\partial^2 W}{\partial k_3 \partial k_2} & \dfrac{\partial^2 W}{\partial k_3^2} \end{pmatrix}^{-1}$$

(3.63)

Wird das W(k)-Diagramm eines beliebigen Kristalls in irgendeiner $\vec{k}$-Richtung betrachtet und sind alle Komponenten des Tensors $\tilde{m}_{eff}$ besetzt, so können bis zu 9 Unterbänder je Energieband entstehen.

Aufgrund der Symmetrieeigenschaften eines Kristallgitters kann der Tensor $\tilde{m}_{eff}$ bei einer Betrachtung einer Vorzugsrichtung des Kristalls durch eine Hauptachsentransformation so formuliert werden, daß lediglich die Hauptdiagonale des Tensors besetzt ist und damit nur 3 Unterbänder auftreten. Sind außerdem durch die Symmetrie des Kristalls zum Beispiel zwei Komponenten der Hauptdiagonale gleich, so fallen zwei Unterbänder aufeinander, so daß nur zwei unterschiedliche Unterbänder zu beobachten sind. In diesem Fall spricht man von einer Entartung der Bänder.

Als Beispiele für derartige Bandstrukturen sind in Abb. 3.17 die W(k)-Diagramme von Silizium und Galliumarsenid vorgestellt. Die Kristallrichtungen [1 0 0] und [1 1 1] sind Vorzugsrichtungen des Si- und GaAs-Kristalls. Daher sind für diese beiden Kristallrichtungen jeweils die Brillouinschen Zonen dargestellt. Da in die Breite der Brillouinschen Zone die Periode des Gitterpotentials eingeht, sind die Achsen des Wellenzahlvektors unterschiedlich lang.

Das Valenzband vom Silizium ist ein Beispiel für die Entartung eines Energiebandes, daher sind nur zwei unterschiedliche Valenzbänder zu beobachten. Das Valenzband von GaAs und die Leitungsbänder beider Halbleiter sind nicht entartet und deshalb als drei unterschiedliche Unterbänder erkennbar.

Für den Übergang eines Elektrons vom Valenzband in das Leitungsband sind vor allem das oberste Valenzband und das unterste Leitungsband von Bedeutung, da zwischen diesen Bändern der geringste energetische Abstand besteht. Aus diesem Grund werden in W(k)-Darstellungen häufig nur diese beiden Energiebänder gezeichnet.

Der geringste energetische Abstand, also die Energiedifferenz zwischen dem Maximum des obersten Valenzbandes und dem Minimum des untersten Leitungsbandes, wird als der *Bandabstand* E_G des Halbleiters bezeichnet. Für eine Temperatur von 300 K beträgt der Bandabstand von Si 1,12 eV und von GaAs 1,43 eV (s. Abb. 3.17).

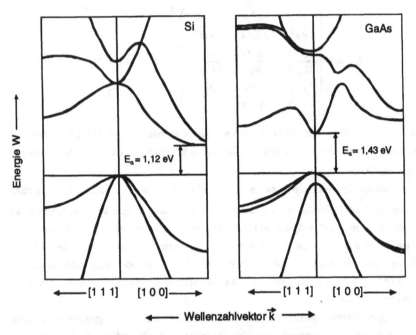

Abb. 3.17: Berechnete W(k)-Diagramme von Si und GaAs (nach [5])

Zwischen Si und GaAs besteht ein charakteristischer Unterschied, der in Abb. 3.17 deutlich wird. Das Maximum des Valenzbandes und das Minimum des Leitungsbandes liegen beim GaAs beim gleichen k-Wert, wohingegen diese Punkte beim Si bei unterschiedlichen k-Werten liegen. Halbleiter wie GaAs, bei denen Maximum und Minimum direkt untereinander liegen, bezeichnet man als *direkte Halbleiter*, entsprechend werden Halbleiter wie Si als *indirekte Halbleiter* bezeichnet. Die unterschiedliche Bandstruktur von direkten und indirekten Halbleitern hat Unterschiede zum Beispiel im Absorptionsverhalten der Halbleiter zur Folge. In Kapitel 4 wird auf diese Unterschiede näher eingegangen.

Zusammenfassung Kapitel 3

♦ Die Schrödingergleichung ist die Wellengleichung der Materiewelle. Die Existenz von Lösungen der Schrödingergleichung wird durch die Eigenwertgleichung festgelegt. Die Lösung der Eigenwertgleichung führt zum Energie-Impuls-Diagramm des Elektrons.

♦ Freie Elektronen können beliebige Energien aufnehmen. Die kinetische Energie ist dem Quadrat des Impulses proportional. Durch Lokalisierung des Elektrons in einem Potentialkasten kann das Elektron nur noch diskrete Energieniveaus besetzen.

♦ Im Kronig-Penney-Modell wird das Kristallelektron als ebene harmonische Materiewelle (Bloch-Welle) im periodischen Potential eines idealisierten Kristallgitters beschrieben. Die Bereiche erlaubter Energien sind Energiebänder. Jeder Energiezustand im Energieband ist mit einem bestimmten Impuls des Elektrons verknüpft. Dieser Zusammenhang wird im W(k)-Diagramm dargestellt.

♦ Das Kristallelektron kann in der Nähe der Bandkanten als quasifreies Elektron betrachtet werden. Die potentielle Energie entspricht der Bandkante und die kinetische Energie entspricht der des freien Elektrons mit einer effektiven Masse m_{eff}.

♦ Im Bereich der oberen Bandkante kann anstelle des Elektrons das Defektelektron eingeführt werden, das durch eine positive Ladung und eine negative effektive Masse gekennzeichnet ist.

4 Wechselwirkung zwischen Strahlung und Festkörper

Dieses Kapitel stellt eine Zusammenführung der Kapitel 2 und 3 dar, da die Wechselwirkung der elektromagnetischen Strahlung (Kapitel 2) mit dem Festkörper (Kapitel 3) diskutiert wird. Die elektromagnetische Strahlung wird dabei stets als Teilchenfluß der Energiequanten, der Photonen, betrachtet und der Festkörper wird, entsprechend dem Wellenbild der Materie, durch die Materiewelle des Kristallelektrons beschrieben.

Bei der Beschreibung der Wechselwirkung werden zunächst die prinzipiell möglichen Wechselwirkungsprozesse, die Absorption und die Emission, vorgestellt und mit Hilfe der Erhaltungssätze für die Energie und den Impuls mathematisch formuliert. In diesem Zusammenhang werden die *Phononen* eingeführt. Im zweiten Teil dieses Kapitels wird der Vorgang der Absorption genauer untersucht und der *Absorptionskoeffizient* α beschrieben.

4.1 Erhaltungssätze

Die beiden prinzipiell möglichen Wechselwirkungsprozesse zwischen der elektromagnetischen Strahlung und dem Festkörper sind die Absorption und die Emission, die in der folgenden Abbildung illustriert sind.

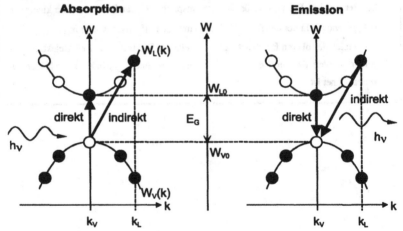

Abb. 4.1:   Emission und Absorption von Photonen im W(k)-Diagramm des Kristallelektrons

Abb. 4.1 zeigt das Leitungs- und Valenzband eines direkten Halbleiters (z.B. GaAs) nach der Absorption, bzw. Emission eines Photons mit der Energie hν. In der Darstellung sind die Energiezustände durch geschlossene, bzw. offene Kreise dargestellt, wenn die Zustände mit Elektronen besetzt, bzw. nicht besetzt sind.

Bei der Absorption wird durch ein Photon ein Elektron aus dem Valenzband in das Leitungsband angehoben. Im Valenzband bleibt ein unbesetzter Zustand, ein Loch, zurück. Dieser Vorgang wird auch als *Elektron-Loch-Paar-Generation* bezeichnet. Bei der Emission geht ein
Elektron vom Leitungsband in das Valenzband über. Dabei wird ein Photon mit der Energie hv
abgestrahlt. Dieser Vorgang wird auch als *strahlende Rekombination* bezeichnet.

In der Darstellung wird zwischen einem indirekten und direkten Übergang unterschieden, je
nachdem, ob sich der k-Wert des Elektrons beim Übergang geändert hat oder nicht.

$$\text{direkter Übergang:} \quad k_L\left(W_L\right) = k_V\left(W_V\right)$$

$$\text{indirekter Übergang:} \quad k_L\left(W_L\right) \neq k_V\left(W_V\right)$$

Da der direkte Übergang einen Sonderfall des allgemeineren indirekten Übergangs darstellt,
wird bei der mathematischen Beschreibung durch die Erhaltungssätze hier vom indirekten
Übergang ausgegangen. Die Absorption und Emission können völlig analog formuliert werden,
so daß hier lediglich ein Vorgang, nämlich die Absorption, beschrieben wird.

Zunächst wird die Frage untersucht, wie die Energie des eingestrahlten Photons mit der Position des Elektrons im W(k)-Diagramm zusammenhängt. Zu diesem Zweck wird der *Energieerhaltungssatz* formuliert, der besagt, daß die Gesamtenergie vor und nach der Absorption
gleich bleiben muß.

$$W_{phot} = h \cdot v = W_L\left(k_L\right) - W_V\left(k_V\right) \tag{4.1}$$

Die Energie des Elektrons kann durch die parabolische Näherung des W(k)-Verlaufs beschrieben werden (s.(3.50)).

$$
\begin{aligned}
h \cdot v &= \left(W_{L0} + \frac{h^2 \cdot k_L^2}{2m_n}\right) - \left(W_{V0} - \frac{h^2 \cdot k_V^2}{2m_p}\right) \\
&= \underbrace{\left(W_{L0} - W_{V0}\right)}_{E_G} + \left(\frac{h^2 \cdot k_L^2}{2m_n} + \frac{h^2 \cdot k_V^2}{2m_p}\right)
\end{aligned}
\tag{4.2}
$$

mit m_n :   effektive Masse der Elektronen

m_p :   effektive Masse der Löcher

Die Energie des Photons muß nicht nur für den Bandabstand E_G, sondern auch für die Anhebung des Elektrons im Energieband ausreichen. Dieser Anteil wird durch die zweite Klammer
in Gleichung (4.2) ausgedrückt.

Neben dem Energieerhaltungssatz muß bei jedem Übergang auch der *Impulserhaltungssatz*
erfüllt werden. In einem ersten Ansatz wird der Impulserhaltungssatz so formuliert, daß der

Impuls des Photons gleich der Impulsdifferenz des Elektrons vor und nach der Absorption ist (vgl. (4.1)).

$$p_{phot} = p_L - p_V \tag{4.3}$$

$$\text{mit} \quad p_{phot} = \hbar \cdot k_{phot} \quad , \quad p_L = \hbar \cdot k_L \quad , \quad p_V = \hbar \cdot k_V$$

Befindet sich das Maximum des Valenzbandes bei $k_V = 0$, so muß das Photon einen Impuls haben, der dem des Elektrons entspricht. Die folgende Abschätzung soll zeigen, ob dies möglich ist.

Der Impuls des Photons kann über die Photonenenergie ausgedrückt werden:

$$p_{phot} = \hbar \cdot k_{phot} = \hbar \cdot \frac{\omega_{phot}}{c} = \frac{W_{phot}}{c} \tag{4.4}$$

Ein typischer Wert für die Anhebung des Elektrons im Leitungsband ist in der Größenordnung von 10-20 meV. Dieser Wert ist sehr klein gegenüber dem Bandabstand ($E_G \approx$ 1-2 eV), so daß sich der Ausdruck (4.4) vereinfacht schreiben läßt.

$$p_{phot} = \frac{E_G}{c} \tag{4.5}$$

Der Impuls des Elektrons wird ebenfalls über die Energie ermittelt.

$$W_{el} = W_{L0} + \frac{\hbar^2 \cdot k_L^2}{2m_n} = W_{L0} + \frac{p_{el}^2}{2m_n}$$

$$\Leftrightarrow \quad p_{el} = \sqrt{2m_n \cdot \left(W_{el} - W_{L0}\right)} \tag{4.6}$$

Mit (4.5) und (4.6) erhält man das folgende Verhältnis von Elektronen- zu Photonen-Impuls:

$$\frac{p_{el}}{p_{phot}} = \frac{\sqrt{2m_n \cdot \left(W_{el} - W_{L0}\right)}}{E_G / c} = \sqrt{\frac{2m_n \cdot c^2}{E_G} \cdot \frac{W_{el} - W_{L0}}{E_G}} \tag{4.7}$$

mit $m_n \approx m_0$: Masse des Elektrons

$$m_n \approx 9 \cdot 10^{-31} kg = 9 \cdot 10^{-31} \frac{s^2 \, Ws}{m^2} = 9 \cdot 10^{-31} \frac{s^2}{m^2} \frac{1}{1,6 \cdot 10^{-19}} eV$$

$$c \approx 3 \cdot 10^8 \, m/s$$

$$\Rightarrow \quad 2m_n c^2 \approx 1 \cdot 10^6 \, eV$$

$$\Rightarrow \quad \frac{p_{el}}{p_{phot}} \approx \sqrt{\frac{10^6 \, eV}{1 \cdots 2 \, eV} \cdot \frac{0,01 \cdots 0,02 \, eV}{1 \cdots 2 \, eV}} \approx 10^2$$

Diese Abschätzung zeigt, daß der Impuls des Photons um den Faktor 100 kleiner ist als der Impuls des Elektrons und damit nicht den Impuls liefern kann, der zur Erfüllung des Impulserhaltungssatzes nötig wäre. Um die Gültigkeit des Impulserhaltungssatzes zu gewährleisten, muß ein weiteres Teilchen an der Photonenabsorption beteiligt sein, welches die erforderliche Impulsdifferenz übernehmen kann.

Dieses Teilchen ist das sogenannte *Phonon*. Phononen werden häufig als *quantisierte Gitterschwingungen* bezeichnet. Damit ist gemeint, daß die Energie eines schwingenden Kristalls ebenso gequantelt ist wie die Energie der elektromagnetischen Strahlung. Die Energiequanten der elektromagnetischen Strahlung werden als **Photonen** bezeichnet und die Energiequanten der Gitterschwingungen als **Phononen**. Phononen können erzeugt und vernichtet werden und haben einen Impuls, der in der Größenordnung des Impulses eines Elektrons ist. Die Energie der Phononen liegt mit ihrem Mittelwert bei kT und wird meist gegenüber der Energie von Photonen und Elektronen vernachlässigt. Die folgende Tabelle faßt die Eigenschaften der Teilchen, die an Wechselwirkungsprozessen der Strahlung mit Festkörpern beteiligt sind, noch einmal zusammen.

Teilchen	Energie	Impuls
Elektron	W_{el}	p_{el}
Photon	$\approx W_{el}$	≈ 0
Phonon	≈ 0	$\approx p_{el}$

Tabelle 4.1: Eigenschaften von Teilchen, die an Wechselwirkungsprozessen der Strahlung mit Festkörpern beteiligt sind

Durch die Einführung des Phonons müssen der Energie- und Impulserhaltungssatz neu formuliert werden.

$$\underbrace{\frac{h \cdot v}{W_{phot}}} + \underbrace{W_{phon}}_{\approx 0} = \underbrace{\left(W_{L0} - W_{V0}\right)}_{E_G} + \left(\frac{h^2 \cdot k_L^2}{2m_n} + \frac{h^2 \cdot k_v^2}{2m_p}\right) \tag{4.8}$$

Energieerhaltungssatz

$$\underbrace{k_{phot}}_{\approx 0} + k_{phon} = k_L - k_V \tag{4.9}$$

Impulserhaltungssatz

4.2 Absorptionskoeffizient

Der Absorptionskoeffizient kann mit Hilfe des *Lambert-Beerschen-Gesetzes* eingeführt werden. Das Lambert-Beersche-Gesetz beschreibt die Dämpfung der Intensität von elektromagnetischer Strahlung in einem Medium.

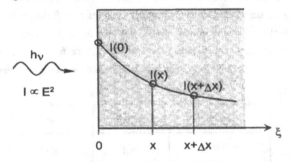

Abb. 4.2: Dämpfung der Intensität elektromagnetischer Strahlung in einem beliebigen Medium

Nach dem Lambert-Beerschen-Gesetz ist die Abnahme der Intensität $I(x)$ im Intervall $[x, x+\Delta x]$, bezogen auf die Intervallänge Δx, proportional zur Intensität. Mathematisch läßt sich dies mit Hilfe des Differenzenquotienten und nach dem Grenzübergang $\Delta x \to 0$ mit Hilfe der Ableitung von $I(x)$ formulieren.

$$\underbrace{\frac{I(x) - I(x+\Delta x)}{\Delta x}}_{\substack{\text{Abnahme} \\ \text{der Intensität}}} \propto \underbrace{I(x)}_{\text{Intensität}}$$

$$\text{mit} \quad \lim_{\Delta x \to 0} \frac{I(x) - I(x+\Delta x)}{\Delta x} = -\frac{dI}{dx}$$

$$\Rightarrow \quad -\frac{dI}{dx} \propto I(x) \tag{4.10}$$

Die Proportionalitätskonstante ist der Absorptionskoeffizient α. Die Einheit von α ist cm^{-1}.

$$-\frac{dI}{dx} = \alpha \cdot I(x) \tag{4.11}$$

Meist wird das Lambert-Beersche-Gesetz in einer anderen Formulierung benutzt. Um diese Formulierung herzuleiten, muß Gleichung (4.11) von der Oberfläche des Mediums bis zum Ort x integriert werden.

$$-\frac{d\,I(x)}{dx} = \alpha \cdot I(x) \quad \Leftrightarrow \quad -\frac{1}{I(x)} \cdot \frac{d\,I(x)}{dx} = \alpha$$

$$\Rightarrow \quad \int_{\xi=0}^{\xi=x} -\frac{1}{I(\xi)} \frac{d\,I(\xi)}{d\xi}\, d\xi = \int_{\xi=0}^{\xi=x} \alpha\, d\xi$$

$$\Leftrightarrow \quad \int_{I(0)}^{I(x)} \frac{1}{I}\, dI = -\alpha \cdot x$$

$$\Rightarrow \quad \ln I(x) - \ln I(0) = -\alpha \cdot x \quad \Leftrightarrow \quad \ln \frac{I(x)}{I(0)} = -\alpha \cdot x$$

$$\Rightarrow \qquad \boxed{I(x) = I(0) \cdot e^{-\alpha \cdot x}} \tag{4.12}$$

Lambert-Beersches-Gesetz

Die atomare Deutung der Absorption kann in Analogie zur kinetischen Gastheorie beschrieben werden. Anstelle von Gasteilchen, die auf Atome der Dichte n mit einem Stoßquerschnitt σ treffen, werden bei der Absorption elektromagnetischer Strahlung Photonen betrachtet, die auf Absorptionszentren der Dichte N treffen, die einen Wirkungsquerschnitt σ haben. Bei der Betrachtung von Stößen der Gasteilchen kann mit Hilfe von n und σ eine mittlere freie Weglänge L bestimmt werden.

$$L = \frac{1}{n \cdot \sigma}$$

mit L : mittlere freie Weglänge, $[L] = cm$

   n : Dichte der Stoßpartner, $[n] = cm^{-3}$

   σ : Stoßquerschnitt, $[\sigma] = cm^2$

Für die Absorption von Photonen erhält man einen analogen Ausdruck, wobei die Größe L dann häufig als *mittlere Reichweite* oder *mittlere Eindringtiefe* der Strahlung bezeichnet wird. Die mittlere Reichweite entspricht dem Kehrwert des Absorptionskoeffizienten α.

$$\alpha = \frac{1}{L} = \sigma \cdot N \tag{4.13}$$

mit L : mittlere Reichweite oder Eindringtiefe, $[L] = cm$

   N : Dichte der Absorptionszentren, $[n] = cm^{-3}$

   σ : Wirkungsquerschnitt, $[\sigma] = cm^2$

Der Absorptionskoeffizient beschreibt eine Materialeigenschaft, die sehr stark von der Frequenz der einfallenden elektromagnetischen Strahlung abhängt. In der folgenden Abschätzung soll diese Abhängigkeit bestimmt werden. Eine genaue Rechnung bleibt quantenmechanischen Methoden vorbehalten.

Die Absorption elektromagnetischer Strahlung kann durch zwei gegenläufige Prozesse beschrieben werden, die miteinander im *detaillierten Gleichgewicht* stehen. Abbildung 4.3 soll dies verdeutlichen.

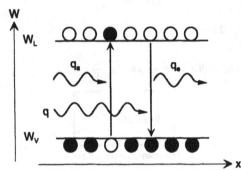

Abb. 4.3:   Absorption als Ergebnis zweier gegenläufiger Prozesse, die miteinander im detaillierten Gleichgewicht stehen

q beschreibt die einfallende Photonenstromdichte ($[q] = 1/cm^3 s$). q_a und q_e sind die Photonenstromdichten der Photonen, die absorbiert, bzw. im gegenläufigen Prozeß wieder emittiert werden.

Im Gleichgewicht werden gleichviele Photonen absorbiert wie emittiert, so daß die Differenz $\delta q = q_\alpha - q_e$ gleich Null ist. Im Nicht-Gleichgewicht ist δq von Null verschieden. Das Vorzeichen der Differenz sagt aus, ob die Absorption oder Emission überwiegt.

Gleichgewicht   : $\delta q = q_a - q_e = 0$

Nicht-Gleichgewicht : $\delta q = q_a - q_e > 0$ Absorption überwiegt

                       $\delta q = q_a - q_e < 0$ Emission überwiegt

δq ist proportional zur relativen Änderung der Intensität der einfallenden Strahlung und damit auch proportional zum Absorptionskoeffizienten α.

$$\delta q = q_a - q_e \propto \frac{1}{I} \cdot \frac{dI}{dx} \propto \alpha \qquad (4.14)$$

Zur weiteren Berechnung des Absorptionskoeffizienten müssen nun die Photonenstromdichten q_a und q_e bestimmt werden. Bei der Absorption wird angenommen, daß q_a proportional zur energetischen Dichte der unbesetzten Zustände im Leitungsband und proportional zur Dichte der besetzten Zustände im Valenzband ist. Entsprechend gilt für die Emission, daß q_e proportional zur Dichte der besetzten Zustände im Leitungsband und proportional zur Dichte der unbesetzten Zustände im Valenzband ist.

$$q_a \propto \frac{dn_V}{dW} \cdot \frac{dp_L}{dW}$$
$$q_e \propto \frac{dp_V}{dW} \cdot \frac{dn_L}{dW}$$

(4.15)

mit   n/p   : Dichte von besetzten/unbesetzten Energiezuständen $[n/p] = cm^{-3}$

Index L/V: Zustände im Leitungs-/Valenzband

Ob ein Energiezustand mit Elektronen besetzt ist oder nicht, wird durch eine statistische Verteilungsfunktion geregelt. Diese Verteilungsfunktion ist die *Fermi-Funktion* f(w).

$$f(W) = \frac{1}{e^{\frac{W - W_F}{kT}} + 1}$$

(4.16)

mit W_F: Fermi-Energie

Die Bedeutung der *Fermi-Energie* innerhalb der Fermi-Funktion wird in Abbildung 4.4 deutlich.

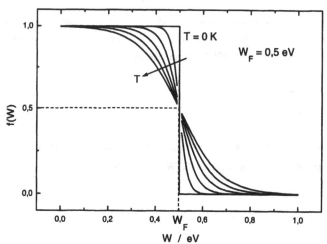

Abb. 4.4:   Die Fermi-Verteilungsfunktion f(W) beschreibt die Wahrscheinlichkeit, mit der ein Zustand der Energie W mit einem Elektron besetzt ist.

Die Fermi-Energie ist ein Maß dafür, welche Energiezustände mit Elektronen besetzt sind. Bei einer Temperatur von 0 K sind alle Zustände unterhalb von W_F mit Elektronen besetzt, wohingegen oberhalb von W_F kein Zustand besetzt ist. Bei höheren Temperaturen wächst die Wahrscheinlichkeit, daß Zustände oberhalb von W_F mit Elektronen besetzt sind. Diese Elektronen haben vorher energetisch niedrigere Zustände besetzt, so daß dementsprechend die Wahrscheinlichkeit sinkt, daß alle Zustände unterhalb von W_F mit Elektronen besetzt sind.

Da die Gesamtzahl von Elektronen in einem System konstant bleibt, wird durch die Funktion 1 - f(W) die Wahrscheinlichkeit beschrieben, daß ein Zustand **nicht** mit Elektronen besetzt ist.

Um nun die Zahl von Elektronen in einem Energieintervall dW zu bestimmen, muß neben der Verteilungsfunktion auch die Anzahl der existierenden Energiezustände bekannt sein. Die Anzahl der Energiezustände wird dabei mit Hilfe der energetischen Dichte der Zustände beschrieben, der sogenannten Zustandsdichte D(W). Geht man davon aus, daß jeder Energiezustand mit zwei Elektronen unterschiedlichen Spins besetzt werden kann, so erhält man für die Gesamtzahl der Elektronen:

$$N = 2 \cdot D(W) \cdot f(W) \cdot dW \tag{4.17}$$

mit N   : Anzahl der Elektronen im Energieintervall dW

    D(W) : Zustandsdichte, [D(W)] = 1/eV

    f(W)   : Fermi-Funktion

    dW   : Energieintervall, [dW] = eV

In (4.15) wurden die Elektronen- bzw. Löcherdichten n, bzw. p benutzt, die sich aus (4.17) ergeben, wenn durch das betrachtete Volumen V dividiert wird. Mit (4.15) und (4.17) können damit die Größen dn/dW und dp/dW bestimmt werden.

$$\frac{dn}{dW} = \frac{2}{V} \cdot D(W) \cdot f(W)$$
$$\frac{dp}{dW} = \frac{2}{V} \cdot D(W) \cdot \left(1 - f(W)\right) \tag{4.18}$$

Je nachdem, ob diese Quotienten im Leitungs- oder Valenzband bestimmt werden sollen, müssen die entsprechenden Zustandsdichten $D_V(W)$, bzw. $D_L(W)$ eingesetzt werden.

	Leitungsband	Valenzband
Elektronen	$\dfrac{d\,n_L}{dW} \propto D_L(W)\cdot f(W)$	$\dfrac{d\,n_V}{dW} \propto D_V(W)\cdot f(W)$
Löcher	$\dfrac{d\,p_L}{dW} \propto D_L(W)\cdot(1-f(W))$	$\dfrac{d\,p_V}{dW} \propto D_V(W)\cdot(1-f(W))$

Tabelle 4.2: Besetzungsdichten von Elektronen und Löchern im Leitungs- und Valenzband

Nach Gleichung (3.62) ist die Zustandsdichte proportional zur Wurzel der Energie. Damit erhält man für $D_L(W)$ und $D_V(W)$:

$$D_L(W) \propto \sqrt{W(k_L)-W_{L0}}$$
$$D_V(W) \propto \sqrt{W_{V0}-W(k_V)} \tag{4.19}$$

Zur Vereinfachung der folgenden Rechnung wird die Fermi-Verteilung für die Besetzung der Energiezustände durch die Werte für $T = 0\,K$ ersetzt. Da die Fermi-Energie für Halbleiter zwischen Leitungsbandunterkante und Valenzbandoberkante liegt, hat dies zur Folge, daß alle Zustände im Leitungsband nicht mit Elektronen besetzt sind und alle Zustände im Valenzband vollständig mit Elektronen besetzt sind.

Leitungsband:
$$\frac{d\,n_L}{dW} = D_L(W)\cdot 0 = 0$$
$$\frac{d\,p_L}{dW} = D_L(W)\cdot 1 = D_L(W) \tag{4.20}$$

Valenzband:
$$\frac{d\,n_V}{dW} = D_V(W)\cdot 1 = D_V(W)$$
$$\frac{d\,p_V}{dW} = D_V(W)\cdot 0 = 0 \tag{4.21}$$

Setzt man die Gleichungen (4.19) bis (4.21) in (4.15) ein, so erhält man:

$$q_a \propto D_V(W)\cdot D_L(W) \propto \sqrt{W_{V0}-W(k_V)}\cdot\sqrt{W(k_L)-W_{L0}}$$
$$q_e = 0 \tag{4.22}$$

Bei 0 K findet keine Emission statt, da keine Zustände im Leitungsband mit Elektronen besetzt sind.

Nähert man die W(k)-Verläufe in (4.22) durch die parabolische Näherung (3.50), so ergibt sich die folgende Proportionalität für den Absorptionskoeffizienten α:

$$\alpha \propto q_a - q_e \overset{(4.22)}{=} q_a \propto \sqrt{W_{V0} - \left(W_{V0} - \frac{\hbar^2 k_V^2}{2\,m_p}\right)} \cdot \sqrt{\left(W_{L0} + \frac{\hbar^2 k_L^2}{2\,m_n}\right) - W_{L0}}$$

$$\alpha \propto \sqrt{\frac{\hbar^2 k_V^2}{2\,m_p}} \cdot \sqrt{\frac{\hbar^2 k_L^2}{2\,m_n}} \qquad (4.23)$$

Die Verbindung zwischen dem Absorptionskoeffizienten nach (4.23) und dem einfallenden Photon wird über den Energieerhaltungssatz (4.8) hergestellt.

$$\overset{(4.8)}{\Rightarrow} \quad h \cdot \nu - E_G = \frac{\hbar^2 \cdot k_L^2}{2\,m_n} + \frac{\hbar^2 \cdot k_V^2}{2\,m_p} \qquad (4.24)$$

Für direkte Halbleiter gilt $k_L = k_V \equiv k$. Unter dieser Annahme können die Gleichungen (4.23) und (4.24) umgeschrieben werden. Werden dann die beiden Gleichungen miteinander verglichen, erhält man eine Abschätzung für den Absorptionskoeffizienten α.

$$\overset{(4.23)}{\Rightarrow} \quad \alpha \propto \sqrt{\frac{\hbar^2 k_V^2}{2\,m_p}} \cdot \sqrt{\frac{\hbar^2 k_L^2}{2\,m_n}} = \frac{\hbar^2 k^2}{2} \cdot \frac{1}{\sqrt{m_p \cdot m_n}} \propto k^2$$

$$\overset{(4.24)}{\Rightarrow} \quad \left(h \cdot \nu - E_G\right) = \frac{\hbar^2 k_L^2}{2\,m_n} + \frac{\hbar^2 k_V^2}{2\,m_p} = \frac{\hbar^2 k^2}{2} \cdot \left(\frac{1}{m_n} + \frac{1}{m_p}\right) \propto k^2$$

$$\Rightarrow \quad \alpha \propto \left(h \cdot \nu - E_G\right) \qquad (4.25)$$

Diese Abschätzung gilt streng genommen nur für direkte Halbleiter bei $T = 0$ K und für Elektronenübergänge in der Nähe der Bandkanten, wo die parabolische Näherung des $W(k)$-Diagramms gültig ist. Abweichungen von diesen Annahmen können durch Einführung eines Exponenten r berücksichtigt werden. Die Werte von r müssen dabei experimentell bestimmt werden. Der Wertebereich von r liegt zwischen 0,5 und 2,0.

$$\Rightarrow \quad \alpha = \alpha_0 \cdot \left(h \cdot \nu - E_G\right)^r \qquad (4.26)$$

$$\text{mit} \quad 0,5 \leq r \leq 2,0$$

In Abb. 4.5 ist ein typischer Verlauf von $\alpha(h\nu)$ dargestellt und der Einfluß des Parameters r verdeutlicht.

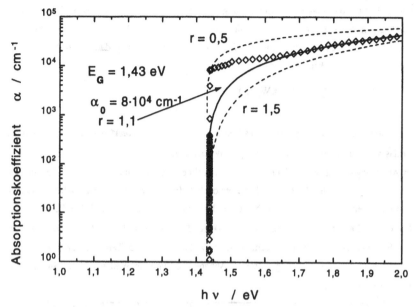

Abb. 4.5: Frequenzabhängigkeit des Absorptionskoeffizienten α und Einfluß des Parameters r. Mit der durchgezogenen Linie wurde eine Näherung für α von GaAs dargestellt. Die gemessenen Werte von α_{GaAs} sind durch ◊ gekennzeichnet.

Die Parameter der durchgezogenen Kurve entsprechen den Werten für die Näherung des Absorptionskoeffizienten α des direkten Halbleiters GaAs ($E_{G,GaAs} = 1,43$ eV, $\alpha_{0,GaAs} = 8 \cdot 10^4$ cm^{-1}). Zum Vergleich sind Meßwerte des Absorptionskoeffizienten von GaAs zusätzlich eingezeichnet.

Der Vergleich zeigt, daß die charakteristische Absorptionskante, das heißt der Steilanstieg des Absorptionskoeffizienten bei einer Energie, die dem Bandabstand entspricht, durch die hier vorgestellte Rechnung gut beschrieben werden kann. Allerdings ist angesichts des α-Steilanstiegs zu berücksichtigen, daß dieser steile Verlauf durch die logarithmische Skalierung der Ordinate hervorgerufen wird.

In Abb. 4.5 ist der immer vorhandene Untergrund des Absorptionskoeffizienten, der auf die Absorption freier Ladungsträger zurückzuführen ist, nicht berücksichtigt. Typische Werte für α sind im Bereich von $1 \dots 100$ cm^{-1}. Prinzipiell wird dieser Anteil durch Gleichung (2.20) beschrieben.

Für **indirekte** Halbleiter ist die Berechnung des Absorptionskoeffizienten komplizierter. Man erhält jedoch ein ähnliches Ergebnis, in dem die Wirkung der am Absorptionsvorgang beteiligten Phononen durch die Ergänzung des Energieerhaltungssatzes und dann auch des Energieterms in (4.26) berücksichtigt wird.

$$\alpha = \alpha_0 \cdot \left(h \cdot \nu - E_G \pm W_{phon} \right)^r \tag{4.27}$$

mit $0,5 \leq r \leq 2,0$

Je nachdem, ob bei der Absorption des Photons Phononen **absorbiert** oder **emittiert** werden, ist das Vorzeichen von W_{phon} in (4.27) positiv oder negativ.

In Abbildung 4.6 ist der Verlauf des Absorptionskoeffizienten vom indirekten Halbleiter Silizium dem des direkten Halbleiters Indiumphosphid (InP) gegenübergestellt. Dabei werden Si und InP miteinander verglichen, da bei diesen Halbleitern aufgrund der ähnlichen Bandabstände ($E_{G,Si} = 1,12$ eV, $E_{G,InP} = 1,29$ eV bei T = 300 K) die Absorptionskanten bei ähnlichen Photonen-Energien liegen. Als Ergänzung sind im Anhang 4 und 5 Tabellen der Absorptionskoeffizienten und der Brechungsindizes in Abhängigkeit von der Wellenlänge für Silizium und Galliumarsenid angefügt.

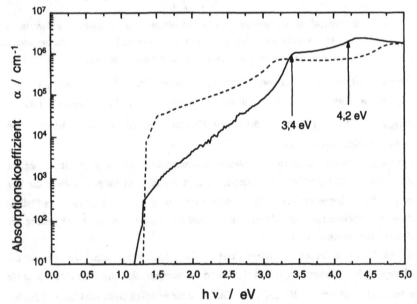

Abb. 4.6:   Gemessene Absorptionskoeffizienten vom indirekten Halbleiter Si (——) und direkten Halbleiter InP (- - - -) nach [7]

Der Verlauf des Absorptionskoeffizienten von Si zeigt neben der Stufe bei einer Energie, die dem Bandabstand entspricht, weitere Stufen bei Energien von ca. 3,4 eV und 4.2 eV. Diese Energien entsprechen den Energiedifferenzen zwischen dem Valenzbandmaximum und den Leitungsbandminima der direkten Übergänge von Si (vgl. Abb. 3.17).

Der Vergleich von Si und InP macht deutlich, daß bei indirekten Halbleitern der Absorptionskoeffizient über der Energie nicht so steil ansteigt wie bei direkten Halbleitern. Dies liegt daran, daß die Absorption von Photonen in indirekten Halbleitern stets ein Prozeß ist, an dem mindestens drei Teilchen (ein Elektron, ein Photon, mindestens ein Phonon) beteiligt sind. Solch ein *Drei-Teilchen-Prozeß* findet sehr viel unwahrscheinlicher statt als die Absorption von Photonen im direkten Halbleiter, die ein *Zwei-Teilchen-Prozeß* ist.

Dem geringeren Absorptionskoeffizienten von indirekten Halbleitern entspricht eine höhere Eindringtiefe des Lichtes, da α auch als reziproke mittlere Eindringtiefe des Lichtes interpretiert werden kann. Direkte Halbleiter können demnach Licht in sehr viel dünneren Schichten absorbieren als indirekte Halbleiter. Dies hat Konsequenzen für die Wahl des Halbleitermaterials beim Entwurf verschiedener optoelektronischer Halbleiterbauelemente, wie zum Beispiel der Solarzelle.

Zusammenfassung Kapitel 4

♦ Bei der Wechselwirkung der elektromagnetischen Strahlung mit dem Festkörper muß für jeden Übergang des Elektrons von einem Energieband zum anderen sowohl der Energie- als auch der Impulserhaltungssatz erfüllt werden.

♦ Je nachdem, ob sich beim Übergang eines Elektrons zwischen zwei Energiebändern der Impuls des Elektrons ändert oder nicht, spricht man von einem indirekten oder direkten Übergang.

♦ Indirekte Übergänge sind Drei-Teilchen-Prozesse, weil zur Übernahme des Impulses Phononen am Übergang beteiligt sind. Indirekte Übergänge (Drei-Teilchen-Prozesse) finden mit geringerer Wahrscheinlichkeit statt als direkte Übergänge (Zwei-Teilchen-Prozesse). Dies führt zu einem steileren Verlauf des Absorptionskoeffizienten von direkten Halbleitern gegenüber indirekten Halbleitern.

Übersicht : Bauelemente

Im ersten Teil dieses Buches wurden die physikalischen Grundlagen erläutert, die für das Verständnis der optoelektronischen Halbleiterbauelemente nötig sind. Der zweite Teil wird sich nun mit den Bauelementen selber beschäftigen. Dabei ist zu berücksichtigen, daß ein großer Unterschied besteht zwischen einer *Probe*, die einen physikalischen Effekt zeigt und einem industriellen *Bauelement*, das auf der Basis des physikalischen Effekts einer Vielzahl weiterer Anforderungen genügen muß. Diese Anforderungen sind zum Beispiel :

- ◆ Gewährleistung einer **eindeutigen** Funktion
- ◆ Verfügbarkeit einer modernen und stabilen **Technologie**
- ◆ Hohe **Qualität** und **Zuverlässigkeit**, die vom Bauelement-Hersteller beziffert und garantiert werden kann
- ◆ Möglichkeit der Massenproduktion für einen konkurrenzfähigen **Preis**

Am Anfang der Bauelement-Entwicklung steht die Entwicklung eines Prototypen auf der Grundlage eines physikalischen Effektes. Der Prototyp zeigt die prinzipielle Funktionsweise des Bauelementes, ist jedoch hinsichtlich der oben genannten Kriterien noch nicht optimiert. Diese Optimierung macht den Prototyp zum Massenprodukt und beansprucht einen Großteil des Entwicklungsaufwandes. Die Entwicklung des Massenproduktes findet nur statt, wenn das Produkt verspricht, ein wirtschaftlicher Erfolg zu werden, zum Beispiel durch die Erteilung eines Auftrages. Auf dem Weg zum Massenprodukt werden verschiedene Stationen passiert, die in dem folgenden Diagramm dargestellt sind.

Der *Entwurf* des Bauelements wird mit Hilfe von Simulationsrechnungen durchgeführt, die auf einem mathematischen Modell basieren, das die physikalische Funktionsweise des Bauelementes beschreibt. Dabei ist es von größter Wichtigkeit, daß im Entwurf die Möglichkeiten und Grenzen der Produktionstechnik berücksichtigt werden. In der *Produktion* wird der Entwurf in die Realität umgesetzt, wobei die Stabilität und Wirtschaftlichkeit des Produktionsprozesses sowie die Ausbeute im Vordergrund stehen. Die Ausbeute einer Produktionslinie wird durch die Qualitätssicherung kontrolliert, wo die Einhaltung aller Bauelementparameter und zum Beispiel die Langzeit-Stabilität erfaßt werden. Im Umfeld einer starken Konkurrenzsituation und dem Preisdruck des Marktes kommt der Qualitätssicherung eine besondere Bedeutung zu.

Für den Fall unzureichender Ergebnisse bei der Qualitätssicherung und Ausbeute werden der Entwurf und die Produktion in einer Korrektur-Phase, dem *Re-Design*, überarbeitet und der gesamte Produktionszyklus ein weiteres Mal durchlaufen, bis das Bauelement den gestellten Anforderungen entspricht und in den *Verkauf* gehen kann.

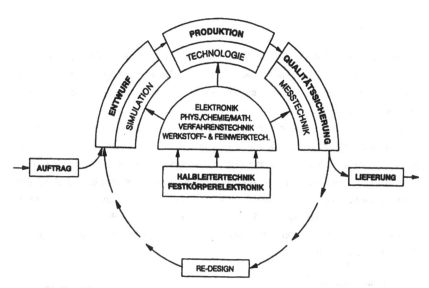

Die Entwicklung eines Bauelements als Massenprodukt vom Auftrag bis zur Lieferung

Im Rahmen des zweiten Teils dieses Buches soll bei der Beschreibung der Bauelemente jede Station des oben dargestellten Produktionszyklusses angesprochen werden. Dabei werden in jedem Bauelement-Kapitel die Erläuterung des physikalischen Prinzips, die mathematische Beschreibung ($\rightarrow$ Entwurf), die technische Realisierung ($\rightarrow$ Produktion) und die Kenngrößen ($\rightarrow$ Qualitätssicherung) des Bauelements vorgestellt.

Die Reihenfolge der vorgestellten Bauelemente ist so geordnet, daß vom einfachsten optoelektronischen Halbleiter-Bauelement, dem Fotowiderstand, ausgegangen wird (Kapitel 5). Über den beleuchteten pn-Übergang (Fotodiode und Solarzelle, Kapitel 6), die Lumineszenzdiode (Kapitel 7) und den Laser (Kapitel 8) gelangt der Leser in Kapitel 9 zum Thema der Optischen Nachrichtentechnik.

5 Fotowiderstand

Das erste Bauelement, das im Rahmen dieses Buches vorgestellt wird, ist der Fotowiderstand, da er im Aufbau und in der Funktionsweise sehr einfach ist und Grundprinzipien, die hier erläutert werden, auf andere Bauelemente, wie zum Beispiel die Fotodiode (Kapitel 6) übertragen werden können.

In Kapitel 5.1 wird die prinzipielle Funktionsweise des Fotowiderstands erklärt. In den weiteren Unterkapiteln soll der Bogen vom physikalischen Effekt bis zum fertigen Bauelement geschlagen werden. Dabei werden zunächst die Kenngrößen vorgestellt, die den Fotowiderstand charakterisieren (Kapitel 5.2). Anhand dieser Kenngrößen werden in Kapitel 5.3 Auswahlkriterien für das Halbleitermaterial vorgestellt. Nach einer mathematische Beschreibung des Bauelement-Verhaltens (Kapitel 5.4) kann dann in Kapitel 5.5, anhand eines Datenblattes eines industriell gefertigten Fotowiderstands, dieser mit den Ergebnissen der vorangegangenen Kapitel verglichen werden.

5.1 Funktionsprinzip

An den Anfang des Kapitels sei die folgende Definition gestellt, die dann im weiteren Verlauf des Kapitels Schritt für Schritt erläutert wird.

Der Fotowiderstand ist ein passives homogenes Halbleiterbauelement, bei dem mit Hilfe des Inneren Fotoeffekts der elektrische Widerstand durch Strahlung verringert werden kann.

Der physikalische Effekt, der dem Fotowiderstand zugrunde liegt, ist der *Innere Fotoeffekt*. Beim Inneren Fotoeffekt wird ein Elektron durch ein absorbiertes Photon vom Valenzband in das Leitungsband angehoben und hinterläßt im Valenzband einen unbesetzten Energiezustand, ein Loch (s. Abb. 5.1). Bedingung für die Elektron-Loch-Paar-Generation ist, daß die Energie des Photons mindestens so groß sein muß wie der Bandabstand E_G.

$$h \cdot v \geq E_G \qquad \Rightarrow \qquad v \geq \frac{E_G}{h} = v_{gr} \qquad : \text{Grenzfrequenz} \qquad (5.1)$$

$$\text{bzw.} \qquad \lambda \leq \frac{h \cdot c_0}{E_G} = \lambda_{gr} \qquad : \text{Grenzwellenlänge}$$

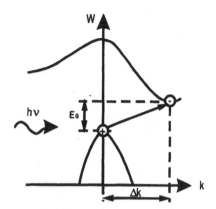

Abb. 5.1: Prinzip des inneren Fotoeffekts: Ein Photon
wird vom Halbleiter absorbiert und erzeugt
ein Elektron-Loch-Paar

Die Anzahl der Elektron-Loch-Paare, die pro Volumen und Zeiteinheit erzeugt werden, bezeichnet man als *Generationsrate* g. Die Einheit der Generationsrate ist $s^{-1}cm^{-3}$. Die Generationsrate g wird zum einen durch die Anzahl der absorbierten Photonen, zum anderen durch die Anzahl der Ladungsträgerpaare bestimmt, die pro Photon generiert werden. Letztere Anzahl bezeichnet man als *Quantenwirkungsgrad* η_q.

Die Anzahl der absorbierten Photonen hängt von der Bestrahlungsstärke E und vom Absorptionsverhalten des Halbleiters ab, das durch den Absorptionskoeffizienten α beschrieben wird (s. Kapitel 4.2). In der folgenden Rechnung soll nun der Zusammenhang zwischen der Generationsrate g, der Bestrahlungsstärke E, dem Absorptionskoeffizienten α und dem Quantenwirkungsgrad η_q hergestellt werden. Zu diesem Zweck wird in Abb. 5.2 die Abnahme der Photonenstromdichte q(x) innerhalb eines Halbleiters dargestellt.

Die Abnahme der Photonenstromdichte (in $cm^{-2}s^{-1}$) pro Wegelement dx ist proportional der Generationsrate g(x), das heißt, der Anzahl der generierten Ladungsträger pro Volumen ($dV = A_x \cdot dx$) und pro Zeit. Die Proportionalitätskonstante ist der Quantenwirkungsgrad η_q.

$$\frac{\text{Abnahme der Photonenstromdichte}}{\text{Wegelement}} \propto \frac{\text{Anzahl der generierten Ladungsträger}}{\text{Volumen} \cdot \text{Zeit}}$$

$$\frac{q(x) - q(x+dx)}{dx} = \eta_q \cdot g(x)$$

Durch Übergang auf die differentielle Formulierung erhält man:

$$\Rightarrow \quad -\frac{dq(x)}{dx} \cdot \eta_q = g(x) \tag{5.2}$$

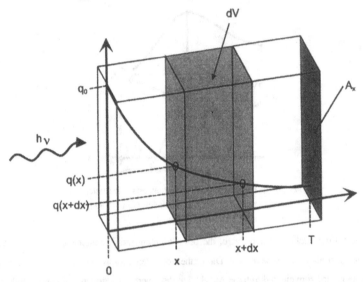

Abb. 5.2: Abnahme der Photonenstromdichte q(x) innerhalb eines Halbleiters der Tiefe T, der in x-Richtung bestrahlt wird.

Die Photonenstromdichte $q(x)$ ändert sich ebenso wie die Intensität der Strahlung entsprechend dem Lambert-Beerschen Gesetz (s. Kapitel 4.2, Gleichung (4.11)).

$$\overset{(4.11)}{\Rightarrow} \quad -\frac{dq(x)}{dx} = \alpha \cdot q(x)$$

$$\overset{(4.12)}{\Rightarrow} \quad q(x) = q_0 \cdot e^{-\alpha \cdot x} \tag{5.3}$$

mit $q_0 = q(0)$: Photonenstromdichte an der Oberfläche $x = 0$

Daraus ergibt sich der folgende Zusammenhang für die Generationsrate:

$$g(x) = \alpha \cdot \eta_q \cdot q_0 \cdot e^{-\alpha \cdot x} \tag{5.4}$$

Multipliziert man die Photonenstromdichte an der Halbleiteroberfläche q_0 mit der Energie der Photonen $h\nu$, so erhält man die Strahlungsleistungsdichte E.

$$\underbrace{E}_{\substack{\text{Strahlungsleistung} \\ \text{pro Fläche} \\ \text{in W/cm}^2}} = \underbrace{q_0}_{\substack{\text{Anzahl der Photonen} \\ \text{pro Fläche und Zeit} \\ \text{in cm}^{-2} \cdot \text{s}^{-1}}} \quad \underbrace{h\nu}_{\substack{\text{Energie jedes} \\ \text{Photons} \\ \text{in Ws}}} \tag{5.5}$$

Die Bestrahlungsstärke E in (5.5) ist als die Bestrahlungstärke einer monochromatischen Strahlungsquelle der Frequenz ν zu verstehen, die sich aus der Integration der spektralen Leistungsdichte $E_\nu(\nu)$ über ein kleines Frequenzintervall $\Delta\nu$ ergeben hat (vgl. Gleichung (1.1)).

Mit den Gleichungen (5.4) und (5.5) läßt sich nun die Generationsrate in einem Halbleiter in Abhängigkeit von der Bestrahlungsstärke einer monochromatischen Strahlungsquelle der Wellenlänge λ wie folgt beschreiben:

$$g(x) = \underbrace{\alpha \cdot \eta_q \cdot E \cdot \frac{\lambda}{h \cdot c_0}}_{g_0} \cdot e^{-\alpha \cdot x} \qquad (5.6)$$

$$\text{mit } g_0 \text{: Oberflächen-Generationsrate, } [g_0] = \frac{1}{cm^3 s}$$

Multipliziert man die Gesamtzahl aller im Volumen V pro Zeiteinheit generierten Ladungsträgerpaare mit der Elementarladung q, so erhält man eine Größe, welche die Dimension eines Stromes hat. Dieser Strom wird auch als der *primäre Fotostrom* I_{ph} bezeichnet. Die Gesamtzahl der pro Zeit generierten Ladungsträger erhält man durch Integration der Generationsrate über das Volumen. Da die Generationsrate auf der Querschnittsfläche homogen sein soll, muß lediglich über x integriert werden (s. Abb. 5.2).

$$\iiint_V g(x)\, dV = A_x \cdot \int_0^T g(x)\, dx = V \cdot \underbrace{\frac{1}{T} \int_0^T g(x)\, dx}_{\equiv \overline{g}^x} \qquad (5.7)$$

In (5.7) wird die **gemittelte** Generationsrate $\overline{g}^x$ eingeführt, mit der man den primären Fotostrom wie folgt formulieren kann:

$$I_{ph} = \underbrace{q}_{\text{Elementarladung}} \cdot \underbrace{\overline{g}^x \cdot V}_{\substack{\text{Gesamtzahl der} \\ \text{generierten Ladungsträgerpaare}}} \qquad (5.8)$$

Der primäre Fotostrom ist eine Rechengröße, welche die Anzahl der generierten Ladungsträgerpaare beschreibt und als Strom nicht meßbar ist.

Abbildung 5.3 zeigt in einer schematischen Darstellung den Aufbau eines Fotowiderstands. In der Zeichnung ist der Verlauf der Generationsrate skizziert. Die räumliche Verteilung der Ladungsträger unterscheidet sich vom Verlauf der Generationsrate aufgrund der Rekombinationsverluste an der Oberfläche und im Volumen. Prinzipiell ist jedoch ein Abklingen des Ladungsträgerprofils entsprechend der Generationsrate zu erwarten. Eine ausführliche Berechnung des Ladungsträgerprofils erfolgt in Kapitel 5.4.1.

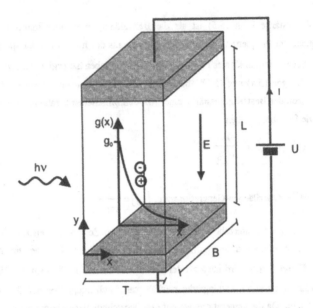

Abb. 5.3: Schematische Darstellung des Fotowiderstands. Innerhalb des Bauelements ist der Verlauf der Generationsrate skizziert.

Die generierten Elektronen und Löcher werden entsprechend dem Gefälle des Ladungsträgerprofils von der beleuchteten Oberfläche weg diffundieren und im Volumen oder an den Bauelement-Oberflächen miteinander rekombinieren, wenn sie nicht vorher voneinander getrennt werden. Die Trennung der Ladungsträger erfolgt beim Fotowiderstand durch ein elektrisches Feld, das durch eine von außen an zwei Kontakte angelegte Spannung hervorgerufen wird. Die Kontakte sind so angeordnet, daß das elektrische Feld senkrecht auf der Einfallsrichtung des Lichtes steht. Die auf diese Weise getrennten Ladungsträger verringern den elektrischen Widerstand des Halbleiters, so daß ein sehr viel größerer Strom fließen kann als im Dunkelfall. Bezieht man den Strom auf die Anzahl der generierten Ladungsträger, die durch den primären Fotostrom ausgedrückt wird, so erhält man eine Größe, die aussagt, wie effektiv die Trennung der Ladungsträger erfolgt. Diese Größe wird als *Gewinn* bezeichnet.

$$G \equiv \frac{I}{I_{ph}} \tag{5.9}$$

In Kapitel 5.4 wird auf eine genaue Berechnung des Ladungsträgerprofils und des Gewinns näher eingegangen.

Da der Fotowiderstand Strahlung empfängt und nicht aussendet, wird er als *passives* Bauelement bezeichnet (s. Einleitung Kapitel 6).

5.2 Kenngrößen des Fotowiderstands

Der Widerstand einer Halbleiterprobe kann allgemein nach folgender Gleichung berechnet werden:

$$R = \rho \cdot \frac{L}{A} \qquad (5.10)$$

mit ρ : *spezifischer Widerstand* in Ω cm

   A_y : Querschnittsfläche (hier: $A_y = B \cdot T$, vgl. Abb. 5.3) in cm^2

   L : Abstand zwischen den Kontakten in cm

Der Kehrwert des spezifischen Widerstands ist die *elektrische Leitfähigkeit* σ, die proportional zur Ladungsträgerzahl und zur Beweglichkeit der Ladungsträger ist.

$$\frac{1}{\rho} = \sigma = q \cdot \left(\mu_n \cdot n + \mu_p \cdot p \right) \qquad (5.11)$$

mit q   : Elementarladung in As

   $\mu_{n/p}$: Beweglichkeit der Elektronen/Löcher in $\dfrac{cm^2}{V \cdot s}$

   n/p   : Elektronen/Löcher-Konzentration in cm^{-3}

Durch die Beleuchtung des Fotowiderstands wird die Zahl und unter Umständen auch die Beweglichkeit (s. Kapitel 5.3.2) der Ladungsträger und damit die elektrische Leitfähigkeit erhöht, so daß man zwischen der *elektrischen Dunkel-Leitfähigkeit* σ_0 und der *elektrischen Foto-Leitfähigkeit* σ_{phot} unterscheiden muß.

$$\sigma_0 = q \cdot \left(\mu_{n0} \cdot n_0 + \mu_{p0} \cdot p_0 \right) \qquad \text{: elektrische Dunkel-Leitfähigkeit} \qquad (5.12)$$

$$\sigma_{phot}(E) = q \cdot \left(\mu_n \cdot n(E) + \mu_p \cdot p(E) \right) \qquad \text{: elektrische Foto-Leitfähigkeit} \qquad (5.13)$$

mit $\mu_{n0/p0}$: Dunkel-Beweglichkeit

   $\mu_{n/p}$: Hell-Beweglichkeit

Die elektrische Foto-Leitfähigkeit hängt von der Bestrahlungsstärke E ab, die sich aus der Integration der spektralen Strahlungsleistungsdichte E_λ über die Wellenlänge ergibt. Formuliert man die elektrische Foto-Leitfähigkeit mit Hilfe der spektralen Strahlungsleistungsdichte E_λ, so erhält man die *spektrale Foto-Leitfähigkeit* $\sigma_{phot,\lambda}(\lambda)$.

$$\sigma_{phot,\lambda}(\lambda) = q \cdot \left(\mu_n \cdot n(E_\lambda) + \mu_p \cdot p(E_\lambda) \right) \qquad \text{: spektrale Foto-Leitfähigkeit} \qquad (5.14)$$

Aus diesen Größen können durch Quotientenbildung weitere Größen abgeleitet werden. Bezieht man die elektrische Foto-Leitfähigkeit auf die elektrische Dunkel-Leitfähigkeit, so erhält man die *relative Foto-Leitfähigkeit*, die ein Maß dafür ist, wie empfindlich der Fotowiderstand auf die Bestrahlung reagiert. Bezieht man die spektrale Foto-Leitfähigkeit auf ihren Maximalwert, so erhält man die *relative spektrale Empfindlichkeit* $S_{rel}(\lambda)$, welche die gebräuchlichste Größe zur Beurteilung des spektralen Verhaltens des Fotowiderstands ist.

Tabelle 5.1 faßt die hier eingeführten Größen noch einmal zusammen.

Größe	Einheit	Beschreibung
Dunkelwiderstand R_0	Ω	$R_0 = \dfrac{1}{\sigma_0} \cdot \dfrac{L}{T \cdot B}$
elektrische Dunkel-Leitfähigkeit σ_0	$(\Omega cm)^{-1}$	$\sigma_0 = f(\mu_n, \mu_p, n_0, p_0)$
elektrische Foto-Leitfähigkeit σ_{phot}	$(\Omega cm)^{-1}$	$\sigma_{phot} = f(E)$
spektrale Foto-Leitfähigkeit $\sigma_{phot,\lambda}$	$(\Omega\ cm\ nm)^{-1}$	$\sigma_{phot,\lambda} = f(\lambda)$
relative Foto-Leitfähigkeit	1	$\dfrac{\sigma_{phot}(E)}{\sigma_0}$
relative spektrale Empfindlichkeit S_{rel}	1	$S_{rel}(\lambda) = \dfrac{\sigma_{phot,\lambda}(\lambda)}{\max\left(\sigma_{phot,\lambda}(\lambda)\right)}$

Tab. 5.1:   Kenngrößen des Fotowiderstands mit ihren Einheiten

5.3 Kriterien zur Materialauswahl

In diesem Kapitel soll untersucht werden, welche Eigenschaften das Halbleitermaterial haben muß, damit der Fotowiderstand eine möglichst große relative Foto-Leitfähigkeit hat.

Mit den Gleichungen (5.12) und (5.13) läßt sich die relative Foto-Leitfähigkeit wie folgt beschreiben:

$$\frac{\sigma_{phot}(E)}{\sigma_0} = \frac{q \cdot \left(\mu_n \cdot n(E) + \mu_p \cdot p(E)\right)}{q \cdot \left(\mu_{n0} \cdot n_0 + \mu_{p0} \cdot p_0\right)} \tag{5.15}$$

Die Ladungsträgerkonzentrationen der Elektronen und Löcher setzen sich aus den Gleichgewichtskonzentrationen n_0 bzw. p_0 und den durch die Bestrahlung zusätzlich generierten Überschuß-Ladungsträgern $\Delta n(E)$, bzw. $\Delta p(E)$ zusammen.

$$\begin{aligned} n(E) &= n_0 + \Delta n(E) = n_0 + \Delta n \\ p(E) &= p_0 + \Delta p(E) = p_0 + \Delta p \end{aligned} \tag{5.16}$$

Geht man von einem n-Halbleiter aus, so ist die Gleichgewichtskonzentration der Elektronen n_0 ungefähr gleich der Konzentration der Donator-Dotieratome N_D. Die Gleichgewichtskonzentration der Löcher p_0 ist dann klein gegenüber n_0.

$$n_0 \approx N_D \gg p_0 = \frac{n_i^2}{N_D} \tag{5.17}$$

Da bei optischer Generation von Überschußladungsträgern immer Elektron-Loch-Paare erzeugt werden, gilt:

$$\Delta n = \Delta p \tag{5.18}$$

Setzt man die Gleichungen (5.16) bis (5.18) in (5.15) ein, erhält man folgenden Ausdruck für die relative Foto-Leitfähigkeit von n-Material:

$$\frac{\sigma_{phot}(E)}{\sigma_0} \overset{(5.16)}{=} \frac{\mu_n \cdot (n_0 + \Delta n) + \mu_p \cdot (p_0 + \Delta p)}{\mu_{n0} \cdot n_0 + \mu_{p0} \cdot p_0}$$

$$= \frac{\mu_n n_0 + \mu_n \Delta n + \mu_p p_0 + \mu_p \Delta p}{\mu_{n0} \cdot n_0 + \mu_{p0} \cdot p_0} \overset{(5.17),(5.18)}{\approx} \frac{\mu_n n_0 + \Delta n (\mu_n + \mu_p)}{\mu_{n0} \cdot n_0}$$

$$= \underbrace{\frac{\Delta n}{n_0}}_{①} \cdot \underbrace{\frac{\mu_n + \mu_p}{\mu_{n0}}}_{②} + \underbrace{\frac{\mu_n}{\mu_{n0}}}_{③} \tag{5.19}$$

Nach Gleichung (5.19) kann eine hohe relative Foto-Leitfähigkeit erreicht werden, wenn entweder die Anzahl der generierten Ladungsträger groß ist im Verhältnis zur Anzahl der Ladungsträger im Gleichgewicht (s. Ausdruck ①) oder wenn das Verhältnis der Hell-Beweglichkeit zur Dunkel-Beweglichkeit groß ist (② und ③).

5.3.1 Diskussion der Anregungshöhe $\Delta n / n_0$

Die Anregungshöhe des Halbleiters wird durch das Verhältnis der Überschußladungsträgerkonzentration Δn zu der Gleichgewichtsladungsträgerkonzentration n_0 bestimmt. In der folgenden Tabelle sind die unterschiedlichen Anregungszustände einander gegenübergestellt.

Anregungshöhe im n-Halbleiter	Bezeichnung	Gleichgewicht (GW) Nichtgleichgewicht (NGW)	$\dfrac{\Delta n}{n_0}$
$n_0 \gg n_i \gg \Delta n$	schwache Injektion	quasi-GW	≈ 0
$n_0 > \Delta n > n_i$	schwache Injektion	NGW	< 1
$\Delta n \geq n_0 \gg n_i$	starke Injektion, Hochinjektion	NGW	≥ 1

Tab. 5.2: Einteilung der Anregungszustände in einem Halbleiter

Solange die Überschußladungsträgerkonzentration kleiner als die Gleichgewichtskonzentration ist, wird die Anregung als *schwache Injektion* bezeichnet. Ist die Anzahl der generierten Ladungsträger sehr viel kleiner als die Eigenleitungsdichte, so befindet sich der Halbleiter beinahe im Gleichgewicht (quasi-GW).

Um eine hohe relative Foto-Leitfähigkeit zu erreichen, muß das Bauelement im Zustand der *Hochinjektion* betrieben werden (s.(5.19)).

Prinzipiell kann das Verhältnis $\Delta n/n_0$ vergrößert werden, wenn Δn vergrößert wird oder n_0 verkleinert wird. Eine Vergrößerung der Überschußladungsträgerkonzentration Δn kann durch eine erhöhte Bestrahlungsstärke E erreicht werden, wenn die Anwendung dies erlaubt. In Kapitel 5.4.1 wird die Überschußladungsträgerkonzentration berechnet, um weitere Optimierungsgesichtspunkte zu erkennen.

Die Gleichgewichtsladungsträgerdichten n_0 und p_0 hängen von den Materialparametern n_i und W_F ab, wie Gleichung (5.20) zeigt.

$$n_0 = n_i \cdot e^{\frac{W_F - W_i}{kT}} \quad , \qquad p_0 = n_i \cdot e^{-\frac{W_F - W_i}{kT}} \quad , \qquad n_0 \cdot p_0 = n_i^2 \qquad (5.20)$$

W_F ist die Fermi-Energie im Gleichgewicht und wird unter anderem durch die Dotierung des Halbleiters festgelegt. Je kleiner die Dotierung, desto kleiner ist der Abstand der Fermi-Energie von dem Eigenleitungsniveau W_i in der Nähe der Bandmitte und desto kleiner ist n_0.

Die Eigenleitungsdichte n_i wird maßgeblich durch den Bandabstand des Halbleitermaterials bestimmt. Je größer der Bandabstand, desto kleiner ist die Eigenleitungsdichte. Ein großer Bandabstand hat jedoch zur Folge, daß nach Gleichung (5.1) die Energiegrenze, ab der Ladungsträger-Generation stattfindet, nach oben geschoben wird und der Fotowiderstand somit nur für Photonen hoher Energie empfindlich ist.

Es ist bei der Wahl des Halbleitermaterials also ein Kompromiß zwischen dem Wellenlängen-bereich, in dem der Fotowiderstand empfindlich sein soll und der Höhe der relativen Foto-Leitfähigkeit zu finden. Die folgende Tabelle zeigt eine Auswahl der für Fotowiderstände ver-wendeten Halbleitermaterialien mit ihren Bandabständen und den daraus resultierenden Grenzwellenlängen.

Material	E_G / eV	λ_{Grenz} / μm
CdSe	1,74	0,71
CdS	2,42	0,51
ZnS	3,6	0,34
Si	1,12	1,11
PbS	0,41	3,5

Tab. 5.3:   Übersicht der Bandabstände und Grenzwel-lenlängen einiger Materialien zur Herstellung von Fotowiderständen

5.3.2 Diskussion der Summe der Hell-Beweglichkeiten

Für eine möglichst große relative Foto-Leitfähigkeit muß das Verhältnis der Summe der Hell-Beweglichkeiten $\mu_n + \mu_p$ zur Dunkel-Beweglichkeit μ_{n0} möglichst groß sein (s. (5.19)). Im all-gemeinen ist die Beweglichkeit jedoch eine Materialkonstante, die zwar zum Beispiel von der Dotierung abhängt, jedoch weitgehend unabhängig ist von der Anzahl der Ladungsträger und damit auch von der Bestrahlung.

Dies gilt so für monokristalline Materialien, ist jedoch für polykristalline Materialien anders. Als Beispiel betrachte man einen Fotowiderstand aus einem n-dotierten polykristallinen Halb-leitermaterial mit Korngrenzen, die parallel zur Einfallsrichtung der Strahlung verlaufen (s. Abb. 5.4 a).

Bei den meisten polykristallinen Halbleitermaterialien sind die Korngrenzen sogenannte *Ver-armungs-* oder *Inversions-Korngrenzen*, bei denen die Konzentration der Majoritätsladungs-träger (im Beispiel: die Elektronen) gesenkt wird oder sogar die Konzentration der Minori-tätsladungsträger unterschreitet (bei der Inversionskorngrenze). Diese Verarmung oder Inver-sion wird durch die Störungen des Kristallgitters an der Korngrenze hervorgerufen, wenn zum Beispiel beim n-Halbleiter negative Ladungen im Bereich der Korngrenze auftreten. Die nega-tiven Ladungen stoßen die Elektronen ab und ziehen die Löcher an, so daß es zu einer Auf-

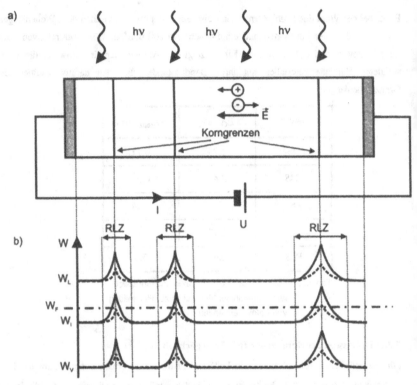

Abb. 5.4:   a) Schematische Darstellung eines Fotowiderstands aus polykristallinem Halbleitermaterial

b) Bändermodell des polykristallinen n-Halbleiters mit Inversionskorngrenzen.
(————) unbeleuchtet, (- - - -) beleuchtet

wölbung der Energiebänder und zur Ausbildung von Raumladungszonen (RLZ) kommt, wie es
in Abb. 5.4 b dargestellt ist. Der Transport der Elektronen über die Bandaufwölbungen an
jeder Korngrenze wird stark gestört, was sich in einer geringen Beweglichkeit der Elektronen
zeigt.

Die Bandaufwölbung an den Korngrenzen ist im beleuchteten Fall wesentlich kleiner, da durch
die zusätzlich generierten Ladungsträger die Ladungen in der Raumladungszone und an der
Korngrenze kompensiert werden. Die Folge ist eine effektive Vergrößerung der Beweglichkeit
bei Bestrahlung und damit eine große relative Foto-Leitfähigkeit.

Zusammenfassend ergeben sich damit folgende Anforderungen an das Halbleitermaterial für
eine möglichst große relative Foto-Leitfähigkeit:

◆ Geringe Dotierung und

◆ hoher Bandabstand zur Verringerung der Majoritätsladungsträgerkonzentration im Gleichgewicht.

Aber: Ein hoher Bandabstand verringert den Spektralbereich, in dem der Fotowiderstand lichtempfindlich ist.

◆ Polykristalline Kristallstruktur zur Erhöhung der Summe der Hell-Beweglichkeiten aufgrund der Korngrenzen-Effekte.

5.4 Mathematische Beschreibung des Fotowiderstands

5.4.1 Berechnung des Ladungsträgerprofils

Die Berechnung des Ladungsträgerprofils im Fotowiderstand erfolgt nach dem in Abb. 5.5 dargestellten Ablaufdiagramm.

Die Basis der mathematischen Beschreibung ist das Modell eines Fotowiderstands aus n-leitendem Halbleitermaterial mit den Abmessungen und Bezeichnungen, die in Abb. 5.3 dargestellt sind. Zur Vereinfachung der Rechnung wird angenommen, daß sich die generierten Ladungsträger lediglich in x-Richtung, also in der Einfallsrichtung der Strahlung bewegen. Eine Abdiffusion der Ladungsträger zu den Kontakten oder der Einfluß von Korngrenzen wird dabei vernachlässigt. Aufgrund dieser Annahme genügt es, das Gleichungssystem aus Strom- und Bilanzgleichungen in der eindimensionalen Formulierung aufzustellen.

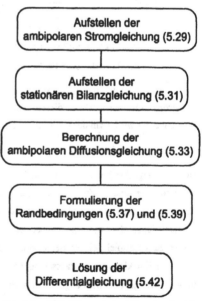

Aufstellen der ambipolaren Stromgleichung (5.29)

Aufstellen der stationären Bilanzgleichung (5.31)

Berechnung der ambipolaren Diffusionsgleichung (5.33)

Formulierung der Randbedingungen (5.37) und (5.39)

Lösung der Differentialgleichung (5.42)

Abb. 5.5: Ablaufdiagramm zur Berechnung des Ladungsträgerprofils bei Hochinjektion

1. Aufstellen der ambipolaren Stromgleichungen

In den folgenden Ausführungen wird häufig von „Strömen" gesprochen, wenn genau genommen „Stromdichten" gemeint sind. In der Schreibweise wird aber konsequent zwischen Strömen mit dem Symbol „I" und Stromdichten mit dem Symbol „j" unterschieden.

Die Ladungsträger können sich im Halbleiter entweder durch *Diffusion* in einem Gradienten der Ladungsträgerkonzentration bewegen oder durch die *Kraftwirkung eines elektrischen Feldes*. Für Elektronen und Löcher setzen sich die Ströme damit aus dem Diffusionsstrom und dem Feldstrom zusammen (s. (5.21)).

$$j_p(x) = \underbrace{-q \cdot D_p \cdot \frac{d\,p(x)}{dx}}_{\text{Löcher−Diffusionsstrom}} + \underbrace{q \cdot \mu_p \cdot p(x) \cdot E_x(x)}_{\text{Löcher−Feldstrom}} \qquad (5.21\ a)$$

$$j_n(x) = \underbrace{+q \cdot D_n \cdot \frac{d\,n(x)}{dx}}_{\text{Elektronen−Diffusionsstrom}} + \underbrace{q \cdot \mu_n \cdot n(x) \cdot E_x(x)}_{\text{Elektronen−Feldstrom}} \qquad (5.21\ b)$$

mit $D_{p/n}$: Diffusionskoeffizient der Löcher/Elektronen in cm^2/s

$E_x(x)$: Elektrische Feldstärke in x-Richtung in V/cm

Der Gesamtstrom durch das Bauelement setzt sich aus der Summe der Elektronen- und Löcherströme zusammen. Da in diesem Modell das seitliche Abströmen der Ladungsträger vernachlässigt wird, muß der Gesamtstrom über dem Ort eine Konstante sein.

$$j_{ges} = j_p(x) + j_n(x) \qquad (5.22)$$

Um eine möglichst hohe relative Foto-Leitfähigkeit des Fotowiderstands zu erhalten, wird der Fotowiderstand im Zustand der Hochinjektion betrieben (s. Kapitel 5.3.1). Im Falle der Hochinjektion darf die Anzahl der Minoritätsladungsträger und damit der Feldstrom der Minoritätsladungsträger **nicht** gegenüber den Majoritätsladungsträgern vernachlässigt werden, wie es zum Beispiel bei der Berechnung der Ladungsträgerkonzentration in einer Diode unter den Shockleyschen Voraussetzungen gemacht wird.

In der Hochinjektion wird angenommen, daß die Überschußladungsträgerkonzentration Δn die Gleichgewichtsladungsträgerkonzentration n_0 übersteigt. Da die Überschußladungsträger durch optische Generation von Ladungsträgerpaaren entstehen, müssen die Überschußladungsträgerkonzentrationen von Elektronen und Löchern gleich groß sein (s. (5.18)). Damit ergeben sich folgende Gleichungen für die Ladungsträgerkonzentrationen und ihre Ableitungen:

$$n(x) = \Delta n(x) + n_0 \approx \Delta n(x) \left.\begin{array}{c} \\ \\ \end{array}\right\} \begin{array}{c}(5.18)\\ \Rightarrow\end{array} \quad n(x) \approx p(x) \tag{5.23}$$
$$p(x) = \Delta p(x) + p_0 \approx \Delta p(x)$$

$$\Rightarrow \frac{d\,n(x)}{d\,x} \approx \frac{d\,p(x)}{d\,x} \tag{5.24}$$

Durch Einsetzen von (5.21),(5.23) und (5.24) in (5.22) erhält man den folgenden Ausdruck für den Gesamtstrom:

$$j_{ges} = q \cdot \left(D_n - D_p\right) \cdot \frac{d\,p(x)}{dx} + q \cdot \left(\mu_n + \mu_p\right) \cdot p(x) \cdot E_x(x) \tag{5.25}$$

Stellt man Gleichung (5.25) nach der Feldstärke $E_x(x)$ um, so ergibt sich eine Formulierung, bei der die Feldstärke durch zwei Komponenten beschrieben wird.

$$E_x(x) = \underbrace{\frac{1}{q \cdot \left(\mu_n + \mu_p\right) \cdot p(x)} \cdot j_{ges}}_{\text{Ohmsches Feld}} - \underbrace{\frac{D_n - D_p}{\mu_n + \mu_p} \cdot \frac{1}{p(x)} \cdot \frac{d\,p(x)}{dx}}_{\text{Dember-Feld}} \tag{5.26}$$

Die erste Feldkomponente in (5.26) ist das *Ohmsche Feld* und beschreibt das Feld, das durch den Spannungsabfall am Ohmschen Widerstand des Halbleitermaterials bei Stromfluß entsteht. Im Nenner des Vorfaktors steht die Leitfähigkeit, die den Ohmschen Widerstand charakterisiert.

Die zweite Feldkomponente ist das *Dember-Feld*. Das Dember-Feld entsteht durch die unterschiedlichen Beweglichkeiten von Elektronen und Löchern. Da die Diffusionskonstanten über die Einstein-Beziehung ($D_{n/p} = kT / q \cdot \mu_{n/p}$) mit den Beweglichkeiten verknüpft sind, drückt sich dieser Unterschied in der Differenz $D_n - D_p$ aus. Die Beweglichkeit der Elektronen ist stets größer als die Beweglichkeit der Löcher, so daß bei der Diffusion der Ladungsträger in einem Konzentrationsgradienten die Elektronen schneller diffundieren werden als die Löcher. Die unterschiedlichen Diffusionsgeschwindigkeiten führen dazu, daß das Ladungsträgerprofil der Elektronen gegenüber dem Ladungsträgerprofil der Löcher in Richtung des Ladungsträger-Gefälles leicht verschoben ist (s. Abb. 5.6). Die Verschiebung der Ladungen bewirkt ein elektrisches Feld, das als Dember-Feld bezeichnet wird und über dem Bauelement zu einem Spannungsabfall führt. Diese Spannung wird als *Dember-Spannung* bezeichnet.

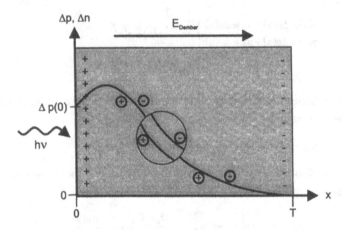

Abb. 5.6: Verschiebung des Ladungsträgerprofils von Elektronen und Löchern aufgrund der unterschiedlichen Beweglichkeiten. Durch die Verschiebung bildet sich das Dember-Feld.

Da die Verschiebung der Profile sehr klein ist, geht man nach wie vor davon aus, daß die Näherungen (5.23) und (5.24) ihre Gültigkeit behalten.

Im nächsten Rechenschritt wird der Ausdruck für die Feldstärke (5.26) in die Stromgleichungen (5.21) eingesetzt.

$$j_p(x) = -q \cdot D_p \cdot \frac{dp(x)}{dx} + q \cdot \mu_p \cdot p(x) \cdot \left(\frac{j_{ges}}{q \cdot (\mu_p + \mu_n) \cdot p(x)} - \frac{D_n - D_p}{(\mu_n + \mu_p) \cdot p(x)} \cdot \frac{dp(x)}{dx} \right)$$

$$j_p(x) = -q \cdot \underbrace{\left(D_p + \frac{\mu_p \cdot (D_n - D_p)}{\mu_n + \mu_p} \right)}_{\equiv D} \cdot \frac{dp(x)}{dx} + \frac{\mu_p}{\mu_p + \mu_n} \cdot j_{ges} \qquad (5.27)$$

Der Klammerausdruck kann als eine Konstante zusammengefaßt werden, die als *ambipolare Diffusionskonstante* D bezeichnet wird, da sie die Eigenschaften von Elektronen und Löchern in sich vereint. Die folgende Rechnung verdeutlicht, wie sich die ambipolare Diffusionskonstante aus den Beweglichkeiten zusammensetzt.

$$D \equiv D_p + \frac{\mu_p \cdot (D_n - D_p)}{\mu_n + \mu_p} = D_p \cdot \frac{\mu_n + \mu_p}{\mu_n + \mu_p} + \frac{\mu_p \cdot (D_n - D_p)}{\mu_n + \mu_p}$$

$$= \frac{D_p \mu_n + D_p \mu_p + D_n \mu_p - D_p \mu_p}{\mu_n + \mu_p} = \frac{D_p \mu_n + D_n \mu_p}{\mu_n + \mu_p}$$

Mit Hilfe der Einstein-Beziehung $D_{p/n} = U_T \cdot \mu_{p/n}$ erhält man schließlich für D:

$$D = \frac{U_T \mu_p \mu_n + U_T \mu_n \mu_p}{\mu_n + \mu_p}$$

$$D = 2 \cdot U_T \cdot \frac{\mu_p \cdot \mu_n}{\mu_n + \mu_p} = 2 \cdot \frac{D_p \cdot D_n}{D_n + D_p} \qquad : \text{ambipolare Diffusionskonstante} \qquad (5.28)$$

$$\text{mit } U_T = \frac{kT}{q} \qquad\qquad\qquad : \text{Temperaturspannung}$$

Formuliert man die Stromgleichung (5.27) mit Hilfe der ambipolaren Diffusionskonstanten, so erhält man die *ambipolare Stromgleichung*, die für Elektronen analog berechnet werden kann.

$$j_p(x) = -q \cdot D \cdot \frac{d\,p(x)}{dx} + \frac{\mu_p}{\mu_p + \mu_n} \cdot j_{ges} \qquad (5.29\text{ a})$$

$$j_n(x) = +q \cdot D \cdot \frac{d\,n(x)}{dx} + \frac{\mu_n}{\mu_p + \mu_n} \cdot j_{ges} \qquad (5.29\text{ b})$$

2. Aufstellen der stationären Bilanzgleichungen

In den Bilanzgleichungen werden die zeitlichen Änderungen der Löcher- und Elektronenkonzentrationen in einem Volumenelement durch die Stromänderung sowie die Generations- und Rekombinationsrate ausgedrückt. Die Generationsrate wird entsprechend Gleichung (5.6) formuliert und die Rekombinationsrate wird durch ein lineares Rekombinationsgesetz beschrieben.

$$\frac{\partial\,p(x)}{\partial t} = -\frac{1}{q} \cdot \frac{\partial\,j_p(x)}{\partial x} - r_p(x) + g(x) \qquad (5.30\text{ a})$$

$$\frac{\partial\,n(x)}{\partial t} = +\frac{1}{q} \cdot \frac{\partial\,j_n(x)}{\partial x} - r_n(x) + g(x) \qquad (5.30\text{ b})$$

mit $r_{p/n}(x)$: Rekombinationsrate

$$r_p(x) = \frac{\Delta p(x)}{\tau_p}, \text{ bzw. } r_n(x) = \frac{\Delta n(x)}{\tau_n}$$

$\tau_{p/n}$: Lebensdauer der Löcher/Elektronen in s

$g(x)$: Generationsrate nach (5.6)

$$g(x) = g_0 \cdot e^{-\alpha \cdot x} \text{ mit } g_0 = \alpha \cdot \eta_q \cdot E \cdot \frac{\lambda}{h \cdot c_0} \qquad (5.6)$$

Als stationäre Bilanzgleichungen erhält man damit als Ergebnis:

$$0 = -\frac{1}{q} \cdot \frac{\partial\, j_p(x)}{\partial x} - \frac{\Delta p(x)}{\tau_p} + g(x) \tag{5.31 a}$$

$$0 = +\frac{1}{q} \cdot \frac{\partial\, j_n(x)}{\partial x} - \frac{\Delta n(x)}{\tau_n} + g(x) \tag{5.31 b}$$

3. Berechnung der ambipolaren Diffusions-Differentialgleichung

Die ambipolare Diffusions-Differentialgleichung erhält man, indem man die ambipolare Stromgleichung (5.29) in die stationäre Bilanzgleichung (5.31) einsetzt. Da der Gesamtstrom j_{ges} über dem Ort eine Konstante ist, entfällt bei der Ableitung dieser Anteil der Stromgleichung.

$$0 = -\frac{1}{q} \cdot \frac{d}{dx}\left[-q \cdot D \cdot \frac{d\, p(x)}{dx}\right] - \frac{\Delta p(x)}{\tau_p} + g(x) \tag{5.32}$$

Da nach Gleichung (5.23) die Ladungsträgerkonzentration p(x) fast vollständig durch die Überschußladungsträgerkonzentration $\Delta p(x)$ beschrieben werden kann, erhält man eine Differentialgleichung für die Variable $\Delta p(x)$. Die Differentialgleichung für $\Delta n(x)$ ergibt sich aus der analogen Rechnung.

$$\boxed{\begin{aligned} \frac{d^2\,\Delta p(x)}{dx^2} - \frac{\Delta p(x)}{L_p^2} &= -\frac{g_0}{D} \cdot e^{-\alpha \cdot x} \\[2mm] \frac{d^2\,\Delta n(x)}{dx^2} - \frac{\Delta n(x)}{L_n^2} &= -\frac{g_0}{D} \cdot e^{-\alpha \cdot x} \end{aligned}} \tag{5.33}$$

Ambipolare Diffusions-Differentialgleichung

mit $L_{p/n}$: Diffusionslänge der Löcher/Elektronen in cm

$$L_p^2 = D \cdot \tau_p, \text{ bzw. } L_n^2 = D \cdot \tau_n \tag{5.34}$$

Die ambipolare Diffusions-Differentialgleichung unterscheidet sich von der Diffusionsgleichung für den Halbleiter in Niedriginjektion nur durch die ambipolare Diffusionskonstante D. Die Differentialgleichung ist eine gewöhnliche inhomogene Differentialgleichung zweiter Ordnung. Zur Lösung einer solchen Differentialgleichung müssen zwei Randbedingungen definiert werden.

Die weitere Rechnung wird nur für die Überschußkonzentration der Löcher durchgeführt, da die Rechnung für Elektronen in analoger Weise nachvollzogen werden kann.

4. Formulierung der Randbedingungen

Zur eindeutigen Lösung einer gewöhnlichen Differentialgleichung zweiter Ordnung müssen zwei Randbedingungen definiert werden. Die erste Randbedingung wird mit Hilfe der Überschußladungsträgerkonzentration Δp an der Bauelement-Rückseite bei $x = T$ formuliert. Es wird angenommen, daß die Tiefe T des Fotowiderstands sehr viel größer ist als die Eindringtiefe der Strahlung $1/\alpha$ oder die Diffusionslänge L_p der Löcher. Dies gilt für Strahlung mit nicht zu großer Wellenlänge (s. Frequenzgang von α, Abb. 4.5 oder 4.6) oder für Materialien nicht zu großer Reinheit, bei denen die Diffusionslänge kleiner als die Bauelementtiefe T ist.

$$\frac{1}{\alpha(\lambda)}, \; L_p \ll T \tag{5.35}$$

Diese Annahme hat zur Folge, daß die Ladungsträgerkonzentration bei $x = T$ auf ihren Gleichgewichtswert p_0 abgesunken ist (s. Abb. 5.6). Für die Überschußladungsträgerkonzentration Δp erhält man damit folgende Randbedingung:

$$\Delta p(x = T) = 0 \tag{5.36}$$

Zur Vereinfachung der Rechnung wird bei der hier vorgestellten Rechnung von einem unendlich ausgedehnten Bauelement ausgegangen ($T \to \infty$). Diese Näherung verringert den mathematischen Aufwand, ohne daß die Physik des Bauelementes verfälscht wiedergegeben wird, sofern die Bedingung (5.35) erfüllt ist.

Randbedingung I: $\Delta p(x \to \infty) = 0$ $\tag{5.37}$

Die zweite Randbedingung wird an der beleuchteten Oberfläche formuliert, wo die Generationsrate am größten ist (s. Abb. 5.3) und man daher auch die größte Überschußladungsträgerkonzentration erwarten könnte. Man muß jedoch berücksichtigen, daß die Halbleiteroberfläche durch den Abbruch des periodischen Kristallgitters ein Bereich extremer Gitterstörungen ist. Diese Störungen des Kristallgitters führen zu einer verstärkten Rekombination von Überschußladungsträgern an der Oberfläche, die dort eine Absenkung des Überschußladungsträgerprofils (s. Abb. 5.6) und ein Nachströmen der Ladungsträger zur Oberfläche hin verursacht. Bei der mathematischen Beschreibung der Oberflächenrekombination wird angenommen, daß der Strom der Ladungsträger zur Oberfläche proportional zur Überschußladungsträgerkonzentration an der Oberfläche ist.

$$j_p(x = 0) \propto \Delta p(x = 0) \tag{5.38}$$

Der Löcherstrom zur Oberfläche wird als reiner Diffusionsstrom beschrieben. Damit wird die Wirkung des Dember-Feldes, das die Löcher von der Oberfläche fernhält, vernachlässigt. Die Proportionalitätskonstante der Beziehung (5.38) ist das Produkt aus Elementarladung und einer Größe, welche die Einheit einer Geschwindigkeit hat und als *Oberflächenrekombinationsgeschwindigkeit* s bezeichnet wird. Als zweite Randbedingung erhält man damit:

$$\text{Randbedingung II:}\quad \underbrace{-q \cdot D \cdot \frac{d\,\Delta p}{d\,x}\bigg|_{x=0}}_{j_p\,(x=0)} = -q \cdot s \cdot \Delta p(x=0) \tag{5.39}$$

mit s: Oberflächenrekominationsgeschwindigkeit in cm/s

5. Lösung der Differentialgleichung

Der vollständige Rechenweg zur Lösung der Differentialgleichung (5.33) mit den Randbedingungen (5.37) und (5.39) wird hier nicht dargestellt. Stattdessen wird der Lösungsansatz erläutert und die Gesamtlösung vorgestellt.

Der allgemeine Lösungsansatz setzt sich aus einer partikulären Lösung der inhomogenen Differentialgleichung $\Delta p_{part}(x)$ und einer allgemeinen Lösung der homogenen Differentialgleichung $\Delta p_{hom}(x)$ zusammen.

$$\Delta p(x) = \underbrace{\Delta p_{part}(x)}_{\substack{\text{partikuläre Lösung} \\ \text{der inhomogenen Dgl.}}} + \underbrace{\Delta p_{hom}(x)}_{\substack{\text{allgemeine Lösung} \\ \text{der homogenen Dgl.}}} \tag{5.40}$$

Die partikuläre Lösung erhält man durch einen zunächst allgemeinen Ansatz, der die exponentielle x-Abhängigkeit des Störgliedes berücksichtigt. Durch Einsetzen in die Differentialgleichung kann dann $\Delta p_{part}(x)$ bestimmt werden. Aufgrund der Struktur der homogenen Differentialgleichung wird für $\Delta p_{hom}(x)$ ein Ansatz mit zwei Exponentialfunktionen gewählt. Damit erhält man folgenden allgemeinen Lösungsansatz für die inhomogene Differentialgleichung:

$$\Delta p(x) = \underbrace{\frac{g_0 \cdot \tau_p \cdot e^{-\alpha \cdot x}}{1 - \alpha^2 \cdot L_p^2}}_{\Delta p_{part}(x)} + \underbrace{C_1 \cdot e^{+\frac{x}{L_p}} + C_2 \cdot e^{-\frac{x}{L_p}}}_{\Delta p_{hom}(x)} \tag{5.41}$$

Mit Hilfe der Randbedingungen (5.37) und (5.39) können die Konstanten C_1 und C_2 bestimmt werden. Als Gesamtlösung erhält man damit das folgende Profil der Überschußladungsträgerkonzentration.

$$\Delta p(x) = \frac{g_0 \cdot \tau_p \cdot e^{-\alpha \cdot x}}{1 - \alpha^2 \cdot L_p^2} \cdot \left(1 - \frac{s + \alpha \cdot D}{s + \dfrac{D}{L_p}} \cdot e^{-\left(\frac{1}{L_p} - \alpha\right) \cdot x} \right) \tag{5.42}$$

Überschußladungsträgerkonzentration in einem unendlich dicken
homogenen Halbleiter unter monochromatischer Bestrahlung

Die Abbildungen 5.7 und 5.8 zeigen Ladungsträgerprofile, wie sie mit Gleichung (5.42) berechnet werden können. In Abb. 5.7 wird der Einfluß der Oberflächenrekombinationsgeschwindigkeit verdeutlicht. Für s = 0 cm/s, d.h. keine Rekombination an der Oberfläche, ist der Wert der Überschußladungsträgerkonzentration maximal. Das Profil läuft entsprechend Gleichung (5.39) mit einer horizontalen Tangente an die Oberfläche. Für maximale Oberflächenrekombination (s → ∞) geht die Überschußladungsträgerkonzentration auf Null zurück.

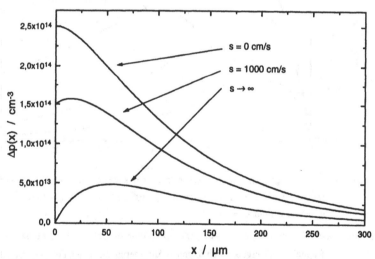

Abb. 5.7: Ladungsträgerprofile nach (5.42) mit Variation der Oberflächenrekombinationsgeschwindigkeit; Simulationsparameter: $g_0 = 10^{20}$ cm^{-3}s^{-1}, $L_p = 100$ µm, $\alpha = 300$ cm^{-1}, $\mu_p = 400$ cm^2/Vs, $\mu_n = 1200$ cm^2/Vs, $U_T = 25$ mV

Abb. 5.8 stellt den Einfluß der Diffusionslänge und den Einfluß des Absorptionskoeffizienten dar. Die oberen beiden Kurven unterscheiden sich durch die Diffusionslänge L_p. Bei einer größeren Diffusionslänge sind die Rekombinationsverluste im Halbleitervolumen geringer, so daß die Zahl der Überschußladungsträger größer ist. Außerdem verschiebt sich das Maximum der Ladungsträgerkonzentration in das Volumen, da die Ladungsträger tiefer in den Halbleiter hinein diffundieren können, bevor sie rekombinieren.

Eine Bestrahlung mit unterschiedlichen Wellenlängen wird durch eine Variation des Absorptionskoeffizienten dargestellt, wie es in den unteren beiden Kurven in Abb. 5.8 gezeigt ist. Ein höherer Absorptionskoeffizient, d.h. bei Bestrahlung mit kleineren Wellenlängen, zeigt ein Profil, das nicht so tief in den Halbleiter eindringt, da die Photonen dichter an der Oberfläche absorbiert werden. Da bei diesem Beispiel eine unendliche Oberflächenrekombinationsgeschwindigkeit angenommen wurde, fallen damit auch mehr Ladungsträger der Oberflächenrekombination zum Opfer, so daß der Berg der Überschußladungsträger kleiner ist.

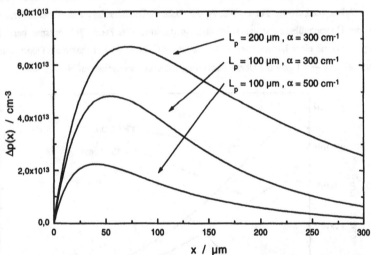

Abb. 5.8: Ladungsträgerprofile nach (5.42) mit Variation des Absorptionskoeffizienten und der Diffusionslänge; Simulationsparameter: $g_0 = 10^{20}$ cm^{-3}s^{-1}, $s \to \infty$, $\mu_p = 400$ cm^2/Vs, $\mu_n = 1200$ cm^2/Vs, $U_T = 25$ mV

Da durch eine hohe Überschußladungsträgerkonzentration die relative Foto-Leitfähigkeit erhöht wird (s. Kapitel 5.3.1), ergeben sich folgende Anforderungen an den Fotowiderstand:

♦ Gute Oberflächenpassivierung, um die Oberflächenrekombinationsgeschwindigkeit zu senken

♦ Möglichst große Diffusionslänge zur Senkung der Volumenverluste

5.4.2 Berechnung der spektralen Foto-Leitfähigkeit

In Kapitel 5.2 wurde die spektrale Foto-Leitfähigkeit als eine charakteristische Größe des Fotowiderstands eingeführt. Die spektrale Foto-Leitfähigkeit hängt entsprechend Gleichung (5.14) von der Ladungsträgerkonzentration ab.

$$\sigma_{phot,\lambda}(\lambda) = q \cdot \left(\mu_n \cdot n(E_\lambda) + \mu_p \cdot p(E_\lambda) \right) \tag{5.14}$$

Wenn die zuvor getroffenen Annahmen für die Hochinjektion und die optische Generation (5.23) gültig sind, geht die spektrale Foto-Leitfähigkeit in die sogenannte *spektrale Zusatzleitfähigkeit* über, in der nur die **Überschuß**ladungsträger berücksichtigt werden.

$$\sigma_{phot,\lambda}(\lambda) \approx q \cdot \left(\mu_n + \mu_p \right) \cdot \Delta p(E_\lambda) \tag{5.43}$$

Die Überschußladungsträgerkonzentration $\Delta p(E_\lambda)$ ist innerhalb des Fotowiderstands nicht konstant (s. (5.42)). Um eine Aussage über das ganze Bauelement zu erhalten muß daher die Überschußladungsträgerkonzentration über dem Ort gemittelt werden. Der Mittelwert $\overline{\Delta p(E_\lambda)}^x$ berechnet sich so, daß die Gesamtzahl der Ladungsträger im Bauelement gleich bleibt (s. (5.44), vgl. (5.7)).

$$\overline{\Delta p(E_\lambda)}^x = \frac{1}{T} \cdot \int_0^T \Delta p(E_\lambda, x)\, dx \tag{5.44}$$

Mit (5.44) erhält man für die ortsunabhängige *mittlere elektrische Zusatzleitfähigkeit* $\overline{\Delta\sigma(\lambda)}^x$, bzw. für die spektrale Foto-Leitfähigkeit $\sigma_{phot,\lambda}(\lambda)$:

$$\sigma_{phot,\lambda}(\lambda) \approx \overline{\Delta\sigma(\lambda)}^x = q \cdot \left(\mu_n + \mu_p \right) \cdot \overline{\Delta p(E_\lambda)}^x \tag{5.45}$$

Durch Einsetzen von (5.42) in (5.44) und (5.45) kann mit (5.6) die spektrale Foto-Leitfähigkeit direkt berechnet werden.

$$\sigma_{phot,\lambda}(\lambda) \approx q \cdot \left(\mu_n + \mu_p \right) \cdot \frac{\eta_q E \lambda}{h\,c_0} \cdot \frac{\alpha \tau_p}{1 - \alpha^2 L_p^2} \cdot \left[\frac{1 - e^{-\alpha T}}{\alpha T} - \frac{s + \alpha D}{s + \dfrac{D}{L_p}} \cdot \left(1 - e^{-\frac{T}{L_p}} \right) \right] \tag{5.46}$$

Abbildung 5.9 zeigt einen typischen Verlauf von $\sigma_{phot,\lambda}(\lambda)$ für zwei unterschiedliche Oberflächenrekombinationsgeschwindigkeiten. Die Kurven wurden mit den Materialdaten von Silizium erstellt.

Da Photonen mit kleiner Wellenlänge nur eine geringe Eindringtiefe im Halbleiter haben (s. z.B. Abb. 4.6), sind Ladungsträgerpaare, die durch diese Photonen generiert wurden, besonders gefährdet, der Oberflächenrekombination zum Opfer zu fallen. Aus diesem Grund macht sich eine erhöhte Oberflächenrekombinationsgeschwindigkeit im Bereich kleiner Wellenlängen durch eine Reduzierung von $\sigma_{phot,\lambda}(\lambda)$ bemerkbar. Das Abfallen von $\sigma_{phot,\lambda}(\lambda)$ bei großen Wellenlängen ist auf den Bandabstand des Halbleiters zurückzuführen, da nach (5.1) nur Photonen mit $\lambda < \lambda_{gr}$ Elektron-Loch-Paare erzeugen können.

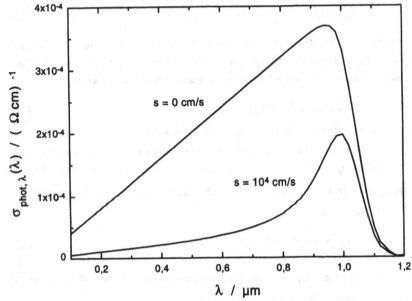

Abb. 5.9: Spektrale Foto-Leitfähigkeit nach (5.46) mit Variation der Oberflächenrekombinationsgeschwindigkeit; Simulationsparameter: α_{Si}, $L_p = 100\ \mu m$, $T = 300\ \mu m$, $E = 1\ mW/cm^2$, $\mu_p = 400\ cm^2/Vs$, $\mu_n = 1200\ cm^2/Vs$, $U_T = 25\ mV$

5.4.3 Berechnung des Gewinns

In Kapitel 5.1 wurde der Gewinn als der Quotient aus dem Gesamtstrom I zum primären Fotostrom I_{ph} definiert (s. Gleichung (5.9)). Der Gesamtstrom I ist der Strom in y-Richtung, der zwischen den Kontakten fließt (s. Abb. 5.3). Vernachlässigt man den Einfluß der Kontakte auf das Ladungsträgerprofil, so ist das Ladungsträgerprofil in y-Richtung eine Konstante und der Strom in y-Richtung ist ein reiner Feldstrom, der durch das elektrische Feld in y-Richtung hervorgerufen wird.

$$I = I_{Feld} = T \cdot B \cdot \overline{\sigma}^x \cdot E_y \qquad (5.47)$$

Da die Leitfähigkeit in x-Richtung variiert, wird hier, ebenso wie in Kapitel 5.4.2, die mittlere Zusatzleitfähigkeit eingesetzt, die man aus der mittleren Überschußladungsträgerkonzentration

$\overline{\Delta p}^x$ berechnet. Dabei wird die Dunkel-Leitfähigkeit vernachlässigt. Für den Gewinn erhält man damit den folgenden Ausdruck, wenn man den primären Fotostrom durch Gleichung (5.8) ausdrückt:

$$G = \frac{I}{I_{ph}} = \frac{T \cdot B \cdot q \cdot \left(\mu_n + \mu_p\right) \cdot \overline{\Delta p}^x \cdot E_y}{q \cdot \overline{g}^x \cdot B \cdot T \cdot L} = \frac{\left(\mu_n + \mu_p\right) \cdot \overline{\Delta p}^x \cdot E_y}{\overline{g}^x \cdot L} \tag{5.48}$$

Die folgende Nebenrechnung soll das Verhältnis von $\overline{\Delta p}^x$ zu $\overline{g}^x$ bestimmen, ohne die Integration über g(x) und $\Delta p(x)$ durchführen zu müssen.

Nebenrechnung:

Die Ladungsträgerkonzentration und die Generationsrate sind über die stationäre Bilanzgleichung (5.31) miteinander verknüpft.

$$0 = -\frac{1}{q} \cdot \frac{\partial\, j_p(x)}{\partial x} - \frac{\Delta p(x)}{\tau_p} + g(x) \tag{5.31 a}$$

Integriert man (5.31) von 0 bis T, so erhält man den folgenden Ausdruck:

$$0 = \int_0^T -\frac{1}{q} \cdot \frac{\partial\, j_p(x)}{\partial x}\, dx \;-\; \int_0^T \frac{\Delta p(x)}{\tau_p}\, dx \;+\; \int_0^T g(x)\, dx$$

$$0 = -\frac{1}{q} \cdot \left(j_p(T) - j_p(0)\right) \;-\; \int_0^T \frac{\Delta p(x)}{\tau_p}\, dx \;+\; \int_0^T g(x)\, dx$$

Der Löcherstrom an der Rückseite $j_p(T)$ ist gleich Null. Vernachlässigt man den kleinen Oberflächenrekombinationsstrom $j_p(0)$, erhält man die folgende Näherung für $\overline{\Delta p}^x$:

$$\overline{\Delta p}^x \approx \tau_p \cdot \overline{g}^x \tag{5.49}$$

Setzt man (5.49) in (5.48) ein, kann der Gewinn berechnet werden.

$$G = \frac{\left(\mu_n + \mu_p\right) \cdot \tau_p \cdot \overline{g}^x \cdot E_y}{\overline{g}^x \cdot L} = \frac{\left(\mu_n + \mu_p\right) \cdot E_y}{L} \cdot \tau_p \tag{5.50}$$

Interpretiert man den Zähler in (5.50) als Geschwindigkeit v_y der Ladungsträger im elektrischen Feld, so kann der komplette Bruch als Kehrwert der Transitzeit t_r gedeutet werden, welche die Zeit beschreibt, in der ein Ladungsträger von einem Kontakt zum anderen driftet.

$$G = \frac{\tau_p}{t_r} \tag{5.51}$$

Der Gewinn gibt in dieser Interpretation an, wievielmal schneller die Drift- oder Transitzeit t_r in y-Richtung ist als die Zeit bis zur Rekombination der Ladungsträger bei der Diffusion in x-Richtung.

5.5 Technische Realisierung

Abbildung 5.10 zeigt einen Auszug aus dem Datenblatt eines industriell gefertigten Fotowiderstands.

In der Tabelle sind die wichtigsten Parameter wie der Hell- und der Dunkelwiderstand sowie die Übergangszeiten zwischen dem beleuchteten und unbeleuchteten Zustand zusammengefaßt. Die Kurven zeigen die relative spektrale Empfindlichkeit (Fig. 5) und die Abhängigkeit des Widerstands von der Größe der Beleuchtungsstärke (Fig. 4). Die Kurven zeigen im Prinzip die Verläufe, die nach Gleichung (5.46) erwartet werden können. Eine Skizze des Fotowiderstands soll einen Eindruck von der Dimensionierung des Bauelements vermitteln.

Bei der technischen Realisierung des Fotowiderstands unterscheidet sich der Aufbau des Widerstands geringfügig von der Modellskizze in Abb. 5.3. Der Hauptunterschied liegt darin, daß die Kontakte nicht seitlich an dem Halbleiterstück angebracht sind, sondern an der dem Licht zugewandten Oberfläche. Abb. 5.11 zeigt in einer Prinzipskizze die Draufsicht einer solchen technischen Realisierung.

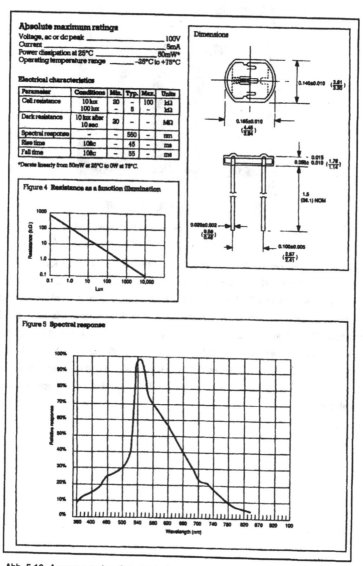

Absolute maximum ratings

Voltage, ac or dc peak _____ 100V
Current _____ 5mA
Power dissipation at 25°C _____ 50mW*
Operating temperature range _____ –25°C to +75°C

Electrical characteristics

Parameter	Conditions	Min.	Typ.	Max.	Units
Cell resistance	10 lux	20	–	100	kΩ
	100 lux	–	8	–	kΩ
Dark resistance	10 lux after 10 sec	20	–	–	MΩ
Spectral response	–	–	550	–	nm
Rise time	10 lux	–	45	–	ms
Fall time	10 lux	–	55	–	ms

*Derate linearly from 50mW at 25°C to 0W at 75°C.

Dimensions

Figure 4 Resistance as a function illumination

Figure 5 Spectral response

Abb. 5.10: Auszug aus dem Datenblatt eines industriell gefertigten Fotowiderstands
Typ NSL19-M51 der Firma RS Components aus [24]

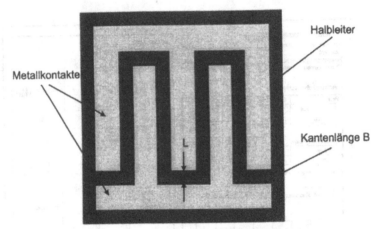

Abb. 5.11: Draufsicht auf die Kontaktstruktur eines Fotowiderstands
Die hervorgehobene Kante entspricht der Kantenlänge B in Abb. 5.3.

Es fällt auf, daß die beiden Kontakte eine Kamm-Struktur haben. Beide Kämme greifen ineinander, so daß sich die Kontakte entlang einer möglichst langen Linie gegenüber liegen. Ein Vergleich der Abbildungen 5.11 und 5.3 soll verdeutlichen, warum eine solche Kontaktstruktur gewählt wird. Der Abstand der Kontakte ist in Abb. 5.11 ebenso wie in Abb. 5.3 mit L bezeichnet. Die in Abb. 5.11 hervorgehobene Kante entspricht der Breite B in Abb. 5.3. B und L definieren die lichtempfindliche Fläche, die möglichst groß sein soll. Da jedoch mit steigendem L der Gewinn des Bauelementes sinkt (s. (5.51)), wird das Bauelement so dimensioniert, daß eine möglichst große Kantenlänge B entsteht. Dies wird durch die doppelte Kamm-Struktur realisiert.

6 Fotodiode, Solarzelle

Halbleiterdioden können auf vielfältige Weise als optoelektronische Bauelemente genutzt werden. Als **aktive** Bauelemente im Durchlaßbereich der Diodenkennlinie werden sie als Strahlungsemitter (Lumineszenz-Diode und Halbleiter-Laser), als **passive** Bauelemente im Sperrbereich der Diodenkennlinie als Strahlungsabsorber (Fotodiode) benutzt. Beide Bauelemente werden in der Nachrichtentechnik eingesetzt und ermöglichen **Signalwandlung**. Eine andere Funktion wird durch die Solarzelle vermittelt, welche die Strahlung des Sonnenlichtes in elektrische Leistung wandelt, also der Energietechnik zuzurechnen ist. Als elektrischem Generator weisen bei ihr Strom und Spannung umgekehrte Vorzeichen auf: sie arbeitet z.B. im 4. Quadranten der I-U-Kennlinie (Abb. 6.1).

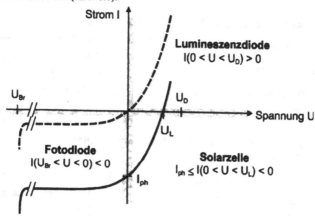

Abb. 6.1: Übersicht über den Betrieb von optoelektronisch genutzten Halbleiterdioden unbeleuchteter (- - - -) und beleuchteter pn-Übergang (————) mit Durchbruchspannung U_{Br}, Diffusionsspannung U_D, Leerlaufspannung U_L und Kurzschlußstrom I_{Ph}

Natürlich werden die angeführten Funktionen nicht alle vom gleichen Bauelement optimal erbracht, sondern müssen im Material und Aufbau für den jeweiligen Zweck optimiert werden. Im Kapitel 6 konzentriert sich die Darstellung auf die passiven Bauelemente, d.h. auf die Fotodiode und die Solarzelle, im Kapitel 7 und 8 auf die aktiven Bauelemente der Optoelektronik, die Lumineszenz-Diode und den Halbleiter-Laser.

Sowohl die Fotodiode, als auch die Solarzelle werden durch das Niedrig-Injektionsmodell von W. Shockley, R. Noyce und C.T. Sah beschrieben. Deshalb wird in dem folgenden Abschnitt, vor den detaillierten Darstellungen der Abschnitte 6.1 (Fotodiode) und 6.2 (Solarzelle), dieses Modell anhand einer kommentierten Übersichtstafel (s. Abb. 6.2) erläutert.

Entstehung der Raumladungszone (RLZ)

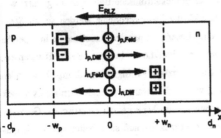

○ Diffusion von Majoritätsladungsträgern über den pn-Übergang in den unterschiedlich dotierten Bereich mit dortiger Rekombination

○ Entstehung eines elektrischen Feldes in der RLZ durch ionisierte Dotieratome

○ Im Gleichgewicht kompensieren sich Feld- und Diffusionsstrom.

$$j_{n/p,Diff} = j_{n/p,Feld}$$

Stromberechnung unter Shockleyschen Voraussetzungen

○ Quasineutralität in den Bahngebieten

○ Schwache Injektion

○ Vernachlässigbare Rekombination in der Raumladungszone

Der Gesamtstrom ist gleich der Summe der Minoritätsladungsträger-Diffusionsströme an den Grenzen der Raumladungszone.

$$j_{ges} = j_n(-w_p) + j_p(+w_n)$$

$$j_{p/n} = q \cdot D_n \cdot \left.\frac{\Delta n}{dx}\right|_{-W_p} - q \cdot D_p \cdot \left.\frac{\Delta p}{dx}\right|_{+W_n}$$

Berechnung der Überschußladungsträger-Konzentration (Beispiel: Δp im n-Gebiet)

Lösung der Diffusions-Differentialgleichung

$$\frac{d^2\Delta p}{dx^2} - \frac{\Delta p}{L_p} = -\frac{G_0}{D_p} \cdot e^{-\alpha(x - d_p)}$$

mit den Randbedingungen (RB)

$$\Delta p(w_n) = p_{n0} \cdot \left(e^{U/U_T} - 1\right) \ : \ \text{Boltzmann-RB}$$

$$\Delta p(d_n) = 0 \ : \ \text{Ohmscher Kontakt}$$

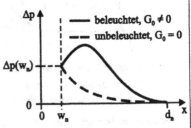

Strom/Spannungs-Kennlinie

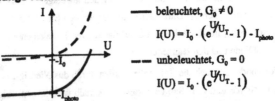

— beleuchtet, $G_0 \neq 0$

$$I(U) = I_0 \cdot \left(e^{U/U_T} - 1\right) - I_{photo}$$

--- unbeleuchtet, $G_0 = 0$

$$I(U) = I_0 \cdot \left(e^{U/U_T} - 1\right)$$

Abb. 6.2:   Übersichtstafel zur Entstehung der Raumladungszone und Berechnung des Minoritätsladungsträgerprofils sowie der Strom/Spannungs-Kennlinie nach Shockley.

Die Raumladungszone an einem pn-Übergang entsteht durch die Abdiffusion von Löchern aus dem p-Gebiet, bzw. Elektronen aus dem n-Gebiet in das Nachbargebiet mit dortiger Rekombination. Durch die Abdiffusion verbleiben im p-Gebiet negativ ionisierte Akzeptor-Dotieratome, bzw. im n-Gebiet positiv ionisierte Donator-Dotieratome. Die ionisierten Dotieratome spannen ein elektrisches Feld auf, das der Diffusion der Ladungsträger entgegen gerichtet ist. Im stationären Gleichgewicht kompensieren sich der Feld- und der Diffusionsstrom der Löcher, bzw. der Elektronen.

Die Shockleyschen Annahmen, daß in den Bahngebieten *Quasineutralität* und *schwache Injektion* herrschen, führen dazu, daß die Spannung über dem Bauelement fast vollständig über der Raumladungszone abfällt und daß die Bahngebiete als fast völlig feldfrei anzusehen sind. Die elektrische Feldstärke in den Bahngebieten ist so gering, daß der Strom der Minoritätsladungsträger nicht als Feldstrom sondern nur als Diffusionsstrom geführt wird. Der Strom der Majoritätsladungsträger kann jedoch aufgrund der sehr hohen Anzahl der Majoritätsladungsträger auch als Feldstrom geführt werden. Der Gesamtstrom durch das Bauelement setzt sich an jeder Stelle des Bauelementes aus dem Löcher- und Elektronenstrom zusammen, deren Anteile jedoch variieren. Unter der Annahme, daß in der Raumladungszone die Rekombinationsverluste zu vernachlässigen sind, ändern sich die Anteile von Löcher- und Elektronenstrom innerhalb der Raumladungszone nicht, so daß der **Gesamtstrom** zum Beispiel **als Summe von Elektronenstrom am p-Rand und Löcherstrom am n-Rand der Raumladungszone** beschrieben werden kann. Dies hat den Vorteil, daß der Gesamtstrom ausschließlich als Diffusionsstrom von Minoritätsladungsträgern erfaßt werden kann.

Da der Diffusionsstrom sich aus dem Gradienten der Ladungsträgerkonzentration ergibt, ist für die Stromberechnung zunächst die Bestimmung des Ladungsträgerprofils nötig. Das Ladungsträgerprofil der Minoritätsladungsträger ergibt sich aus der Lösung der *Diffusions-Differentialgleichung* mit den Randbedingungen für die Ladungsträgerkonzentration am Rand der Raumladungszone (Boltzmann-Randbedingung) und am Bauelement-Kontakt. Das auf diese Weise definierte Randwertproblem ähnelt sehr stark dem Problem im homogenen Halbleitermaterial, das in Kapitel 5 bei der Beschreibung des Fotowiderstands dargestellt wurde.

Die Strom/Spannungs-Kennlinie, die sich aus dieser Rechnung ergibt, ist eine Überlagerung der exponentiellen Spannungsabhängigkeit des unbeleuchteten pn-Übergangs und eines spannungsunabhängigen Fotostromes I_{photo}. Diese Überlagerung wird auch als *Superpositionsprinzip* bezeichnet.

$$I(U) = I_0 \cdot \left(e^{U/U_T} - 1 \right) - I_{ph} \tag{6.1}$$

6.1 Fotodiode

Obwohl in der Einleitung zum 6. Kapitel die Fotodiode der Nachrichtentechnik zugeordnet wurde, so ist doch jede Detektion optischer Signale mit der Wandlung von Strahlungsenergie verbunden. Im Gegensatz zur Solarzelle steht jedoch nicht der Wandlungs-Wirkungsgrad im Vordergrund, sondern vielmehr die **Geschwindigkeit** und die **Empfindlichkeit**, mit der die Fotodiode eintreffende optische Signale empfangen, auflösen und an die nachfolgenden Verstärkerstufen weitergeben kann.

6.1.1 Wirkungsweise der Fotodiode

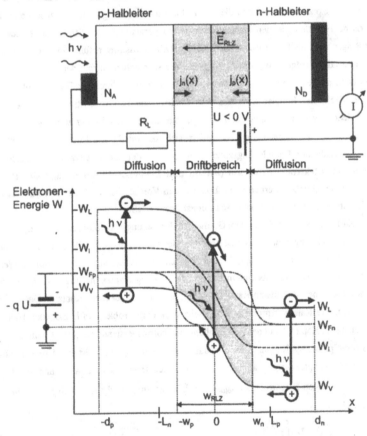

Abb. 6.3: Schichtenfolge und Energiebändermodell eines beleuchteten pn-Übergangs

Einer Fotodiode liegt das Modell des gesperrten pn-Überganges zugrunde. Dabei geht man i.a. von dem Niedrig-Injektionsmodell von W. Shockley, R. Noyce und C.T. Sah aus (s. Abb. 6.2), bei dem über der an Ladungsträgern verarmten Raumladungszone (RLZ) die von außen angelegte elektrische Spannung U abfällt. Die im RLZ-Bereich erzeugten Elektron-Loch-Paare werden sogleich durch die wirksame Feldstärke $E_{RLZ} = U / w_{RLZ}$ getrennt und entgehen damit der ansonsten ablaufenden Rekombination, während die in den Bahngebieten erzeugten Trägerpaare aus einer Entfernung bis zu einer Diffusionslänge L_n bzw. L_p zum RLZ-Bereich erst andiffundieren müssen und dabei von Rekombination bedroht sind (Abb. 6.3).

Für hohe Signalgeschwindigkeit stören die langsamen Diffusionsvorgänge, so daß man beim Bau der Fotodiode einen möglichst breiten RLZ-Bereich und aus ihm dominierenden Fotostrom der Dichte j_{ph} anstrebt.

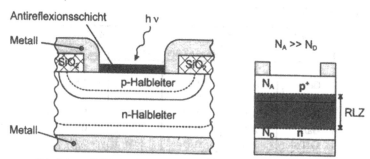

Abb. 6.4 a: p⁺n-Diode zur Erzielung eines weiten RLZ-Bereiches bei Fotodioden

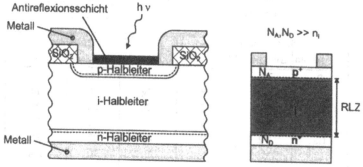

Abb. 6.4 b: pin-Diode zur Erzielung eines weiten RLZ-Bereiches bei Fotodioden

Dieses Ziel läßt sich durch unterschiedliche Maßnahmen erreichen, die durch Ausführung (z.B. durch Wahl der Dotierungen N_D, N_A, Abb. 6.4 a) oder Bauform (z.B. als pin-Diode, Abb. 6.4 b) erzielt werden. Wenn in den Dioden mit Lawineneinsatz gearbeitet wird, spricht man von der *APD-Bauform* (engl. avalanche photo diode).

Bei sämtlichen Fotodioden läuft die Signalerzeugung auf kurzzeitige Erhöhung des Sperr-stromes auf den Wert $i_{ph}(\lambda)$ hinaus, der am Lastwiderstand R_L (Abb. 6.3) zu einem kurzen Spannungspuls $u_{ph}(\lambda)$ gewandelt wird. Voraussetzung für das Signal $i_{ph}(\lambda)$ ist dabei, daß die Energie der eingestrahlten Photonen größer als die zur Erzeugung von Elektron-Loch-Paaren nötige Energieschwelle ΔW ist ($\Delta W \leq h \cdot c_0/\lambda$).

Man unterscheidet zwischen dem *intrinsischen Betrieb*, bei dem die Generation von Elektron-Loch-Paaren durch Anhebung von Elektronen aus dem Valenz- in das Leitungsband geschieht und dem *extrinsischen Betrieb*, bei dem bei tiefen Temperaturen nicht-ionisierte Störstellen durch Absorption eines Photons geringer Energie ionisiert werden. Die Tab. 6.1 gibt einen Überblick über Halbleitermaterialien für Fotodioden, im intrinsischen Betrieb bei Raumtempe-ratur sowie im später diskutierten vorteilhaften Tieftemperatur-Bereich (Tab. 6.1 a) und im extrinsischen Betrieb (Tab. 6.1 b).

Halbleiter	T = 300 K		T = 4 K	
	ΔW / eV	$\lambda_{cut-off}$ / μm	ΔW / eV	$\lambda_{cut-off}$ / μm
Si	1,11	1,12	1,20	1,03
Ge	0,67	1,85	0,74	1,68
PbS	0,41	3,02	0,29	4,28
PbSe	0,29	4,28	0,15	8,27
GaP	2,26	0,55	2,34	0,53
CdTe	1,50	0,83	1,60	0,77

Tab 6.1 a: Überblick über Halbleitermate-rialien für Fotodioden nach [13], intrinsischer Betrieb

W_L $h\nu$ $\Delta W = W_L - W_V$ W_V

Si mit Störstelle			Ge mit Störstelle		
Dotieratom	ΔW / meV	$\lambda_{cut-off}$ / μm	Dotieratom	ΔW / meV	$\lambda_{cut-off}$ / μm
P	45	28	Au	150	8,3
B	45	28	Hg	90	14
Al	68,5	18	Cd	60	21
As	54	23	Cu	41	30
Ga	72	17	Zn	33	38
In	155	8	B	10	124
Sb	43	29			
Bi	71	17			

Tab. 6.1 b: Überblick über Halbleitermaterialien für Fotodioden nach [13], extrinsischer Betrieb

W_L $h\nu$ $\Delta W = W_L - W_s$ W_s W_V

Die *Empfindlichkeit* $S(\lambda)$ einer Fotodiode bei der Wellenlänge λ im Intervall $\lambda...\lambda+\Delta\lambda$ ist der Quotient aus Fotostromdichte und Bestrahlungsstärke (s. (6.2)). Bezieht man die Fotostromdichte auf die Elementarladung q und die Bestrahlungsstärke auf die Energie eines Photons hv, so erhält man den *externen Quantenwirkungsgrad* η_{ext}, der angibt, wieviele Elementarladungen pro eingestrahltes Photon als Fotostrom zur Verfügung stehen und im Gegensatz zum Quantenwirkungsgrad η_q (s. (5.2)) die Rekombinationsverluste im Bauelement mit berücksichtigt.

$$S(\lambda) = \frac{\left|j_{ph}(\lambda)\right|}{E(\lambda)} \tag{6.2}$$

$$\Rightarrow \quad \eta_{ext}(\lambda) = \frac{\dfrac{\left|j_{ph}(\lambda)\right|}{q}}{\dfrac{E(\lambda)}{h \cdot v}} = \frac{h \cdot c_0}{q} \cdot S(\lambda) \cdot \frac{1}{\lambda} \tag{6.3}$$

Abb. 6.5 zeigt eine Übersicht der Verläufe des externen Quantenwirkungsgrades $\eta_{ext}(\lambda)$ für unterschiedliche Halbleitermaterialien. Die Kurven $\eta_{ext}(\lambda)$ sind jeweils bis zum Wert $\lambda_{cut-off} = \dfrac{h \cdot c_0}{\Delta W}$, der „Abschneide-Wellenlänge" $\lambda_{cut-off}$, eingezeichnet, ab der zu höheren Wellenlängen hin keine Absorption von Photonen mehr stattfindet. Zusätzlich sind Hyperbeln konstanter spektraler Empfindlichkeit abgebildet, mit deren Hilfe man erkennen kann, daß im Bereich der fallenden Flanke des externen Quantenwirkungsgrades der Verlauf von $\eta_{ext}(\lambda)$ annähernd parallel zu den Hyperbeln verläuft und damit Einbußen beim externen Quantenwirkungsgrad hingenommen werden können, ohne die spektrale Empfindlichkeit zu verringern (s. z.B. Si bei einer Empfindlichkeit von S = 0,7 A/W und $\lambda_{cut-off}$(Si) = 1,12 μm bei T = 300 K, Abb. 6.5).

Um den Aufbau der Fotodiode zu diskutieren, soll nun der externe Quantenwirkungsgrad $\eta_{ext}(\lambda)$ in seiner Abhängigkeit von der Bauelementgeometrie bestimmt werden. Dazu wird zunächst der Zusammenhang zwischen Fotostrom und Generationsrate formuliert. Wir nehmen an, daß lediglich die im RLZ-Bereich erzeugten Überschußladungsträgerpaare zum Fotostrom I_{ph} beitragen. Entsprechend der hier ebenfalls gültigen Gleichung (5.8) gilt

$$I_{ph}(\lambda) = q \cdot V \cdot \overline{g(\lambda)}^x, \tag{6.4}$$

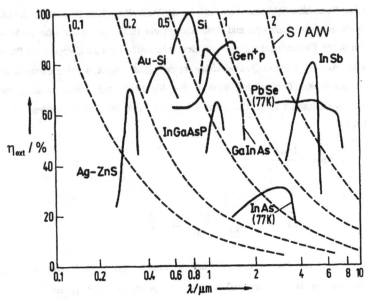

Abb. 6.5: Externer Quantenwirkungsgrad in Abhängigkeit von der Wellenlänge für unterschiedliche Halbleitermaterialien (———) und Hyperbeln konstanter spektraler Empfindlichkeiten $S(\lambda)$ (- - - -) nach [13]

wobei hier die mittlere Generationsrate $\overline{g(\lambda)}^x$ die Generation in der Raumladungszone und V das Volumen des RLZ-Bereiches beschreibt. Die mittlere Generationsrate erhält man durch Integration der ortsabhängigen Generationsrate $g(x,\lambda)$ (vgl. (5.7)).

$$\overline{g(\lambda)}^x \equiv \frac{1}{w_{RLZ}} \cdot \int_{-w_p}^{w_n} g(x,\lambda)\, dx \qquad (6.5)$$

mit $w_{RLZ} = w_n + w_p$ (s. Abb. 6.2)

Mit Gleichung (5.6) kann die ortsabhängige Generationsrate $g(x,\lambda)$ auf die spektrale Bestrahlungsstärke $E(\lambda)$ im Wellenlängenintervall $\Delta\lambda \ll \lambda$ für den nicht reflektierten Strahlungs-Anteil $(1-R(\lambda))$ zurückgeführt werden.

$$g(x,\lambda) = \underbrace{(1 - R(\lambda)) \cdot \alpha \cdot \eta_q \cdot E_0(\lambda) \cdot \frac{\lambda}{h \cdot c_0}}_{g_0(\lambda)} \cdot e^{-\alpha(d_p + x)} \qquad (6.6)$$

mit $E_0(\lambda)$: Bestrahlungsstärke an der Bauelementoberfläche bei $x = -d_p$

η_q: Quantenwirkungsgrad, d.h. Anzahl der pro Photon generierten Elektron/Loch-Paare

$$\Rightarrow \quad g(x,\lambda) = g_0(\lambda) \cdot e^{-\alpha(d_p + x)} \tag{6.7}$$

Durch Ausführen der Integration in (6.5) erhält man den folgenden Ausdruck für die mittlere Generationsrate $\overline{g(\lambda)}^x$:

$$\overline{g(\lambda)}^x = \frac{1}{w_{RLZ}} \cdot \int_{-w_p}^{w_n} g_0(\lambda) \cdot e^{-\alpha(d_p + x)} \, dx$$

$$= \frac{g_0(\lambda)}{w_{RLZ} \cdot \alpha} \cdot e^{-\alpha(d_p - w_p)} \cdot \left(1 - e^{-\alpha \cdot w_{RLZ}}\right) \tag{6.8}$$

Das Volumen V des RLZ-Bereiches wird durch die Diodenfläche A und die Weite der Raumladungszone w_{RLZ} bestimmt.

$$V = A \cdot w_{RLZ}, \tag{6.9}$$

mit $w_{RLZ} = \sqrt{\frac{2\varepsilon_0 \varepsilon_{HL}}{q} \cdot \left(\frac{1}{N_A} + \frac{1}{N_D}\right) \cdot (U_D - U)}$

und $U_D = U_T \cdot \ln\left(\frac{N_A \cdot N_D}{n_i^2}\right)$.

Durch Einsetzen von (6.8) und (6.9) in (6.4) erhält man einen Ausdruck für den Fotostrom in Abhängigkeit von der Geometrie der Fotodiode.

$$I_{ph}(\lambda) = q \cdot A \cdot \frac{g_0(\lambda)}{\alpha} \cdot e^{-\alpha(d_p - w_p)} \cdot \left(1 - e^{-\alpha \cdot w_{RLZ}}\right) \tag{6.10}$$

Mit (6.6) und (6.3) in (6.10) ergibt sich für den externen Quantenwirkungsgrad unter der Annahme, daß pro Photon genau ein Elektron/Loch-Paar erzeugt wird ($\eta_q = 1$):

$$\eta_{ext}(\lambda) = \frac{\dfrac{g_0(\lambda)}{\alpha} \cdot e^{-\alpha(d_p - w_p)} \cdot \left(1 - e^{-\alpha \cdot w_{RLZ}}\right)}{E(\lambda) \Big/ h\nu}$$

$$\overset{(6.6)}{\Rightarrow} \quad \eta_{ext}(\lambda) = (1 - R(\lambda)) \cdot \left(1 - e^{-\alpha w_{RLZ}}\right) \cdot e^{-\alpha(d_p - w_p)} \tag{6.11}$$

Die Quantenausbeute wird folglich hoch ($\eta_{ext} \rightarrow 1$), wenn

1. das Reflexionsvermögen R(x) gering ist (d.h. die Bauelement-Oberfläche ist refle-
xionsmindernd vergütet durch z.B. dielektrische oder strukturierte Schichten),

2. die RLZ-Breite w_{RLZ} möglichst groß ist, damit viele Photonen absorbiert werden,

3. die lichtzugewandte Halbleiterschicht der Dicke (d_p - w_p) möglichst dünn ist, so daß
keine Absorptionsverluste außerhalb des RLZ-Bereichs auftreten können.

Folgerungen 2.) und 3.) weisen auf die Bedeutung der pin-Struktur hin. Eine zu große Weite
w_{RLZ} läßt jedoch die Signalgeschwindigkeit (response time) wieder sinken, wie in Kapitel 6.1.2
gezeigt wird. Erreichbare η_{ext}-Werte liegen heute bei 0,8...0,9.

Der externe Quantenwirkungsgrad (6.11) kann sehr viel besser (und > 1) werden, wenn die
Höhe der Feldstärke und die Breite des Feldgebietes ausreichen, um die Ladungsträger so zu
beschleunigen, daß durch Stoßionisation eine Ladungsträger-Lawine eingeleitet wird (APD-
Bauelemente).

6.1.2 Geschwindigkeit der Fotodiode

Für eine Abschätzung der Ansprechzeit der Fotodiode betrachtet man zweckmäßig ein einfaches Ersatzschaltbild (Abb. 6.6).

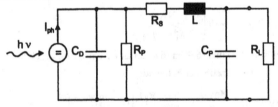

Abb. 6.6:   Ersatzschaltbild einer Fototdiode

Neben der Diodenkapazität C_D und dem Lastwiderstand R_L sind summarisch Bahnwiderstände
R_S und Zuleitungsinduktivitäten L berücksichtigt. Parasitär wirken der Parallelwiderstand R_p,
der Oberflächenströme der Diode berücksichtigt, sowie die Parallelkapazität C_p, die
Streukapazitäten repräsentiert. Die Diodenkapazität wird durch den RLZ-Bereich der Verar-
mungsschicht (U < 0) gebildet. Die begrenzende Zeitkonstante τ dieses Tiefpasses ist vereinfacht ($R_s = 0\,\Omega$, $L \approx 0$ H, $C_p \approx = 0$ F und $R_p \rightarrow \infty$)

$$\tau \approx C_D \cdot R_L, \tag{6.12}$$

mit der Diodenkapazität ($N_D \ll N_A$)

$$C_D = A \cdot \sqrt{\frac{2 \cdot \varepsilon_0 \cdot \varepsilon_{HL} \cdot N_D}{q \cdot (U_D - U)}} = A \cdot \varepsilon_0 \cdot \varepsilon_{HL} \cdot \frac{1}{w_{RLZ}(U)} \tag{6.13}$$

$$\text{mit} \quad w_{RLZ}(U) = \sqrt{\frac{2 \cdot \varepsilon_0 \cdot \varepsilon_{HL}}{q \cdot N_D} \cdot (U_D - U)}, \text{ wobei } U_{Br} < U < 0 \text{ V}$$

$$\text{und} \quad U_D = U_T \cdot \ln\left(\frac{N_A \cdot N_D}{n_i^2}\right).$$

Für kleine Werte τ benötigt man geringe Flächen A und große Weiten $w_{RLZ}(U)$, d.h. bei hohen Werten U der Fotodiode, bzw. für eine pin-Diode. Allerdings bedenke man, daß die begrenzende Zeitkonstante τ nicht kleiner werden kann als die Driftzeit t_D der Diode, die mit w_{RLZ} steigt:

$$t_D = \frac{w_{RLZ}}{v_s} \tag{6.14}$$

v_s ist die Driftgeschwindigkeit der Ladungsträger und kann nicht größer werden als die thermische Geschwindigkeit der Elektronen

$$v_s \leq v_{th} = \sqrt{\frac{3 \, kT}{m}} \approx 10^7 \, \frac{cm}{s}$$

Optimale Werte $w_{RLZ,opt}$ schätzt man ab für $t_D \approx \tau$ und erhält mit (6.12-6.14):

$$\tau_{opt} \overset{(6.12)}{=} C_D \cdot R_L \overset{(6.13)}{=} \frac{A \cdot \varepsilon_0 \cdot \varepsilon_{HL}}{w_{RLZ,opt}} \cdot R_L \overset{(6.14)}{=} \frac{A \cdot \varepsilon_0 \cdot \varepsilon_{HL}}{\tau_{opt} \cdot v_s} \cdot R_L$$

$$\Rightarrow \quad \tau_{opt} = \sqrt{\frac{A \cdot \varepsilon_0 \cdot \varepsilon_{HL}}{v_s} \cdot R_L} \tag{6.15}$$

Für $R_L = 50 \, \Omega$ und $A = 100 \, \mu m \cdot 100 \, \mu m = 10^{-4} \, cm^2$ schätzt man ab $d_{opt} \approx 2 \, \mu m$ mit zugehöriger Zeitkonstante $\tau = t_D \approx 20$ ps. Diese Zeiten τ_{opt} verlängern sich durch die Diffusion von Ladungsträgern aus den Bahngebieten der Dioden. Üblicherweise sind die Dicken d_p bzw. d_n der dotierten Bereiche kleiner als die Diffusionslängen L_n bzw. L_p der Ladungsträger. Man schätzt ab als mittlere Diffusionslänge L_n bzw. L_p innerhalb einer Lebensdauer τ_n bzw. τ_p:

$$L_n \approx \sqrt{D_n \cdot \tau_n}, \quad \text{bzw.} \quad L_p \approx \sqrt{D_p \cdot \tau_p} \tag{6.16}$$

Als Zeit der Ladungsträgerdiffusion über die Strecken d_p bzw. d_n erhält man mit Hilfe der Einstein-Beziehung:

$$t_p \overset{d_n \approx L_p}{=} \frac{d_n^2}{U_T \cdot \mu_p}, \quad \text{bzw.} \quad t_n \overset{d_p \approx L_n}{=} \frac{d_p^2}{U_T \cdot \mu_n} \tag{6.17}$$

Für Dicken d_n, $d_p \approx 0,4$ µm und einem μ_n-Wert von $\mu_n \approx 2500$ cm²/Vs (GaAs oder InP) ergeben sich ebenfalls Diffusionszeiten von $t_n \approx 25$ ps, um die sich der Zeitkonstantenwert τ (6.15) noch verlängern kann.

6.1.3 Rauschen einer Fotodiode

Untersucht werden soll ein harmonisches Lichtsignal mit einer Strahlungsleistung der Form

$$P(t) = P_0 + p_0 \cdot e^{j2\pi\nu t}, \tag{6.18}$$

wobei $P_0 > p_0$ gilt. Das Lichtsignal erzeugt den Fotostrom $i_{ph} = \dfrac{q}{h \cdot \nu} \cdot P(t) \cdot \eta_{ext}$ oder

$$i_{ph}(t) = \frac{q \cdot \eta_{ext}}{h \cdot \nu} \cdot P_0 + \frac{q \cdot \eta_{ext}}{h \cdot \nu} \cdot p_0 \cdot e^{j\omega t} \tag{6.19}$$

Es entsteht durch das optische Wechselsignal eine mittlere elektrische Signalleistung proportional zum Quadrat des Signalstromes

$$\overline{i_{ph}^2} = \frac{1}{2} \left(\frac{q \cdot \eta_{ext} \cdot p_0}{h \cdot \nu} \right)^2 . \tag{6.20}$$

Driftende Ladungsträger verursachen *Schrotrauschen* des Trägersignales für den Strom

$$\delta i_S^2 = 2q \cdot i_{ph}(t) \cdot \Delta\nu = \frac{2q^2 \cdot \eta_{ext} \cdot P_0 \cdot \Delta\nu}{h \cdot \nu}, \tag{6.21}$$

während der Anteil des Wechselsignales im Zeitmittel verschwindet. Weiterhin existiert ein Anteil des Schrotrauschens des Dunkelstromes I_0 (6.1),

$$\delta i_0^2 = 2q \cdot I_0 \cdot \Delta\nu . \tag{6.22}$$

Schließlich ist *thermisches Rauschen* des Lastwiderstandes R_L (Abb. 6.3) zu berücksichtigen als Stromschwankungsquadrat

$$\delta i_R^2 = \frac{4kT \cdot \Delta\nu}{R_L} \tag{6.23}$$

Für das Signal-Rausch-Verhältnis gilt im Zeitmittel

$$\frac{S}{N} = \frac{i_{ph}^2}{\delta i_S^2 + \delta i_0^2 + \delta i_R^2} = \frac{\left(\dfrac{q \cdot \eta_{ext} \cdot p_0}{h \cdot \nu} \right)^2}{2 \left[\dfrac{2q^2 \cdot \eta_{ext} \cdot P_0 \cdot \Delta\nu}{h \cdot \nu} + 2q \cdot I_0 \cdot \Delta\nu + \dfrac{4kT \cdot \Delta\nu}{R_L} \right]} \tag{6.24}$$

S/N wächst mit abnehmender Frequenzbreite $\Delta\nu$, mit abnehmendem Dunkelstrom I_0 und mit abnehmender Temperatur T. Wenn Signal-Schrotrauschen dominiert, gilt für die Auflösungsschwelle aus dem Rauschen (S/N = 1)

$$\frac{S}{N} \approx \frac{\eta_{ext} \cdot P_0^2}{4 P_0 \cdot \Delta v \cdot h v} \rightarrow 1 \tag{6.25}$$

oder als Auflösungsgrenze für harmonische Signale bei $\eta_{ext} \approx 1$

$$p_{0,min} \approx 2 \sqrt{P_0 \cdot h v \cdot \Delta v} . \tag{6.26}$$

Man erkennt, daß die minimal auflösbare Leistung von einer geringen Bandbreite der Messung als auch von einer geringen Leistung P_0 des Trägerlichtsignals abhängt. Ebenfalls sollte man entsprechend Gleichung (6.23) einen hohen Lastwiderstand R_L wählen und das Detektor-Element kühlen.

Beispiel: Das Trägerlichtsignal weist eine Leistung $P_0 = 1$ mW auf und die Bandbreite beträgt $\Delta v = 1$ GHz. Bei einer Si-Fotodiode ($\Delta W = h v = 1,1$ eV) kann man minimal harmonische Signale einer Leistung von 0,84 µW auflösen.

6.1.4 Kenndaten einer Fotodiode

Im folgenden werden in Abb. 6.7 die Leistungsdaten einer kommerziellen, Silizium-pin-Fotodiode für Glasfaser-Anwendungen angegeben (TEMIC BPW97). Die Relative Spektrale Empfindlichkeit (s. Abb. 6.7 b) überspannt den gesamten sichtbaren Bereich bis zur Wellenlänge $\lambda \approx 1050$ nm im IR-Bereich, mit dem Kernbereich 560...960 nm. Die Anstiegszeiten liegen im Bereich von 1 ns, die Cut-Off-Frequenz $f_C(\lambda = 820$ nm) beträgt 1 GHz (s. Abb. 6.7 a). Der Aufbau dieser Diode entspricht Abb. 6.4 b.

TEMIC
Semiconductors

BPW97

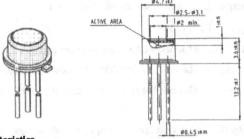

Basic Characteristics

$T_{amb} = 25\ ^\circ C$

Parameter	Test Conditions	Symbol	Min	Typ	Max	Unit
Forward Voltage	$I_F = 50\ mA$	V_F		0.9	1.2	V
Breakdown Voltage	$I_R = 100\ \mu A$, $E = 0$	$V_{(BR)}$	60			V
Reverse Dark Current	$V_R = 50\ V$, $E = 0$	I_{ro}		1	5	nA
Diode Capacitance	$V_R = 50\ V$, $f = 1\ MHz$, $E = 0$	C_D		1.7		pF
Dark Resistance	$V_R = 10 mV$, $E = 0$, $f = 0$	R_D		5		$G\Omega$
Serial Resistance	$V_R = 50\ V$, $f = 1\ MHz$	R_S		180		Ω
Reverse Light Current	$E_e = 1\ mW/cm^2$, $\lambda = 870\ nm$, $V_R = 50\ V$	I_{ra}	1.0	1.3		μA
	$E_e = 1\ mW/cm^2$, $\lambda = 950\ nm$, $V_R = 50\ V$	I_{ra}		0.9		μA
Temp. Coefficient of I_{ra}	$V_R = 50\ V$, $\lambda = 870\ nm$	TK_{Ira}		0.2		%/K
Absolute Spectral Sensitivity	$V_R = 5\ V$, $\lambda = 870\ nm$	$s(\lambda)$		0.50		A/W
	$V_R = 5\ V$, $\lambda = 950\ nm$	$s(\lambda)$		0.35		A/W
Angle of Half Sensitivity		φ		± 55		deg
Wavelength of Peak Sensitivity		λ_p		810		nm
Range of Spectral Bandwidth		$\lambda_{0.5}$		560...960		nm
Quantum Efficiency	$\lambda = 850\ nm$	η		80		%
Noise Equivalent Power	$V_R = 50V$, $\lambda = 870\ nm$	NEP		3.6×10^{-14}		W/$\sqrt{Hz}$
Detectivity	$V_R = 50V$, $\lambda = 870nm$	D^*		1.4×10^{12}		cm$\sqrt{Hz}$/W
Rise Time	$V_R = 3.8V$, $R_L = 50\Omega$, $\lambda = 780nm$	t_r		1.2		ns
Fall Time	$V_R = 3.8V$, $R_L = 50\Omega$, $\lambda = 780nm$	t_f		1.2		ns
Rise Time	$V_R = 50V$, $R_L = 50\Omega$, $\lambda = 820nm$	t_r		0.6		ns
Fall Time	$V_R = 50V$, $R_L = 50\Omega$, $\lambda = 820nm$	t_f		0.6		ns
Cut-Off Frequency	$\lambda = 820\ nm$	f_c		1		GHz

Absolute Maximum Ratings

$T_{amb} = 25\ ^\circ C$

Parameter	Test Conditions	Symbol	Value	Unit
Reverse Voltage		V_R	60	V
Power Dissipation	$T_{amb} \leq 25\ ^\circ C$	P_V	285	mW
Junction Temperature		T_j	125	$^\circ C$
Storage Temperature Range		T_{stg}	$-55...+125$	$^\circ C$
Soldering Temperature	$t \leq 5\ s$	T_{sd}	260	$^\circ C$
Thermal Resistance Junction/Ambient		R_{thJA}	350	K/W

Abb. 6.7a: Ausschnitt aus dem Datenblatt einer kommerziellen Fotodiode mit hoher Grenzfrequenz für Lichtwellenleiter-Anwendungen nach [14]

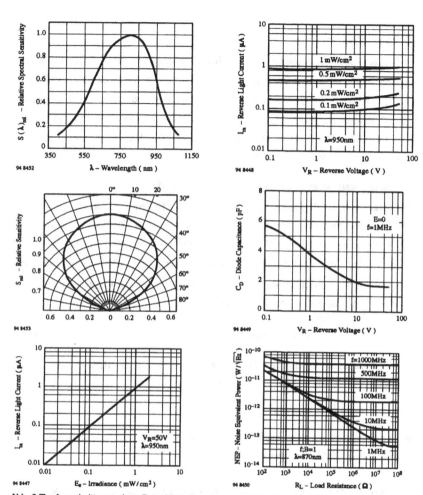

Abb. 6.7b: Ausschnitt aus dem Datenblatt einer kommerziellen Fotodiode mit hoher Grenzfrequenz für Lichtwellenleiter-Anwendungen nach [14]

6.2 Solarzelle

Die Solarzelle oder das Solarelement ist ein Bauelement der Energietechnik. Dieses Bauelement wandelt die solare Bestrahlungsstärke E_e (in $W \cdot m^{-2}$), bzw. die solare Strahldichte L_e (in $W \cdot m^{-2} sr^{-1}$) in elektrische Leistungsdichte P (in $W \cdot m^{-2}$) um. Die Solarzelle ist ein **Generator**, und deshalb weisen Arbeitspunkte der Dioden-Kennlinie unterschiedliche Vorzeichen von Strom I und Spannung U auf (s. Abb. 6.1, 4. Quadrant). Die Bezeichnung Solarelement soll auf die Generatoreigenschaft hinweisen.

6.2.1 Solarkonstante und terrestrische Bestrahlungsstärke AMX

Die Energiequelle der Solarzellen ist die Sonne. Zur Beschreibung der solaren Bestrahlungsstärke dient das *Modell des Schwarzen Körpers* Sonne mit einer Oberflächentemperatur von 5800K der Sonnen-Photosphäre. Angesichts des Radius der Sonnen-Photosphäre $r_S = 6,96 \cdot 10^8$ m und eines mittleren Radius der (geringfügig elliptischen) Sonnenbahn $r_{SE} = 1,496 \cdot 10^{11}$ m errechnet man mit dem Stefan-Boltzmannschen Gesetz nach Gleichung (2.42) eine Bestrahlungsstärke E auf der Erdbahn von

$$E = \left(\frac{r_S}{r_{SE}} \right)^2 \cdot \sigma \cdot T^4 = 136,4 \ \frac{mW}{cm^2}. \qquad (6.27)$$

Genaue Messungen haben für die *Solarkonstante* E_{S0} unter Berücksichtigung von jahreszeitlichen Schwankungen ergeben:

$$E_{S0} = (136,7 \pm 0,7) \ \frac{mW}{cm^2}, \qquad (6.28)$$

so daß man gute Übereinstimmung für das Modell der Sonne als eines Schwarzen Körpers der Temperatur T = 5800 K feststellen kann.

Innerhalb der Erdatmosphäre erfährt das Sonnenlicht eine Dämpfung seiner Intensität und eine Veränderung seiner spektralen Zusammensetzung. Ursachen dafür sind die *Streuung* und *Absorption* der Sonnenstrahlung an Luftmolekülen, Gasmolekülen wie O_3, H_2O, CO_2 u.a. sowie an festen Schwebstoffen (Aerosolen) wie Staub, Salzkristalle usw.. Über den Tag hinweg und in Abhängigkeit vom Datum verändert sich das Sonnenlicht, da die Strahlung unter einem veränderlichen Winkel auf die Erdoberfläche trifft. Man beschreibt dies unter Berücksichtigung der jeweiligen Sonnenhöhe γ zur Mittagszeit (*Meridian-Durchgang*) mit der wirksamen *Luftmasse AMX* (engl. air mass, Luftmasse oder auch Skalenhöhe), die dem Weg der Strahlung durch die Atmosphäre H' bezogen auf die Atmosphärenhöhe H entspricht (s. Abb. 6.8).

$$AMX = \frac{H'}{H} = \frac{1}{\sin \gamma} \qquad (6.29)$$

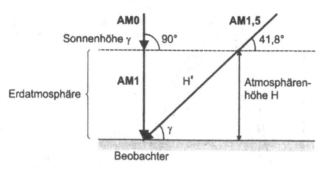

Abb. 6.8: Beschreibung der air mass AMX mit Hilfe des Meridian-Durchgangs γ am Beispiel von AM1,5

In den äquatorialen Gegenden der Erde zwischen den beiden Wendekreisen (± 23,4°) kann der Wert $\gamma = 90°$ betragen, an den Wendekreisen jeweils zur Sommer- bzw. Winter-Sonnenwende. An allen weiter vom Äquator entfernten Punkten der Erdkugel ist $\gamma < 90°$, so daß X > 1 gilt. In den gemäßigten Zonen gilt

$$AM1,5 \text{ mit } E_S(AM1,5) = 100 \; \frac{mW}{cm^2} \qquad (6.30)$$

als wichtiger Bezugswert, und diesem Wert entspricht eine Mittagshöhe von $\gamma = 41,8°$. Sinngemäß gilt AM0 $\triangleq$ E_{S0}. Man unterscheidet beim Sonnenlicht die *direkte Strahlung* vom gestreuten *diffusen* Anteil und faßt beide Anteile zur *Globalstrahlung* zusammen. Abb. 6.9 gibt unterschiedliche spektrale Verteilungen an.

6.2.2 Photovoltaischer Grenzwirkungsgrad η_{ult} und Materialwahl

Mit der Modellannahme der Sonne als eines Schwarzen Körpers erhält man sehr einfach den Grenzwirkungsgrad η_{ult} der Wandlung solarer Strahlung der Leistungsdichte E_{S0} mit optimal angepaßtem Halbleitermaterial des Bandabstandes ΔW. Ausschließlich Photonen der Energie $h\nu \geq \Delta W$ können nach Absorption Elektronen-Loch-Paare erzeugen, die jeweils der Energie des Bandabstandes ΔW entsprechen und photovoltaisch getrennt werden können. Über den Bandabstand hinausgehende Energieanteile gehen als Wärme verloren. Physikalisch wird der Photovoltaische Grenzwirkungsgrad η_{ult} durch den Quotienten von generationsfähiger Photonendichte p_{gen} zur gesamten Photonendichte p_{Sonne} beschrieben. Die generationsfähigen Pho-

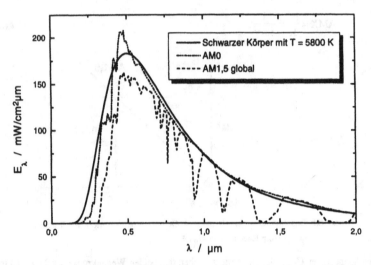

Abb. 6.9: Spektrale Strahlungsleistungsdichte der Sonne $E_\lambda(\lambda)$ außerhalb (AM0) und
innerhalb der Atmosphäre (AM1,5 global) im Vergleich zur Schwarz-Körper-
Strahlung ($T_S = 5800$ K)

tonen der Energie $h\nu_{gr}$ werden durch die Planck-Gleichung (2.85) bei Sonnentemperatur $T_S = 5800$ K im Erdabstand r_{SE} von der Sonne mit Photosphärenradius r_S beschrieben.

$$\eta_{ult} = \frac{p_{gen}}{p_{Sonne}} = \frac{\left(\dfrac{r_S}{r_{SE}}\right)^2 \cdot h\nu_{gr} \cdot \displaystyle\int_{\nu_{gr}}^{\infty} \Phi_{Planck,\nu}(\nu, T_S)\, d\nu}{\left(\dfrac{r_S}{r_{SE}}\right)^2 \cdot \sigma \cdot T_S^4} \tag{6.31}$$

$$= \frac{2\pi}{c_0^2} \cdot \frac{h\nu_{gr}}{\sigma \cdot T_S^4} \cdot \int_{\nu_{gr}}^{\infty} \frac{\nu^2}{e^{h\nu/kT_S} - 1}\, d\nu$$

Abb. 6.10 gibt das Ergebnis $\eta_{ult} = f(\Delta W)$, wobei $\Delta W = h \cdot \nu_{gr}$ gilt, einmal für den Schwarzen Körper Sonne ($T_S = 5800$ K), zum anderen für die Spektren AM1,5 und AM0. Man erkennt, daß beim Schwarzen Körper Sonne kristallines Silizium (c-Si) mit dem Maximum des Grenzwirkungsgrades nahezu übereinstimmt ($\eta_{ult} \approx 44\%$), c-GaAs und a-Si:H-Material fallen demgegenüber leicht ab. Da die beschriebene Berechnung für das Modell des Schwarzen Körpers gilt, bringt z.B. das AM1,5-Spektrum hiervon Abweichungen, die sich in einer leichten Verbesserung des $\eta_{ult}(\Delta W)$-Wertes in Richtung höherer Energien zeigt. Kristallines Silizium (c-Si) erscheint für Weltraumanwendungen und für terrestrische Anwendungen als Favorit nach Maß-

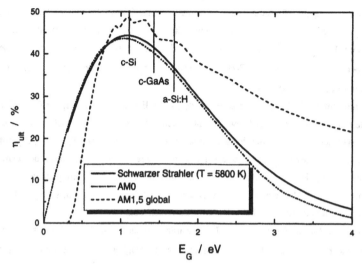

Abb. 6.10: Photovoltaischer Grenzwirkungsgrad in Abhängigkeit vom Bandabstand für das Spektrum des Schwarzen Strahlers, das AM0- und das AM1,5-Spektrum

gabe des $\eta_{ult}(\Delta W)$-Verlaufes. Tatsächlich ändern sich jedoch die Verhältnisse, wenn noch weitere Gesichtspunkte hinsichtlich verwendbarer Solarzellenmaterialien wie z.B. die Strahlenresistenz beim Weltraumbetrieb der Nachrichtensatelliten auf der geostationären Bahn sowie Technologiekosten hinzutreten. Für Weltraumanwendungen erscheint GaAs besonders geeignet und bei der Kostenfrage steht a-Si:H im Mittelpunkt des technischen Interesses.

6.2.3 Generator-Kennlinie der Solarzelle

Photonen einer Energie hν, welche die Bandlücke ΔW des Halbleitermaterials übersteigt, bewirken entsprechend des spektralen Photonenstromes $\Phi_p(\lambda)$ und ihrem nicht reflektierten Anteil [1 - R(λ)], dem Absorptionskoeffizient α(λ) und dem Quantenwirkungsgrad η_q (im optischen Bereich $\eta_q \leq 1$) eine spektrale Generationsrate G(λ) von Elektron-Loch-Paaren in der Materialtiefe x des Halbleiters (vgl. (5.4)).

$$G(\lambda, x) = \left[1 - R(\lambda)\right] \cdot \frac{\eta_q}{A} \cdot \alpha(\lambda) \cdot \Phi_{p0}(\lambda, x = 0) \cdot e^{-\alpha(\lambda)x} \qquad (6.32)$$

Durch Integration über das Sonnenspektrum und die Probenausdehnung entsteht die solare oder Photo-Generationsrate G_S. Die generierten Ladungsträgerpaare werden sogleich rekombinieren, wenn nicht vorhandene elektrische Feldstärke sie trennt und eine der beiden Trägerarten erst über einen Verbraucher (Widerstand R) fließen muß, bevor sie sich mit dem Partner wieder vereinigen (Rekombination nach Last-Durchlauf) kann. Elektrische Felder entstehen durch Raumladungszonen, wie sie an Halbleiter-Grenzflächen in charakteristischer Weise existieren. Der **pn-Übergang** stellt ein solches Grenzflächenpaar unterschiedlicher Dotierung dar, aber auch an Halbleiteroberflächen zur gasförmigen oder amorphen Phase (z.B. zu SiO_2) existieren Raumladungszonen.

Die Entstehung der Raumladungszone wurde in der Einleitung zum Kapitel 6 (s. Abb. 6.2) erläutert. Im stromlosen Gleichgewicht halten sich Diffusions- und Feldströme von Löchern und Elektronen gegenseitig die Waage. Mit einer von außen wirksamen Spannung U greift man in dieses Gleichgewicht innerhalb der Halbleiter-Diode ein und vergrößert bei Durchlaß-spannung U > 0 den Diffusionsstrom (und die Rekombination), bei Sperrspannung U < 0 den Feldstrom (und die Generation). Im Arbeitsbereich der Solarzelle (U > 0, s. Abb. 6.1) ist das Gleichgewicht zugunsten des Diffusionsstromes verschoben.

Im Falle der Photo-Generation von Ladungsträgerpaaren in beiden Halbleiterbereichen der Diode und bei nicht zu hoher Durchlaßspannung ($U < U_L$) ist die Konzentration der Mino-rotätsladungsträger in den Bahngebieten in der Umgebung der Raumladungszone gegenüber dem durch die Boltzmann-Randbedingung vorgegebenen Wert (s. Abb. 6.2) angehoben, so daß ein Gefälle der Minoritätsladungsträger in Richtung der Raumladungszone entsteht. Auf diese Weise werden die Minoritätsladungsträger mit der charakteristischen Diffusionlänge L_n, bzw. L_p zur Raumladungszone diffundieren und dort vom elektrischen Feld der Raumladungszone getrennt. Der so entstehende Fotostrom I_{ph} ist dem Diffusionsstrom im unbeleuchteten Fall entgegen gerichtet (I < 0) und wird diesem überlagert (*Superpositionsprinzip*).

$$I(U) = I_0 \cdot \left(e^{U/U_T} - 1 \right) - I_{ph} \qquad (6.1)$$

Die für Solarzellen übliche Struktur ist eine n^+p-Struktur, bei der die dem Licht zugewandte Seite, der *Emitter*, hoch n-dotiert und sehr dünn (Dicke $d_{em} \approx 1\ \mu m$) ist und die dem Licht abgewandte Seite, die *Basis*, schwächer p-dotiert und sehr viel dicker (Dicke $d_{bas} \approx 300\ \mu m$) ist. Aus diesem Grund werden sowohl der Fotostrom I_{ph} als auch der Sättigungssperrstrom I_0 nur durch ihren Basis-Anteil beschrieben. Das Prinzip der Berechnung von I_{ph} und I_0 wurde in Abb. 6.2 verdeutlicht. Die vollständige Rechnung findet man in [16]. Dort wird auch nachge-wiesen, daß diese Generatorkennlinie für Niedriginjektion allen Anforderungen der Solarzellen im nicht-konzentrierten Sonnenlicht genügt.

Für vernachlässigbare Reflexion (R = 0) und eine Basisdicke, die groß gegenüber der Diffusi-onslänge L_n ist, erhält man für den *spektralen Fotostrom* $I_{ph,\lambda}$

$$I_{ph,\lambda} = q \cdot e^{-\alpha(\lambda) \cdot d_{em}} \cdot G(\lambda, x = 0) \cdot \frac{L_n}{1 + \alpha(\lambda) \cdot L_n}$$

$$\overset{(6.32)}{\Rightarrow} \quad I_{ph,\lambda} = q \cdot \frac{\Phi_{p0}(\lambda)}{A} \cdot e^{-\alpha(\lambda) \cdot d_{em}} \cdot \frac{\alpha(\lambda) \cdot L_n}{1 + \alpha(\lambda) \cdot L_n}, \tag{6.33}$$

für den *solaren Fotostrom* I_{ph}

$$I_{ph} = \int I_{ph,\lambda} \, d\lambda \tag{6.34}$$

und schließlich für den Sättigungssperrstrom I_0

$$I_0 = \frac{A \cdot q \cdot n_i^2 \cdot D_n}{N_A \cdot L_n}. \tag{6.35}$$

Der Arbeitspunkt der Solarzelle liegt zwischen dem Kurzschluß- und dem Leerlaufpunkt (s. Abb. 6.1):

$$I_K = I(U = 0) \overset{(6.1)}{=} -I_{ph} \tag{6.36}$$

$$U_L = U(I = 0) \overset{(6.1)}{=} U_T \cdot \ln\left(1 + \frac{I_{ph}}{I_0}\right) \tag{6.37}$$

Im 4.Quadranten der Abbildung 6.1 ist die Generatorkennlinie einer pn-Solarzelle dargestellt. Für eine np-Solarzelle üblicher Bauart müssen lediglich die Vorzeichen von Strom und Spannung vertauscht werden.

6.2.4 Optimierung der Leistungswandlung durch Anpassung des Lastwiderstands

Die entnommene Leistung P einer Solarzelle am Lastwiderstand $R = U/I$ wird errechnet nach

$$P = U \cdot I = U \cdot \left[I_0 \cdot \left(e^{U/U_T} - 1\right) - I_{ph}\right] \tag{6.38}$$

Eine Optimierung gewinnt man durch die Bedingung

$$\frac{dP}{dU} = 0, \tag{6.39}$$

was zur maximalen gewandelten Leistung P_m ($P_m = I_m \cdot U_m$) führt, die dann in knapper Weise als Funktion der beiden Werte U_L und I_K errechnet werden kann:

$$P_m(U_m, I_m) = f(U_L, I_K) \tag{6.40}$$

Man findet entsprechend der Gleichungen (6.38/6.39)

$$I_0 \cdot \left(e^{U_m/U_T} - 1\right) - I_{ph} + I_0 \cdot \frac{U_m}{U_T} \cdot e^{U_m/U_T} = 0 \tag{6.41}$$

und errechnet durch Auflösen von (6.41) nach I_{ph}/I_0 und mit Hilfe von Gleichung (6.36) einen Ausdruck für U_m

$$U_m = U_L \cdot \left[1 - \frac{U_T}{U_L} \cdot \ln\left(1 + \frac{U_m}{U_T}\right) \right] \tag{6.42}$$

Einen Ausdruck für I_m erhält man mit $dP/dI = 0$:

$$I_m \cdot \left.\frac{dU}{dI}\right|_m + U_m = 0 \tag{6.43}$$

Die Ableitung dU/dI wird durch Kehrwertbildung von dI/dU aus Gleichung (6.1) bestimmt. Einsetzen in (6.43) führt auf

$$I_m = -I_0 \cdot \frac{U_m}{U_T} \cdot e^{U_m/U_T} \tag{6.44}$$

Mit (6.44) und (6.1) im Punkt (U_m, I_m) erhält man

$$I_m = I_0 \cdot \left(e^{U_m/U_T} - 1 \right) - I_{ph} \overset{(6.44)}{=} -I_m \cdot \frac{U_T}{U_m} - \left(I_0 + I_{ph} \right)$$

und mit $I_0 \ll I_{ph}$, sowie $(U_T/U_m)^2 \ll 1$ ergibt sich

$$I_m = -\frac{I_0 + I_{ph}}{1 + \frac{U_T}{U_m}} \approx -I_{ph} \cdot \frac{1}{1 + \frac{U_T}{U_m}} \approx -I_{ph} \cdot \left(1 - \frac{U_T}{U_m} \right), \text{ bzw.} \tag{6.45}$$

$$I_m = I_K \cdot \left(1 - \frac{U_T}{U_m} \right) \tag{6.46}$$

Mit (6.42) und (6.46) erhält man mit der Näherung $U_m/U_T \approx U_L/U_T$ (s. Abb. 6.1)

$$P_m = U_m \cdot I_m \approx U_L \cdot I_K \cdot \left[1 - \frac{U_T}{U_L} \cdot \ln\left(1 + \frac{U_L}{U_T}\right) \right] \cdot \left[1 - \frac{U_T}{U_L} \right] \tag{6.47}$$

eine gute Abschätzung der Optimierung von Leistungswandlung bei optimaler Lastanpassung. Ein guter empirischer Näherungswert für Gleichung (6.47) ist nach [17]

$$P_m \approx U_L \cdot I_K \cdot \frac{\dfrac{U_L}{U_T}}{\dfrac{U_L}{U_T} + 4{,}7} \qquad \text{für} \quad \frac{U_L}{U_T} > 10 \tag{6.48}$$

Ein charakteristischer Wert der Solarzelle ist der *Kurvenfaktor* oder *Füllfaktor*, der von der maximalen Leistung P_m abgeleitet wird. Mit den hier vorgestellten Näherungen (6.47) und (6.48) erhält man für den Füllfaktor:

$$FF = \frac{P_m}{U_L \cdot I_K} \approx \left[1 - \frac{U_T}{U_L} \cdot \ln\left(1 + \frac{U_L}{U_T} \right) \right] \cdot \left[1 - \frac{U_T}{U_L} \right], \tag{6.49}$$

$$\text{bzw.} \qquad \approx \frac{\dfrac{U_L}{U_T}}{\dfrac{U_L}{U_T} + 4,7} \qquad \text{für} \quad \frac{U_L}{U_T} > 10 \tag{6.50}$$

Schließlich hängt mit dem Arbeitspunkt maximaler Leistungsabgabe auch der Wirkungsgrad der photovoltaischen Energie- oder Leistungswandlung zusammen

$$\eta = \frac{P_m}{E_{solar}} = \frac{P_m}{U_L \cdot I_K} \cdot \frac{U_L \cdot I_K}{E_{solar}} = FF \cdot \frac{U_L \cdot I_K}{E_{solar}} \tag{6.51}$$

Als Standardbedingung gilt $E_{solar} = E(AM1,5) = 1000 \ W\cdot m^{-2}$ mit dem solaren Spektrum entsprechend Abb. 6.9.

Angesichts der technologischen Daten für eine industriell gefertigte Solarzelle aus kristallinem Silizium mit einer p-leitenden Basis des Widerstandswertes $\rho \approx 10 \ \Omega cm$ (entspricht einer Dotierung von $N_A \approx 10^{16} \ cm^{-3}$) erhält man mit der Diffusionslänge $L_n \approx 100 \ \mu m$ nach (6.35) und $D_n = 25 \ cm^2 s^{-1}$ eine Dichte des Sättigungssperrstromes $j_0 \approx 4\cdot10^{-12} \ A\cdot cm^{-2}$. Für AM1,5 ($E = 100 \ mW\cdot cm^{-2}$) und einen typischen Wert des Absorptionskoeffizienten von $\alpha \approx 10^4 cm^{-1}$ (für $\lambda \approx 500 \ nm$, nahe dem Maximum des AM1,5-Spektrums) schätzt man mit (6.32) als Generationsrate solar-erzeugter Elektronen und Löcher an der Oberfläche der p-leitenden Solarzellenbasis $G_0 \approx 2,5\cdot10^{21} \ cm^{-3} s^{-1}$ ab, aus der sich für einen sehr dünnen Emitter ($\alpha\cdot d_{em} \approx 0$) die Fotostromdichte aus (6.33) errechnen läßt mit $j_{ph} \approx 40\cdot10^{-3} \ A\cdot cm^{-2}$. So ergibt sich bei der betrachteten Solarzelle nach (6.37) für die Leerlaufspannung $U_L \approx 585 \ mV$ und mit (6.47) als die optimale Leistungsabgabe $P_m \approx 16,1 \ mW/cm^2$ und der Wandlungswirkungsgrad $\eta(AM1,5) \approx 16,1\%$. Schließlich erhält man für den Füllfaktor $FF \approx 0,69$. Die errechneten Werte entsprechen den Eigenschaften gegenwärtig am Markt erhältlicher Solarzellen recht zuverlässig. Abhängig von der optischen Vergütung sind unter Umständen noch Abzüge für j_{ph} um bis zu 10% zu veranschlagen.

Kristalline Solarzellen werden am Markt zu Modulen verschaltet angeboten, die meistens aus der Serienverschaltung von bis zu 30...40 Einzel-Solarzellen bestehen: aus serienverschalteten "strings" entstehen durch Parallelschaltung daraus "arrays".

Für Raumfahrtzwecke wird derzeit ausschließlich gezogenes **monokristallines Material** verwendet, sowohl Silizium (float zone/FZ) als auch Galliumarsenid, der höheren *Strahlenresi-*

stenz wegen. Beim Weltraumbetrieb auf der geostationären Umlaufbahn (36000 km über dem Äquator) befinden sich Satelliten im Van-Allen-Gürtel der magnetisch eingefangenen solaren Elektronen und Protonen, und ihre Elektronik mit den Solarzellen ist dem Zusatzrisiko der Strahlenschädigung ausgesetzt. Infolge Teilchenbeschusses vermindert sich der Wert der Diffusionslänge durch zusätzliche Gitterdefekte.

Für terrestrische Zwecke verwendet man neben dem monokristallinen Silizium ebenfalls **multikristallines** (Abb. 6.11) und **amorphes Material,** um die billigeren Herstellungsverfahren zu nutzen. Man bedient sich des Kokillen- oder Blockguß-Verfahrens zur Herstellung von großen multikristallinen Silizium-Blöcken (bis zum Gewicht von 0,5 Tonnen) kalkuliert teil-gereinigten Materials (sogenanntes *solar grade silicon*(SGS), im Gegensatz zu dem sogenannten *electronic grade silicon*(EGS) für mikroelektronische Bauelemente). Großflächige Abscheidung dünner amorpher Si-Schichten auf Glassubstrat führt zu Solarzellen aus einer Silizium-Wasserstoff-Legierung (sogen. amorphes hydrogenisiertes Silizium/a-Si:H). Dieses außerordentlich preiswürdige Verfahren führt außerdem bereits bei der Abscheidung zur technisch so wichtigen Serienverschaltung eines Moduls. Bedauerlicherweise altern die a-Si:H-Solarzellen beim Betrieb im Sonnenlicht sehr rasch. Gegen diese Degeneration der Solarzellen-Parameter hat man bislang keine wirkungsvollen technologischen Gegenmaßnahmen finden können, so daß der Einsatz dieser Solarzellen auf Anwendungen beschränkt bleibt, wo die Degeneration nicht zu Buche schlägt: bei Kleinanwendungen wie

Abb. 6.11: Multikristalline Solarzelle: Neben den unterschiedlichen Kristalliten ist die Vorderseitenkontaktierung zu erkennen.

Uhren, Taschenrechnern, Anzeigetafeln.

Abschließend gibt ein Produktblatt über Solarzellen-Module für terrestrischen Einsatz einen Überblick über das Marktangebot von Solarzellen (Abb. 6.12).

Es soll nicht unerwähnt bleiben, daß zahlreiche andere Materialien und Bauelement-Varianten für die Anwendung in künftigen preisgünstigen und umweltfreundlichen Solarzellen (und ihrer Herstellungstechnik) untersucht werden, aber bislang keine nennenswerten Marktanteile erobern konnten.

Mechanische Daten/Aufbau:

Länge	1892 ± 4 mm
Breite	1283 ± 4 mm
Dicke - mit Rahmen	50,8 ± 2 mm
Gewicht	ca. 50 kg
Frontglas	gehärtetes Glas, 3,2 mm; Weißglas (eisenarm)
Rückglas	gehärtet; 3,2 mm
Rahmen	Aluminium, hell eloxiert
Solarzellen	216 Stück; multikristallines Si (EFG) 100 cm²
Verkapselung	eigene Entwicklung: langzeit-stabiler Kunststoff (kein EVA)
Kabel	4 mm² Suhner RADOX 125 A, Länge: Plus und Minus je 1,2 m
Stecker	MC Multi-Contact-Steckverbinder

Elektrische Daten:

Leerlaufspannung (U_{OC})	60 V
Kurzschlußstrom (I_{SC})	6,2 A
Spannung (U_{MPP})	50,5 V
Strom (I_{MPP})	5,6 A
Nennleistung (P_{MPP})	**285 W**

Die Werte gelten für eine Einstrahlung von AM 1,5 und 1000W/m² (STC - Standard Test Bedingungen) und einer Zellentemperatur von 25°C.
Die Nennleistung unterliegt einer Fertigungstoleranz von ± 4 %, die übrigen elektrischen Daten von ± 10 %.

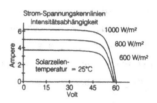

Dieses Modul ist mit unterschiedlichen Zellenmaterialien auch in den Leistungsklassen 300W ±4% und 315W ±4% erhältlich. Elektrische Daten auf Anfrage.

Zulässige Betriebsbedingungen:

Zell-temperatur	T_{min} : -40°C; T_{max} : +90°C *)
Luftfeuchte	bis 100 % rel. Feuchte
Winddruck	bis 190 km/h getestet
max. zulässige Systemspannung	600 Volt

*) Die Zellentemperatur liegt bei voller Einstrahlung ca. 25 - 30°C über der Umgebungstemperatur

Qualifikation:

ISPRA ESTI Zertifikat nach Spez. No. 503.
NREL IQT
UL-1703 (USA), Fire Class A.
Elektrische Durchbruchsfestigkeit im Salzsprüh-nebeltest. (Feuchte-Isolationsprüfung nach Ispra Test 503/B3 mit 1 g NaCl pro Liter Wasser.)
Elektrische Schutzklasse II.

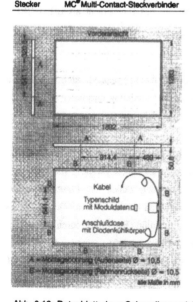

Abb. 6.12: Datenblatt eines Solarzellenmoduls aus kristallinem Silizium der Firma ASE nach [18]

7 Lumineszenz-Dioden

7.1 Übersicht über den Begriff

Lumineszenz-Dioden (LED: light emitting diode) senden Photonen aus, wenn **nach Ladungsträger-Injektion** Elektronen und Löcher strahlend rekombinieren. Bei einer Lumineszenz-Diode handelt es sich um eine Halbleiterdiode in Durchlaß. Die Abstrahlung ist örtlich auf die Umgebung der Raumladungszone beschränkt, die sogenannte *aktive Zone*. Allerdings rekombiniert nur ein geringer Anteil der Ladungsträger-Paare strahlend, der weitaus größere Anteil rekombiniert strahlungslos und erwärmt dabei lediglich die Diode, ohne Vorkehrungen häufig bis zur Selbstzerstörung. Weiterhin ist einer der wichtigsten Parameter der technischen Nutzung der Injektionslumineszenz der **Wellenlängenbereich der abgegebenen Strahlung.** Dabei ergibt sich, daß nicht Silizium, sondern **Verbindungshalbleiter vom $A^{III}B^{V}$-Typ** hier dominieren. Außer für die signaltechnischen Anwendungen der Lichttechnik sind Lumineszenz-Dioden vor allem für die **Systeme der optischen Nachrichtentechnik** und die **Signalübertragung mit Lichtwellenleitern** (LWL) wichtig. Schließlich nutzen die **Halbleiter-Laser,** die in Kapitel 8 behandelt werden, in allen Fällen die Injektionslumineszenz, um kohärente Strahlung hoher Monochromasie zu erzeugen.

Abgrenzend sei erwähnt, daß häufig der Begriff LED sich nur auf Lumineszenzstrahlung im Sichtbaren bezieht, während im Infraroten ($\lambda > 780$ nm) das Bauelement als IRED (IRED: infrared emitting diode) bezeichnet wird.

7.2 Lumineszenz

Der Begriff *Lumineszenz* entstammt einer **Einteilung von Anregungszuständen**, die nicht zur thermischen Energie der Substanz beitragen. Lumineszenz-Strahlung übersteigt schmalbandig die breite Verteilung der Planckschen Strahlung (s. Abb. 7.1), sie entstammt aber auch nicht einer internen Streuung von Strahlung.

Eine alte Unterteilung trennt *Phosphoreszenz* von *Fluoreszenz* hinsichtlich der Verzögerungszeit der Abstrahlung nach der Anregung: für erstere ist sie länger als ca. 1 μs, für letztere (lange Zeit unmeßbar) kürzer. Beide Arten der Anregung zählen zur *Photolumineszenz.* „Phosphore" sind seit der Zeit der Alchimisten bekannt, und bereits J.W. von Goethe interessierte sich für „Bologneser Steine", die vor allem Bariumsulfid (BaS) mit Spuren von Wismut (Bi) und Mangan (Mn) enthalten und nach Anregung im Sonnenlicht nachts leuchten („Nachleuchten"). Die unmittelbar nach Anregung registrierte Fluoreszenz-Strahlung wurde bei Flußspat(CaF_2) beobachtet. G.G. Stokes stellte bereits 1850 die nach ihm benannte Regel auf, daß die Wellenlänge der Fluoreszenz stets größer ist als die der Anregung.

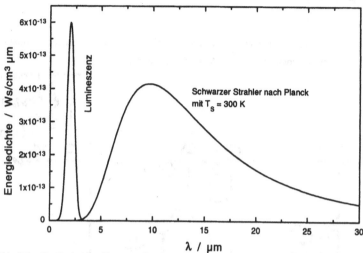

Abb. 7.1: Spektrale Verteilung von Lumineszenzstrahlung im Vergleich mit thermischer Strahlung nach Planck

Injektionslumineszenz gehört zum breiten Begriff der *Elektrolumineszenz*, die sämtliche Arten der elektrischen Anregung umfaßt. Weiterhin wichtig sind *Kathodolumineszenz* (Anregung durch energiereiche Elektronen), *Chemolumineszenz* (Anregung durch chemische Prozesse wie z.B. Oxidation) u.a. .

Injektionslumineszenz tritt auf bei der Vergrößerung der Ladungsträgerdichten im Halbleiter, also im Zustand des thermischen Nichtgleichgewichtes

$$n \cdot p > n_i^2 . \tag{7.1}$$

Innerhalb der Gleichung (7.1) wird man stets zuerst die Vergrößerung der in geringerer Dichte vorhandenen Minoritätsladungsträger bemerken. **Injektion von Minoritätsladungsträgern** ist nicht nur auf Dioden im Durchlaßbetrieb beschränkt, obwohl wir im engeren Sinne für technische Zwecke diese vor allem meinen. Überall, wo Raumladungszonen (RLZ) im Halbleiter existieren, also neben den pn-Übergängen im Halbleitervolumen auch an Oberflächen, an Phasengrenzen des Halbleiter-Materials zu einer flüssigen Phase u.a. läßt sich Injektionslumineszenz beobachten, z.B. auch bei intensiver Beleuchtung der (unter Sperrspannung stehenden) Diode.

7.3 Rekombinationsmechanismen bei direkten und indirekten Halbleitern

Der Abbau der Überschußladungsträgerdichte der Minoritätsträger mit dem Ziel, das thermische Gleichgewicht

$$n \cdot p = n_i^2 \tag{7.2}$$

wieder einzustellen, läuft im Halbleiter über unterschiedliche Mechanismen der Rekombination ab, je nachdem, wie hoch das Maß der Abweichung vom Gleichgewicht ist.

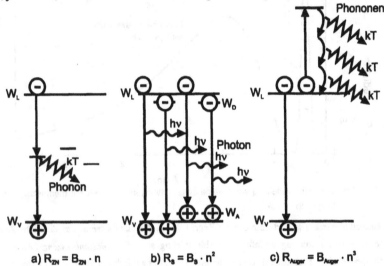

Abb. 7.2:   Rekombinationsprozesse mit Ratengleichungen: a) Zwischenniveau-Rekombination,
b) Band-Band- und Donator-Akzeptor-Rekombination, c) Auger-Rekombination

Bei geringer Abweichung dominiert *Zwischenniveau-Rekombination* als strahlungsloser Prozeß beim **indirekten Halbleiter** (Abb. 7.2 a). Erst bei höheren Abweichungen vom Gleichgewicht findet hier anteilig *Band-Band-Rekombination* als strahlender Rekombinations-Prozeß statt (s. Abb. 7.2 b). Beim **direkten Halbleiter** dagegen gelingt es, auch bei geringerer Überschußladungsträgerdichte Anteile von Band-Band-Rekombination als strahlende Rekombination zu beobachten, weil hier nicht das für Band-Band-Übergänge notwendige Phonon mitwirken muß. Bei hoher Anregung setzen zusätzlich Drei-Teilchen-Prozesse der *Auger-Rekombination* beim direkten und indirekten Halbleiter ein (Abb. 7.2 c). Die Auger-Rekombination ist nach dem französischen Wissenschaftler P.V. Auger, gesprochen [o ʒ e:], benannt, der sie als atomphysikalischen strahlungslosen Elektronenübergang 1925 beschrieb, bei dem die bei der Rekombination frei werdende Energie auf ein anderes Elektron übertragen wird.

Das auf diese Weise angeregte Elektron gibt seine Energie in Form von Stößen mit dem Kristallgitter wieder ab und erzeugt dabei Phononen.

Die Übersicht der Abb. 7.2 zeigt neben einer Darstellung der Prozesse im Energiebänderschema die mathematische Formulierung der Überschuß-Rekombinationsrate entsprechend der Reaktionsordnung. Da alle Prozesse gleichzeitig ablaufen können, bildet die Summe der Einzel-Überschuß-Rekombinationsraten den Ausdruck für die Gesamt-Rekombinationsrate R_{ges} in der Kontinuitätsgleichung (Bilanzgleichung, vgl. (5.30)) der Elektronen und Löcher.

$$\frac{\partial p}{\partial t} = -\frac{1}{q} \cdot \text{div}\left(\vec{j}_p\right) - R_{ges}$$

$$\frac{\partial n}{\partial t} = +\frac{1}{q} \cdot \text{div}\left(\vec{j}_n\right) - R_{ges}$$

(7.3)

$$\text{mit } R_{ges} = R_{ZN} + R_S + R_{Auger}$$

Es gilt für die Raten der Teilprozesse hinsichtlich der Zahl von jeweils beteiligten Ladungen, hier Elektronen:

$$R_{ZN} = B_{ZN} \cdot n^1 \qquad \text{(Zwischenniveau-Rekombination)} \qquad (7.4a)$$

$$R_S = B_S \cdot n^2 \qquad \text{(Band-Band-Rekombination)} \qquad (7.4b)$$

$$R_{Auger} = B_{Auger} \cdot n^3 \qquad \text{(Auger-Rekombination)} \qquad (7.4c)$$

$$\text{mit } B_{ZN}, B_S, B_{Auger} : \text{Rekombinations-Koeffizienten}$$

Aus dem Zusammenhang zwischen Überschußrekombinationraten und Teilchendichte kann man gut erkennen, welcher Rekombinations-Mechanismus bei den wichtigsten Halbleitermaterialien dominiert. Die Werte der Rekombinations-Koeffizienten B von Si und GaAs sind dafür in Tab. 7.1 zusammengestellt.

T = 300 K	Si (indirekter Halbleiter)		GaAs (direkter Halbleiter)	
	$\Delta W \approx 2{,}5$ eV (dir.)	$\Delta W = 1{,}12$ eV (indir.)	$\Delta W = 1{,}43$ eV (dir.)	$\Delta W \approx 1{,}8$ eV (indir.)
B_{ZN} / s^{-1}		$1 \cdot 10^5$	$\approx 1 \cdot 10^8$	
$B_S / cm^3 s^{-1}$	$1 \cdot 10^{-43}$	$1 \cdot 10^{-14}$	$3{,}0 \cdot 10^{-10}$	$3{,}5 \cdot 10^{-13}$
$B_{Auger} / cm^6 s^{-1}$		$2 \cdot 10^{-32}$	$\approx 10^{-27}$	

Tab. 7.1: Rekombinations-Koeffizienten von Silizium und Galliumarsenid

Beim Silizium ist der energieärmste indirekte, beim Galliumarsenid entsprechend der direkte Übergang vollständig durch alle drei Koeffizienten beschrieben, als Ergänzung sind für die Band-Band-Übergänge die jeweils weiteren Werte angegeben. Zunächst erkennt man, daß die B-Werte beim Silizium stets kleiner sind als beim Galliumarsenid. Dies liegt vor allem an den andersartigen Bandstrukturen (s. Abb. 3.17) sowie den unterschiedlichen Eigenleitungsdichten ($n_{i,Si} = 1 \cdot 10^{10}$ cm^{-3} und $n_{i,GaAs} = 6 \cdot 10^6$ cm^{-3} für T = 300 K).

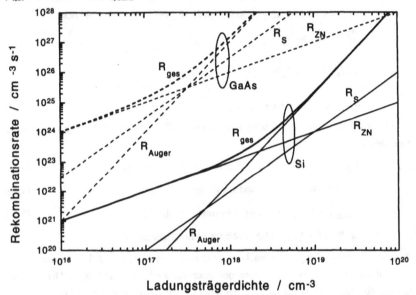

Abb. 7.3: Abhängigkeit der verschiedenen Rekombinationsmechanismen von der Anregung bei Silizium und Galliumarsenid. Dargestellt sind die Rekombinationsraten R in Abhängigkeit von der Elektronen-Nichtgleichgewichtsdichte Δn entsprechend den Ratengleichungen (7.4) und den Werten der Tab. 7.1 für den direkten Übergang bei GaAs und den indirekten Übergang bei Si. Die hervorgehobenen Verläufe sind die Gesamt-Rekombinationsraten. Man erkennt, daß auch bei GaAs nur geringe Anteile der Überschußladungsträger strahlend rekombinieren.

Bei der Überlagerung der drei Anteile der Rekombinationsrate für den energieärmsten Übergang bei Si und bei GaAs (s. Abb. 7.3) ergibt sich ein weiterer Unterschied. Während bei GaAs die Rate strahlender Rekombination im Anregungsbereich n ≈ 3...4·10^{17} cm^{-3} den Raten nicht-strahlender Rekombination vergleichbar wird, ist dies bei Si nie der Fall. So ist Silizium kein geeigneter Kandidat für Lumineszenzdioden, auch nicht über seinen direkten Übergang bei höherer Anregungsenergie, wie der außerordentlich geringe Wert von B$_S$(dir.) zeigt. Allerdings läßt sich meßtechnisch der geringe Anteil der lumineszierenden indirekten Elektronen-

Übergänge des Siliziums durchaus feststellen bei entsprechend hoher Anregung ($n > 10^{19}$ cm^{-3}), wie man an Si-Leistungsbauelementen zeigen kann.

Diese Ergebnisse am GaAs lassen sich auf alle $A^{III}B^{V}$-Materialien erweitern, soweit sie direkte Halbleiter sind: ungeachtet ihrer Zusammensetzung sind sie in den meisten Fällen gute Lumineszenz-Strahler. Aus der Fülle der Materialien lassen sich diejenigen auswählen, die für Zwecke technischer Anwendung besonders gut geeignet sind.

7.4 Kovalente Bindung und Dotierung von Verbindungshalbleitern

Ebenso wie für Silizium begründet die kovalente Bindung in GaAs, GaP, InP und in anderen Verbindungen vom Typ $A^{III}B^{V}$ die halbleitenden Eigenschaften des Materials. In jedem Fall müssen in der äußeren Schale hybridisierte Orbitale vom Typ $s^{1}p^{3}$ entstehen. Beim Silizium geschieht dies durch Elektronenpaare antiparallelen Spins zwischen zwei **neutralen** Nachbaratomen. Beim Galliumarsenid kann dies nur um den Preis geschehen, daß **beide Bindungspartner ionisiert** werden: das Arsen-Atom gibt ein Elektron ab, das dann vom Gallium-Atom zusätzlich aufgenommen wird.

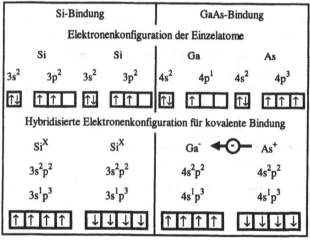

Tab 7.2: Kovalente Elektronenpaar-Bindung beim Silizium und beim Galliumarsenid

So gibt es neben der kovalenten Elektronenpaar-Bindung einen Anteil von Ionen-Bindung im GaAs-Kristallverband. Diesen Sachverhalt drückt man durch den Prozentsatz p ionischer Bindung an der Gesamtbindungsenergie aus. Die Größe p wird auch als *Elektronegativität* bezeichnet und ist ein Maß für die Coulombsche Anziehung von Elektronen durch Gitteratome in kovalenter Bindung (L. Pauling) (s. Tab. 7.5). Beim Siliziumkristall gilt $p = 0$, beim GaAs-Kristall $p = 0,08$, beim NaCl gilt $p = 0,5$. Man erkennt, daß selbst bei Verbindungen A^IB^{VII} ein erheblicher Anteil nicht-ionischer Bindung für den Aufbau eines Gitters verbleibt.

Wenn nun GaAs-Kristalle dotiert werden, so kann dies - auf den ersten Blick überraschend - für Donatoren und Akzeptoren durch ein- und dieselbe Störstellenart geschehen, nämlich z.B. durch den sogenannten *amphoteren* Einbau von Silizium-Störstellen. Dies wird jedoch verständlich, wenn man bedenkt, daß Si-Dotieratome entweder auf Ga- oder auf As-Plätzen in das GaAs-Gitter eingebaut werden können. Da Si-Atome auf dem As-Platz weder Elektronen abgeben noch aufnehmen müssen, um in die s^1p^3-Elektronenkonfiguration zu kommen, zwingen sie den Bindungspartner Gallium, ein Elektron (aus dem Gitter) aufzunehmen und damit negativ zu werden, damit auch Gallium die s^1p^3-Konfiguration aufweist. Damit ist Gallium zum Akzeptor geworden, weil es die Zustände „neutral" und „negativ" im Gitter annehmen kann. Kurz formuliert: **auf Arsen-Plätzen erzeugen Silizium-Atome Akzeptor-Zustände**.

Umgekehrt können Si-Atome auf Gallium-Plätzen eingebaut werden. Nun zwingen sie den Bindungspartner Arsen zum korrekten Aufbau einer kovalenten Bindung, ein Elektron (an das Gitter) abzugeben und damit positiv zu werden. Dadurch wird Arsen zum Donator, der die Zustände „neutral" und „positiv" annehmen kann, je nachdem ob dieses für die kovalente Bindung überzählige und deshalb nur mit Coulomb-Kraft gebundene Elektron beim Arsen ist oder sein Gitteratom verläßt. Auch hier kann kurz formuliert werden: **auf Gallium-Plätzen erzeugen Silizium-Atome Donator-Zustände**.

Der amphotere Einbau der Si-Atome auf Ga- oder As-Plätzen hängt von den Prozeßparametern ab: bei „tiefer" Temperatur ($T < 700°C$) entstehen bevorzugt Akzeptoren, Störstellenzustände „tief" an der Valenzbandkante ($W_A-W_V = 0,35\,eV$), bei „hoher" Temperatur ($T > 900°C$) dagegen bevorzugt Donatoren „hoch" an der Leitungsbandkante ($W_L-W_D = 0,006\,eV$). Zusätzlich zur Temperatur ist auf die Konzentration der Si-Atome zu achten: für Akzeptoren bedarf es geringer, für Donatoren hoher Si-Konzentrationen in der GaAs-Schmelze.

Das hier erörterte Schema kovalenter Bindung und Dotierung von Verbindungshalbleitern kann fortgesetzt werden auch für die Erörterung von $A^{II}B^{VI}$-Halbleiterverbindungen, wie z.B. beim Zinksulfid (ZnS). Der Halbleiter ZnS besteht aus Zn-Atomen der Elektronen-Konfiguration $4s^2$ und S-Atomen der Konfiguration $3s^2p^4$. Zum Aufbau einer kovalenten Bindung werden zwei Elektronen ausgetauscht, so daß Zn^{2-} ($4s^2p^2$) und S^{2+} ($3s^2p^2$) eine kovalente Bindung im ZnS-Gitter mit der Elektronegativität $p = 0,2$ aufnehmen. Hier steht die ionische schon erheblich stärker neben der Elektronenpaar-Bindung.

Die Möglichkeiten der Dotierung bei $A^{II}B^{VI}$-Halbleitern sind eingeschränkt. Beim ZnS erzeugt z.B. Gallium auf Zink-Plätzen Akzeptor-Zustände. Zink-Fehlstellen (ohne zusätzliche Fremdatome) erzeugen Donator-Zustände.

Wir haben nun festgestellt, daß viele halbleitende Verbindungen von Atomen der III. und V. Hauptgruppen des Periodensystems als kovalente Kristalle sehr viel besser als Halbleiterkristalle der IV. Hauptgruppe wie Silizium für Bauelemente geeignet sind, die Lumineszenz-Strahlung abgeben sollen. Allerdings gilt dies nur für diejenigen, die als direkte Halbleiter keine zusätzlichen Phononen für die Band-Band-Elektronenübergänge benötigen. Bei indirekten III/V-Halbleitern dominiert wie beim Silizium die strahlungslose Zwischenniveau-Rekombination. Bei den III/V-Halbleitern ist weiterhin genau wie bei denen der IV. Gruppe eine geordnete kovalente Bindung notwendig, jedoch mit ionischem Bindungsanteil. Ebenfalls lassen sich planmäßig n- und p-leitende Materialien herstellen, allerdings wiederum unter genauer Beachtung der Elektronenkonfiguration des im Gitter durch das Dotierungsatom ersetzten Gitteratoms. Damit können pn-Übergänge hergestellt werden, die Injektionslumineszenz bei Durchlaß-Polung zeigen.

Nach diesen Grundlagen soll nun zunächst die Mannigfaltigkeit der III-V-Halbleiterverbindungen erörtert werden, die für die technischen Zwecke der LED- und LASER-Bauelemente und besonders für die Integrierte Optik/IO, so wichtig sind.

7.5 Die Systeme der III-V-Halbleiterverbindungen

Eine besondere Eigenschaft der III-V-Halbleiterkristalle ist, daß sie sich nicht nur als *binäre* Verbindungen (d.h. aus 2 Atomsorten, wie GaAs, AlAs, InP, GaP u.a.), sondern in lückenlosen Reihen von Mischkristallen auch als *ternäre* Verbindungen (d.h. aus 3 Atomsorten, wie AlGaAs, GaAsP u.a.) und ebenfalls als *quaternäre* Verbindungen (d.h. aus 4 Atomsorten, wie InGaAsP u.a.) herstellen lassen.

Beim allmählichen Übergang einer Komponente in eine andere (z.B. Übergang von GaAs in AlAs über die ternäre Reihe AlGaAs) ändern sich wichtige Eigenschaften des Halbleiterkristalls:

1. sein **Bandabstand** ΔW,

2. seine **Gitterkonstante** a,

3. der **direkte oder indirekte** Halbleitertyp nach dem W(k)-Diagramm und

4. der **thermische Ausdehnungskoeffizient** α, d.h. die relative Änderung der Gitterkonstanten mit der Temperatur: $\alpha = \dfrac{1}{a} \cdot \dfrac{\partial a}{\partial T}$

In Tab. 7.3 sind die Ausdehnungskoeffizienten einiger Halbleiter einander gegenüber gestellt. Wenn die Ausdehnungskoeffizienten zweier Materialien, die aufeinander abgeschieden werden sollen, nicht gut übereinstimmen, kommt es zu Verspannungen in den Schichten oder sogar zum Abplatzen der Schichten, wenn das System großen Temperaturdifferenzen ausgesetzt wird, wie es bei der Abscheidung der Schichten nötig ist.

Material	$\alpha / 10^6 \ K^{-1}$
Si	2,53
Ge	5,2
GaP	5,81
GaAs	6,0
AlAs	5,2

Tab. 7.3: Thermische Ausdehnungskoeffizienten einiger Halbleiter

In der Abb. 7.4 sind die anderen wichtigen Eigenschaften zusammengestellt. Die Abszisse zeigt die Gitterkonstante a des Halbleiterkristalls an, die Ordinate den Bandabstand ΔW. Weiterhin ist der Bereich des sichtbaren Lichtes (380 nm $< \lambda <$ 780 nm) umgerechnet in Energien (3,26 eV $>$ hv $>$ 1,59 eV) angegeben. Außerdem sind die für technische Zwecke besonders interessanten Energien eingetragen, die den Dämpfungs-, bzw. Dispersionsminima des Lichtwellenleiters entsprechen (s. Kapitel 9). Schließlich ist vermerkt, bei welchem Bandabstand der Übergang vom direkten zum indirekten Halbleiter erfolgt, dabei gilt in allen Fällen, daß der Bereich der direkten Halbleiter bei geringeren Bandabständen liegt und meist mit einer Unstetigkeit der Steigung im Kurvenverlauf in die indirekten Mischkristalle übergeht.

Während die Folge der **ternären** Mischkristalle **Linien** in Abb. 7.4 sind, beschreiben die Varianten der **quaternären** Mischkristalle zweidimensionale Mannigfaltigkeiten, nämlich **Flächen**. So läßt sich zum Beispiel die bereits erwähnte Linie zwischen GaAs und AlAs als nahezu senkrechte Gerade erkennen: alle unterschiedlichen Mischkristalle des ternären Systems $Al_xGa_{1-x}As$ weisen eine nahezu gleiche Gitterkonstante auf. Für zahlreiche technische Zwecke ist diese „Gunst der Natur" bereits ausgenutzt worden, z.B. zur Erzeugung einer dünnen AlGaAs-Fensterschicht auf einer GaAs-Solarzelle mit dem Ziel, die hohe Oberflächenrekombination des GaAs-Emitters durch eine passivierende und wegen des größeren Bandabstandes gering absorbierende Deckschicht zu verringern, ähnlich wie es eine SiO_2-Schicht auf einer Silizium-Solarzelle vermag.

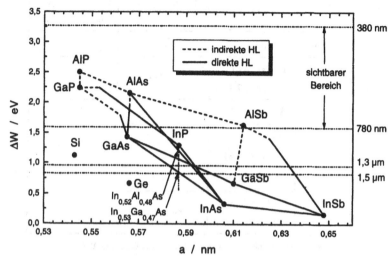

Abb. 7.4: Bandabstand (bei T = 300 K), Gitterkonstante und Halbleitertyp einiger wichtiger
binärer, ternärer und quaternärer Halbleiterverbindungen
Die rechte Ordinate zeigt die Wellenlängen der Strahlung, welche der Energie des
Bandabstands entspricht. Die Dispersions- und Dämpfungsminima von Quarz
($\lambda = 1,3\ \mu m$, bzw. $\lambda = 1,5\ \mu m$) sind hervorgehoben.

Im allgemeinen muß man zu einem quaternären Mischkristall übergehen, wenn man mehrere
dünne Schichten unterschiedlicher Zusammensetzung mit (notwendigerweise) gleicher Gitterkonstanten (und tolerierbar unterschiedlicher Wärmeausdehnung) aufeinander abscheiden will.
Dies läßt sich zum Beispiel für das wichtigste System der optischen Nachrichtentechnik erkennen, bei dem man von InP-Substraten ausgeht und über Beimengungen von Aluminium, Arsen
und Gallium den Bandabstand ΔW verkleinert und damit den Arbeitsbereich zwischen den
Wellenlängen $\lambda = 1,3 - 1,55\ \mu m$ erreicht. Man schneidet in Abb. 7.4 mit der Senkrechten von
InP in Richtung geringerer Bandabstände die **ternäre Verbindung** InAlAs bei $\Delta W = 1,48$ eV
und der Zusammensetzung $In_{0,52}Al_{0,48}As$ sowie schließlich GaInAs bei $\Delta W = 0,80$ eV und
$In_{0,53}Ga_{0,47}As$. In diesem letztgenannten Intervall ist der **quaternäre Mischkristall** $In_xGa_{1-x}As_yP_{1-y}$ ein direkter Halbleiter, für LED- und Laser-Betrieb geeignet.

Zur systematischen Übersicht werden einige Mischkristallsysteme zusammengestellt:

	Mischkristall	kationische Partner der Gruppe III	anionische Partner der Gruppe V
ternär:	$Al_xGa_{1-x}As$	Al, Ga	As
quaternär:	$In_xGa_{1-x}As_yP_{1-y}$ (s. Abb. 7.7)	In, Ga	As, P
	$Al_xGa_{1-x}As_yP_{1-y}$	Al, Ga	As, P
	$Al_xGa_{1-x}As_ySb_{1-y}$ (s. Abb. 7.8)	Al, Ga	As, Sb
	$Al_xIn_{1-x}As_ySb_{1-y}$	Al, In	As, Sb
	$Al_xGa_yIn_zSb$ (mit x+y+z = 1)	Al, Ga, In	Sb

Tab. 7.4:   Auswahl einiger Mischkristallsysteme der Elemente Al, Ga, In, As, P und Sb

Das wichtige Diagramm Abb. 7.4 zeigt bemerkenswert geordnete Tendenzen dieser Halbleiter mit Zinkblende-Gitter. Es kombiniert jeweils drei aufeinander folgende Elemente der Gruppe III (Al, Ga, In in vertikaler Richtung) mit drei Elementen der Gruppe V (P, As, Sb in horizontaler Richtung). Die kleinsten Atome werden oben links angegeben und bilden Halbleiter mit kleiner Gitterkonstante und großem indirekten Bandabstand. Die größten Atome finden wir unten rechts in Halbleiterkristallen, die einen hohen Wert der Gitterkonstanten und einen kleinen direkten Bandabstand miteinander kombinieren. Das entspricht der Folge der halbleitenden Elemente in Gruppe IV, bei denen vom Diamant zum α-Zinn der Bandabstand abnimmt.

Man erkennt außerdem, daß man z.B. in diesem System keine blaue Lumineszenzstrahlung erzeugen kann ($\Delta W > 2,6$ eV). Für blaue Lumineszenzstrahlung muß man das kubische Zinkblende-Kristallsystem verlassen und meist zu hexagonalen Halbleitergittern übergehen (s. Abb. 7.5). Die indirekten Halbleiter SiC mit den hexagonalen Gitterkonstanten a = 0,308 nm und c = 1,511 nm, $\Delta W = 2,8 - 3,2$ eV sowie AlN ($\Delta W = 3,5$ eV, a = 0,311 nm und c = 0,498 nm) aber insbesondere der direkte Halbleiter GaN ($\Delta W = 3,5$ eV, a = 0,319 nm und c = 0,518 nm) sind zur Herstellung von blau-leuchtenden LED's geeignet, leider nicht in Verbindung mit den zuvor erörterten Zinkblende-Systemen von III-V-Mischkristallen. So beschränkt sich ihre Verwendung auf Einzelbauelemente.

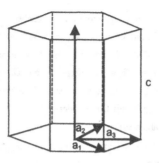

Abb. 7.5: Hexagonales Kristallgitter mit den Gitterkonstanten a_1, a_2, a_3 und c. Bei den hier vorgestellten Halbleitern gilt $a_1 = a_2 = a_3 = a$.

Besonders anschauliche Darstellungen der Eigenschaften quaternärer Substanzen für die Halbleiteroptoelektronik ergeben sich in dreidimensionaler Form. Die binären Halbleiter bezeichnen die Ecken, die ternären die Bodenlinien eines unregelmäßig abgeschnittenen vierseitigen Prismas mit quadratischem Grundriß (Abb. 7.6/7.7). Die Bodenlinien sind in Prozentzahlen gleichartig unterteilt, mit denen die beiden binären Substanzen über ternäre Mischkristalle ineinanderübergehen. Existierende Mischungslücken können sehr anschaulich dargestellt werden (s. Aussparung des ternären Übergangs zwischen GaSb und GaAs, Abb. 7.6). Nach oben ist der Bandabstand in eV eingetragen und gibt als doppelt-gekrümmte Fläche an jedem Punkt

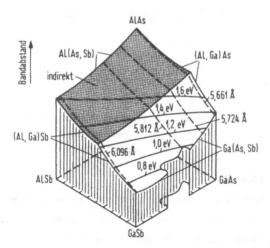

Abb. 7.6: Bandabstand der quaternären Verbindung $Al_xGa_{1-x}As_ySb_{1-y}$ aus [11]
——— : Linien gleichen Bandabstandes
----- : Linien gleicher Gitterkonstanten

über der Grundfläche für die jeweilige quaternäre Zusammensetzung den Bandabstand an. Unstetigkeiten der Neigung der Fläche kennzeichnen den Übergang vom direkten zum indirekten Halbleiter. Schließlich sind auf der Oberfläche des vierseitigen Prismas zuzüglich zu den Bandabständen gleicher Energie ("iso-gap energies") die Gitterkonstanten gleicher Größe ("iso-lattice constants") gezeichnet. Damit lassen sich die notwendigen Zusammensetzungen von Schichten auf Substraten (z.B. auf GaAs- oder InP-Substrat) abschätzen, die bestimmten optischen Anforderungen genügen sollen.

Als Beispiel hierfür dient die Zusammensetzung einer $In_xGa_{1-x}As_yP_{1-y}$-Schicht mit einer Gitterkonstanten, die einem InP-Substrat entspricht (a = 0,587 nm) und einem Bandabstand, der optimal an das Dispersionsminimum von Quarz (λ = 1,3 µm $\Rightarrow$ ΔW = 0,955 eV) angepaßt ist. Mit Abb. 7.7 bestimmt man die Zusammensetzung $In_{0,8}Ga_{0,2}As_{0,55}P_{0,45}$. In [8] findet man $In_{0,75}Ga_{0,25}As_{0,54}P_{0,46}$.

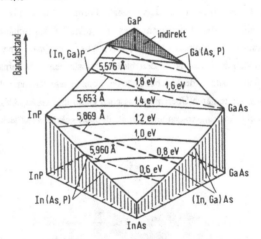

Abb. 7.7:   Bandabstand der quaternären Verbindung $In_xGa_{1-x}As_yP_{1-y}$ aus [11]
————— : Linien gleichen Bandabstandes
- - - - - : Linien gleicher Gitterkonstanten

7.6 Hetero-Übergänge

Zwei unterschiedliche Halbleitermaterialien, deren Gitterkonstanten sich nur wenig unterscheiden (z.B. GaAs und AlAs, s. Tab. 7.5 mit $\Delta a/a < 10^{-3}$), bilden *Heteroübergänge*, bei gleichartiger Dotierung *isotype*, bei ungleichartiger Dotierung *anisotype* Heteroübergänge. Die Bandabstände sind i.e. unterschiedlich groß (s. Tab. 7.5) und die Zwischenwerte lassen sich für Legierungen nicht interpolieren, da bei der Zusammensetzung $Al_{0,45}Ga_{0,55}As$ der minimale

Bandabstand vom direkten Typ (Al-Anteil < 0,45 %) zum indirekten Typ (Al-Anteil > 0,45 %) wechselt (Abb. 7.8a).

T = 300 K	GaAs	AlAs
Gitterkonstante a	0,5664 nm	0,5669 nm
Bandabstand ΔW	1,43 eV	2,16 eV

Tab. 7.5: Gitterkonstante und Bandabstand von GaAs und AlAs bei T = 300 K. Die ternären Mischkristalle haben linear interpolierbare Gitterkonstanten-Werte

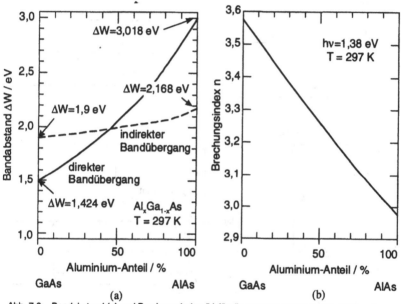

Abb. 7.8: Bandabstand (a) und Brechungsindex (b) für die ternären Mischkristalle Al$_x$Ga$_{1-x}$As

So entstehen im Energiebändermodell eines Hetero-Überganges *Diskontinuitäten*, deren Größe sich nach den unterschiedlichen Elektronen-Affinitäten der beiden Materialien ergibt (*Anderson-Modell*). Die Elektronen-Affinität χ regelt innerhalb einer Energiebänderauftragung als -q·χ den Abstand zwischen Leitungsbandkante an der Halbleiteroberfläche und dem Vakuum-Niveau. Da im thermodynamischen Gleichgewicht die Fermi-Energien auf gemeinsamem Wert angeordnet sind, geht entsprechend Ladung vom einen zum anderen Halbleitermaterial über und läßt an den Oberflächen Raumladungszonen entstehen, die sich durch Bandverbiegungen erkennen lassen. Vom Halbleiter mit dem geringeren Wert der Austrittsarbeit Φ treten Elektronen zum anderen Halbleiter über; bei ersterem entsteht eine Bandaufbiegung (im Energiebändermodell des Betrages $-q \cdot \Phi$), die eine positive Oberflächenladung anzeigt, bei letzterem eine Bandabbiegung aufgrund der negativen Oberflächenladung (Abb. 7.9).

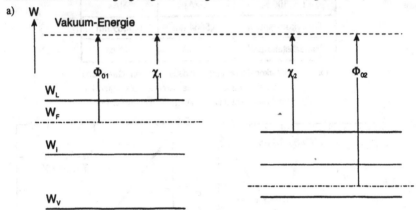

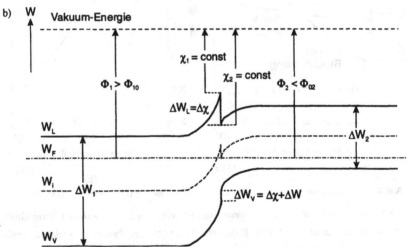

Abb. 7.9: Energiebänder-Modell eines Hetero-Übergangs a) vor dem Kontakt, b) nach dem Kontakt der beiden Halbleitermaterialien

Die Banddiskontinuitäten ΔW_L und ΔW_V errechnen sich entsprechend:

$$\Delta W_L = \Delta \chi = \chi_2 - \chi_1$$
$$\Delta W_V = \Delta \chi + \Delta W = \chi_2 - \chi_1 + \Delta W_2 - \Delta W_1 \tag{7.5}$$

Bei anisotypem Heteroübergang mit ausgeprägter Leitungsband-Diskontinuität ΔW_L und hohen Dotierungen entsteht an der Phasengrenze zwischen beiden Halbleitern ein ausgeprägter Potentialtopf (Abb. 7.10). Ähnlich wie bei GaAs/AlGaAs sind Hetero-Übergänge des INGAP-Systems zu beschreiben InP/InGaAsP und InP/InAlGaAs (s. Abb. 7.4).

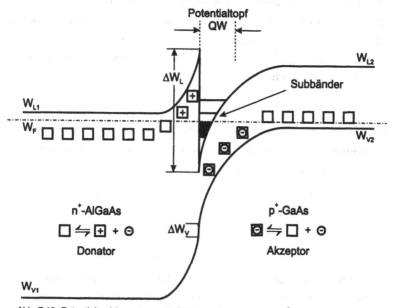

Abb. 7.10: Potentialtopf (quantum well, QW) im anisotypen Hetero-Übergang AlGaAs/GaAS

Im Potentialtopf eines Hetero-Überganges, der die Ausdehnung der de Broglie-Wellenlänge der Kristallelektronen unterschreitet, verhalten sich die Ladungsträger anders als im unbegrenzten Halbleitervolumen. Die de Broglie-Wellenlänge (Gleichung (3.1))

$$\lambda_{dB} = \frac{h}{p} = \frac{h}{\sqrt{2\,m_{eff} \cdot W}} \qquad (7.6)$$

für Leitungsbandelektronen der Bandkante bei GaAs errechnet man mit $m_{eff}(LB/GaAs) = 0{,}068 \cdot m_0$ und $W = 1{,}43$ eV als $\lambda_{dB} \approx 3{,}93$ nm. Die Gitterkonstante a(GaAs) beträgt 0,565 nm, so daß die stehende Grund-Halbwelle der de Broglie-Welle ca. 3 Gitterebenen überspannt. Der Potentialtopf (engl. quantum well) weitet sich nach oben, und er kann beim Aufbau von Halbleiter-Lasern (s. Kapitel 8) zum Quanten-Einschluß (Quantum confinement) eines zweidimensionalen Elektronengases (2 DEG) benutzt werden. Die periodische Wiederholung von Schichten weniger Gitterebenen unterschiedlicher Halbleitermaterials führt zu *Multi-Quantum-Well-Systemen* (s. auch Kapitel 8.5), die im Sinne des Kronig-

Penney-Modelles (Kapitel 3.2.2) sprunghafte Änderungen des Potentialverlaufes bedeuten und zu „Übergittern" mit neuem W(k)-Diagramm und allen davon abgeleiteten Größen (z.B. Absorptionskoeffizient $\alpha(\lambda)$)-führen.

7.7 Strahlende Rekombination beim direkten Halbleitermaterial

Ohne Phononenmitwirkung läuft der Prozeß der strahlenden Rekombination entsprechend Abb. 7.2b als 2-Teilchen-Prozeß ab. Die Energie der Lumineszenz-Strahlung hν entspricht dem Bandabstand des meist direkten Halbleiters oder dem energetischen Abstand zwischen Störstelle(-n) und der Bandkante.

Es gilt mithin:

$$h\nu \leq \Delta W \tag{7.7}$$

Da es sich um spontane Abstrahlung handelt, sind die einzelnen Wellenzüge mit einer begrenzten Kohärenzzeit T_C ausgestattet, die zu einer theoretischen Linienbreite entsprechend der Heisenbergschen Unschärferelation (2.93) führt (s. (2.40)):

$$h \cdot \Delta\nu = \Delta W = \frac{h}{T_C},$$

bzw. $\Delta\nu = \dfrac{1}{T_C}.$

Bei $T_C \approx 10^{-12} \ldots 10^{-11}$ s entspricht dies $\Delta\nu \approx 10^{11} \ldots 10^{12}$ Hz.

Direkte Band-Band-Übergänge beobachtet man vor allem bei hochdotiertem GaAs-Material. Hier vereinigen sich die verbreiterten Störstellenenergien mit dem Band, und es setzen Übergänge mit der Energie $h\nu < \Delta W$ ein.

7.8 Strahlende Rekombination beim indirekten Halbleitermaterial
Paarspektren

Im Falle von Donator-Akzeptor-Übergängen ändert sich die Energie der abgestrahlten Photonen in Abhängigkeit von der Dichte der Störstellenpaare. Da die ionisierten Störstellen im Verlaufe des Rekombinationsprozesses mit ihren gegensätzlichen Ladungen in Wechselwirkung treten und sich anziehen (Abb. 7.11), vergrößert sich die Energie der abgestrahlten Photonen um einen Coulomb-Anteil, der vom mittleren Abstand R zwischen Donator- und Akzeptor-Störstelle abhängt.

$$h\nu = \Delta W - \left(W_L - W_D\right) - \left(W_A - W_V\right) + W_C = W_D - W_A + W_C \tag{7.8}$$

mit $W_C = \dfrac{1}{4\pi\varepsilon_{HL}\varepsilon_0} \cdot \dfrac{q^2}{R}$ und $\Delta W = W_L - W_V.$

Dadurch entsteht ein Paarspektrum, dessen Energie von der Dichte der beteiligten Störstellenpaare abhängt.

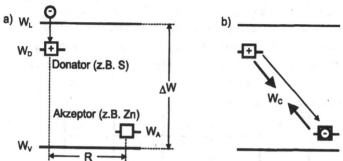

Abb. 7.11: Mechanismen der Lumineszenz-Paarspektren: a) vor, b) während der Abstrahlung

Als typisches Beispiel für Paarspektren gilt die Lumineszenz von GaP-Material, das gleichzeitig mit S- und Zn-Störstellen dotiert ist. Allerdings beobachtet man diese Lumineszenz-Strahlung vorwiegend bei tiefer Tempereatur, bei Zimmertemperatur ist sie ohne Bedeutung. Prinzipiell handelt es sich hier um einen **3-Teilchen-Prozeß**, bei dem neben dem strahlend rekombinierenden Elektron-Loch-Paar (1. Und 2. Teilchen) noch ein Phonon bestimmten Impulses $p_{phon} = \hbar \cdot k$ (3. Teilchen) vorhanden sein muß, damit schließlich ein Photon der Energie $h\nu$ abgestrahlt werden kann. Es ist ein Ausnahmefall, daß sich geeignete Phononen finden. Insofern ist der 3-Teilchen-Prozeß sehr viel weniger wahrscheinlich als der 2-Teilchen-Prozeß, entsprechend die strahlende Rekombination beim indirekten Halbleitermaterial sehr viel geringer zu erwarten als beim direkten Halbleitermaterial. Wie wir im nächsten Abschnitt sehen werden, gibt es jedoch auch beim indirekten Halbleiter Prozesse, die technisch beeinflußbar sind und zur strahlenden Rekombination bei Zimmertemperatur führen.

7.9 Strahlende Rekombination von Exzitonen an isoelektrischen Störstellen

Eine der wichtigsten Arten strahlender Rekombination läuft über *isoelektrische Störstellen* ab, an denen *Exzitonen* rekombinieren. Mit Hilfe dieses Mechanismusses wurde der indirekte Halbleiter GaP für technische Zwecke als Lumineszenz-Strahler nutzbar gemacht.

Isoelektrische Störstellen nennt man Verunreinigungsatome (oder auch Atomgruppen), welche die gleiche Konfiguration der Außenelektronen haben wie ein Atom des Wirtsgitters, das sie ersetzen. Beim GaP können zum Beispiel B am Ga-Platz (wenig beobachtet) und N oder Bi am P-Platz als isoelektrische Störstelle wirken (s. Tab.7.6). Dasselbe leisten ZnO-Komplexe, die ein Ga und P ersetzen (Abb. 7.12). Diese Atome verändern nicht die Valenzelektronen-Bilanz, verspannen jedoch das Gitter mechanisch, so daß eine lokale elektrische Polarisation eintritt, die auch aufgrund der unterschiedlichen Elektronegativität des ersetzten Wirtsgitter-Atoms und der Störstelle entstehen kann. Die damit verbundenen kurzreichweitigen Dipolkräfte sind in der Lage, Elektronen oder Löcher festzuhalten, zu "trappen". Ein *isoelektrischer Donator* bindet ein Loch, da seine Elektronegativität größer ist als beim ersetzten Wirtsgitter-Atom und so der Donator negativ polarisiert ist (Beispiel: N auf einem P-Platz im GaP-Gitter, s. Tab. 7.4). Ein *isoelektrischer Akzeptor* (z.B. Bi in GaP) bindet hingegen ein Elektron (Anmerkung: Ein „normaler" Donator **gibt** ein Elektron, ein „normaler" Akzeptor **gibt** ein Loch an die Energiebänder des Halbleiters.).

II b	III a	IV a	V a	VI a
		C (2,5)	N (3,1)	O (3,5)
	Al (1,5)	Si (1,7)	P (2,1)	S (2,4)
Zn (1,7)	Ga (1,8)	Ge (2,0)	As (2,2)	
Cd (1,5)	In (1,5)	Sn (1,7)	Sb (1,8)	Te (2,0)
		Pb (1,6)	Bi (1,7)	

Tab. 7.6:   Auszug aus dem Periodensystem zur Verdeutlichung der Elektronenkonfiguration möglicher isoelektrischer Störstellen. In Klammern sind die Elektronegativitäten der Elemente eingetragen.

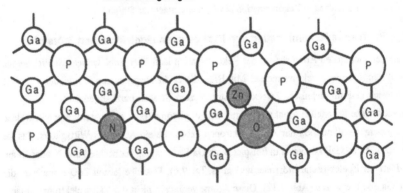

Abb. 7.12: Einbau von ZnO und N als isoelektrische Störstellen im GaP-Gitter

Exzitonen (lat.: Anregungsteilchen) sind Elektron-Loch-Paare, die nach thermischer Generation noch nicht vollständig „quasi-frei" sind (d.h. innerhalb des Halbleiterkristalls sich unabhängig bewegen), sondern noch unter gegenseitiger Coulombscher Anziehung stehen. Damit hat man ihnen im Energiebänderschema Energielagen zuzuweisen, die geringer als der volle Bandabstand sind (W < ΔW) und damit unterhalb der Leitungsbandkante liegen (Abb. 7.13).

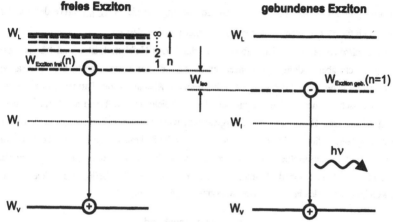

Abb. 7.13: Energetische Lage von freien und gebundenen Exzitonen
W_{iso} ist die Bindungsenergie eines freien Exzitons durch eine isoelektrische Störstelle. $W_{iso} = W_{Exziton frei} - W_{Exziton geb}$. Beim freien Exziton sind neben dem Grundzustand weitere Anregungszustände bis hin zur Ionisierungsgrenze, der Leitungsbandkante, eingetragen.

Die Aktivierungsenergie der Exzitonen erhält man mittels der Schrödinger-Gleichung wie für das Wasserstoff-Atom, mit dem Unterschied, daß das schwere Proton (das ruhende Anziehungszentrum im Wasserstoff-Atom) durch das dem Elektron in der Masse ähnliche Loch ersetzt wird. Neben dem Grundzustand ergeben sich wie beim Wasserstoff-Atom **gequantelte Anregungsenergien**, deren Ionisierungsgrenze die Leitungsbandkante ist. Aufgrund seiner geordneten W(k)-Beziehung ist das Exziton wie das Kristallelektron als *Quasi-Teilchen* anzusehen.

Es ergibt sich für das **freie Exziton** die Energie als Funktion der Wellenzahl k:

$$W_{Exz. frei}(k) = \Delta W - \frac{m_{red} \cdot q^4}{2 \cdot (4\pi\varepsilon_{HL}\varepsilon_0 h)^2} \cdot \frac{1}{n^2} + \frac{h^2 k^2}{2(m_n + m_p)} \qquad (7.9)$$

mit $\dfrac{1}{m_{red}} = \dfrac{1}{m_n} + \dfrac{1}{m_p}$ sowie $n \in N$

und $k^2 = (k_L + k_V)^2$

Der 1. Summand ist der Bandabstand des betreffenden Halbleitermaterials. Der 2. Summand ist analog zur gequantelten Energie des Bohrschen Wasserstoff-Elektrons formuliert, mit den hier notwendigen reduzierten Massen des Elektrons m_n und des Loches m_p. Der 3. Summand entspricht einem Energieanteil, welcher der ungleichen Position beider Ladungsträger im k-Raum Rechnung trägt (also bei $k_L = k_V = 0$, aber auch $k_L = -k_V$ entfällt dieser Term) und die Energie mitbeteiligter Phononen repräsentiert. Die Ionisierungsenergie $W_{Exz.\ frei} = \Delta W$ des Exzitons ergibt sich für $n \to \infty$, wenn man den Phononenterm vernachlässigt.

Freie Exzitonen bewegen sich diffundierend durch den Halbleiterkristall und transportieren Energie, nicht aber Ladung. Da sie nach außen in größerem Abstand weitgehend neutral wirken (insbesondere beim *Frenkel-Exziton*, bei dem der Abstand beider Partner gering ist), wirken elektrische Felder auf sie nur mit sehr kurzer Reichweite. Während der Diffusionsbewegung können freie Exzitonen unter Energieabgabe wieder rekombinieren, wenn sie den Impulserhaltungssatz erfüllen. Beim indirekten Halbleiter läuft diese Forderung auf die Mitbeteiligung von Phononen bestimmten Impulses hinaus, da sich die Exzitonen-Energien energetisch unterhalb des Leitungsband-Minimums bei einem anderen k-Wert befinden als diejenigen des Rekombinationszieles im Valenzband-Maximum (s. Abb. 7.14).

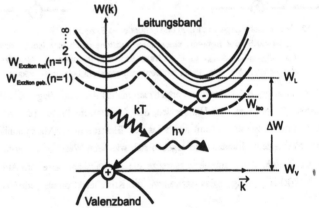

Abb. 7.14: Rekombination eines freien Exzitons beim GaP
W_{iso} beschreibt die Bindungsenergie des gebundenen Exzitons.
$W_L - W_{Exziton\ frei} \approx 10$ meV, $W_{iso} \approx 10$ meV, $\Delta W = 2{,}34$ eV (T = 300 K)

Freie Exzitonen können im Verlaufe ihrer Bewegung durch den Kristall einer neutralen isoelektrischen Störstelle nahe kommen und sich von ihr binden lassen. Wegen der geringen Reichweite des Potentials (normale Reichweite etwa eine Gitterkonstante a) müssen dafür isoelektrische Störstellen in genügender Dichte vorhanden sein, damit sich **gebundene Exzitonen** bilden. Durch die Bindung des Exzitons an die isoelektrische Störstelle erniedrigt sich die Energie des Exzitonen-Grundzustandes um die Bindungsenergie W_{iso} von ca. 10 meV.

$$W_{Exz.\,geb.}(k) = W_{Exz.\,frei}(k) - W_{iso} \qquad (7.10)$$

Wird das Exziton hingegen an eine normale Donator- oder Akzeptor-Störstelle gebunden, so tritt anstelle von W_{iso} noch ein Anteil $+ W_{Coul}$ (formuliert wie in (7.8) bei „Paarspektren") hinzu.

Da das gebundene Exziton nun auf den Bereich eines einzelnen Gitterplatzes **lokalisiert** ist, kann es strahlend rekombinieren. Die Heisenbergsche Unschärferelation (2.94) in der Formulierung für Ortsunschärfe Δx und Impulsunschärfe Δp

$$\Delta x \cdot \Delta p \geq h \qquad (2.94)$$

ermöglicht dem Exziton den strahlenden Übergang durch Mitwirkung eines **beliebigen** Phonons innerhalb der Brillouin-Zone. Wegen $\Delta x = $ Gitterkonstante a sowie $\Delta p = \hbar\,\Delta k$, aus denen die Wellenzahlunschärfe Δk berechnet werden kann,

$$\Delta k \geq \frac{2\pi}{a}, \qquad (7.10)$$

ergibt sich für Δk der gewünschte Wert als notwendige Unschärfe. Es wäre falsch zu sagen, daß nun ein **direkter** Übergang einsetzt, denn nach wie vor sind Phononen am Rekombinationsprozeß beteiligt. Allerdings findet dieser Prozeß mit sehr hoher Wahrscheinlichkeit statt, da jedes beliebige Phonon die Rekombination ermöglichen kann. Die ausgeprägte Phononenmitwirkung beim Zerfall des gebundenen Exzitons wurde nachgewiesen.

Auch bei Anwesenheit **geladener** Störstellen ist die Wahrscheinlichkeit, das Exziton an der **neutralen** isoelektrischen Störstelle zu binden, groß. Erst höhere Temperaturen stören diese Bindung und leiten nicht-strahlende („thermische") Rekombination ein.

Innerhalb der Technik der Lumineszenz-Dioden sind wichtige Beispiele für Exzitonen-Rekombination in indirekten Halbleitern:

Halbleiter	isoelektrische Störstelle (ersetztes Atom)
GaP	Bi(P), O(P)
	Zn(Ga), Cd(Ga)
	N, Zn-O(Ga-P), Cd-O(Ga-P)
InP	Bi(P)
CdS	Te(S)
$GaAs_{1-x}P_x$	N, N-N-Paare

Tab. 7.7: Isoelektrische Störstellen der III-V-Halbleiter

Damit lassen sich LED-Bauelemente herstellen, deren Abstrahlung im sichtbaren Bereich des Spektrums liegt.

7.10 Herstellung von Lumineszenz-Dioden (LED)

Man muß bei der industriellen Herstellung von Lumineszenz-Dioden zwischen der Herstellung des Ausgangsmaterials (dem $A^{III}B^{V}$-Kristall) und dem Prozeß zur Herstellung des pn-Übergangs unterscheiden. Schon beim Ausgangsmaterial muß die Einbringung geeigneter Lumineszenz-Zentren (zur Paar-Lumineszenz oder für isoelektrische Störstellen) bedacht werden. Die LED wird auf dem Wafer des Ausgangsmaterials i.a. durch Verfahren der Epitaxie hergestellt. Dabei unterscheidet man die technisch bestens beherrschte Flüssigphasen-Epitaxie (LPE: liquid phase epitaxy) für die LED-Massenherstellung von der Gasphasen-Epitaxie (VPE: vapour phase epitaxy) und der daraus hervorgegangenen reaktiven Gasphasen-Epitaxie (CVD: chemical vapour deposition), die wegen ihrer technischen Schwierigkeiten erst allmählich den Weg in die industrielle Fertigung gefunden hat. Allerdings ist sie für eine Laser-Fertigung heute unabdingbar. Schließlich sei die Molekularstrahl-Epitaxie (MBE: molecular beam epitaxy) als präziseste Schichtenabscheidung im industriellen Vorfeld nur am Rande erwähnt.

7.10.1 Herstellung des $A^{III}B^{V}$-Ausgangsmaterials

Wegen des hohen Dampfdruckes der Gruppe V-Materialien müssen besondere Maßnahmen bei der Herstellung von $A^{III}B^{V}$-Verbindungen ergriffen werden, um ihr Abdampfen zu verhindern.

Die Synthese von zum Beispiel polykristallinem GaP findet in einer Hochdruckanlage, in einem *Autoklaven* statt, in dem mittels Stickstoff ein Druck von 10 bis 15 bar eingestellt wird, bei dem das Abdampfen der Phosphorphase unterdrückt wird. Hier bringt man in Graphit- oder Bornitrid-Booten eine Ga-Schmelze bei hoher Temperatur mit (Rotem) Phosphor in Kontakt. Wenn man induktiv die Schmelze bis 1400°C erwärmt, löst sich Phosphor in ihr, und sie kristallisiert in einer thermisch-stabilisierten Umgebung (T $\approx$ 500°C) zu GaP aus, i.a. als polykristallines Material.

Mit einer Abwandlung des vom Silizium bekannten Czochralski(CZ)-Verfahrens für Materialien mit hohem Dampfdruck lassen sich GaP-Einkristalle nach der *LEC-Methode* (LEC: liquid encapsulated Czochralski) erzeugen (Abb. 7.15).

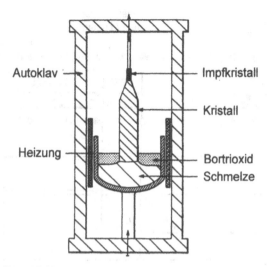

Abb. 7.15: Herstellung von GaP-Einkristallen nach der
LEC-Methode nach [12]

Auch hier findet der Prozeß im Autoklaven statt. Das GaP-Material befindet sich als Schmelze in einem Tiegel aus Quarz, Graphit oder Bornitrid und wird induktiv beheizt. Die GaP-Schmelze ist mit Bortrioxid als leichte Schutzschmelze bedeckt, die das Abdampfen der Phosphor-Phase verhindert. Aus dieser Schmelze können Einkristalle, heute bis zu einer Dicke von 10 cm gezogen werden. Die Schutzschmelze ist trotz des hohen Autoklaven-Binnendruckes (60...70 bar) notwendig, um Abscheidungen der flüchtigen Phosphor-Phase an kälteren Stellen im Autoklaven zu unterdrücken.

Schließlich sei das *Bridgman-Verfahren* (Abb. 7.16) erwähnt, bei dem Synthese und Einkristallzucht in einem Arbeitsgang ablaufen. Zur Herstellung von GaAs-Einkristallen bringt man eine Ga-Schmelze an die eine (rechte) Seite einer evakuierten Quarzampulle und die notwendige As-Einwaage auf die andere (linke) Seite.

Diese Ampulle wird in einer Ofenanordnung links auf niedriger Temperatur ($T = 610°C$) gehalten, so daß sich ein As-Dampfdruck von 1 bar bildet. Rechts befindet sich die Ga-Schmelze auf hoher Temperatur ($T = 1238°C$), am Phasendiagramm des GaAs (Abb. 7.17) liest man ab, daß alle beteiligten Substanzen schmelzen. Bei Verschiebung der Heizung im Ofen in Richtung des Hochtemperaturbereichs scheiden sich GaAs-Kristalle in der Ampulle ab, wenn zuvor ein GaAs-Keim angebracht wurde.

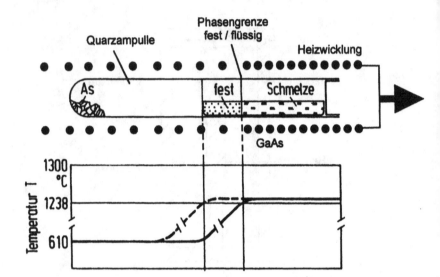

Abb. 7.16: Schematisierte Darstellung des Bridgman-Verfahrens sowie Temperaturverlauf im Verlaufe der Versuchsdurchführung (- - - - bei Versuchsbeginn, ————— für die augenblickliche Ampullenposition zu den Heizzonen des Ofens), nach [9]

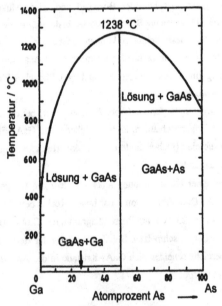

Abb. 7.17: Phasendiagramm von GaAs

7.10.2 Epitaxieverfahren

Mit „*Epitaxie*" werden Kristallerzeugungsverfahren bezeichnet, bei denen eine aufwachsende Materialschicht eine vom Substrat vorgegebene Kristallstruktur annimmt („Epitaxie" kommt aus dem Griechischen und heißt „aufeinander angeordnet"). Normalerweise geht man von gleichem Material aus, es wächst zum Beispiel GaAs auf GaAs-Substrat auf. Wenn jedoch die Aufwachsschicht aus unterschiedlichem Material besteht (Beispiel: AlGaAs wächst auf GaAs auf), spricht man von *Hetero-Epitaxie*. Heteroepitaktische Schichten sind für viele Zwecke optoelektronischer Bauelemente sehr interessant, weil sich optische und elektronische Eigenschaften nach technischen Zielsetzungen gestalten lassen. Insbesondere sind Hetero-pn-Übergänge ("hetero-junction") wichtig, bei denen in der kristallinen Grenzschicht unterschiedlicher Materialien (AlGaAs/GaAs) auch die Dotierung wechselt (z.B. n-AlGaAs/p-GaAs) (s. Kapitel 8).

Flüssigphasen-Epitaxie / LPE

Flüssigphasen-Epitaxie ermöglicht auf technisch unproblematische Weise, dünne kristalline $A^{III}B^{V}$-Schichten aus einer Schmelze auf einem Substrat aufwachsen zu lassen. Die Prozeßbedingungen lassen sich aus einem Phasendiagramm (s. Abb. 7.17) ablesen.

Beispielsweise stellt man eine Ga-reiche Schmelze aus Ga und As bei einer bestimmten Temperatur (z.B. $T_1 = 850°C$) her. Sie wird für den vorgesehenen As-Anteil (z.B. $4 \cdot 10^{-2}$ Gew. %) sich an As sättigen. Bei abgesenkter Temperatur (z.B. $T_2 = 730°C$) wird sie mit einem kristallinen GaAs-Substrat in Kontakt gebracht. Da nun die As-Löslichkeit der Schmelze auf 10^{-2} Gew. % verringert ist, scheidet sich aus der Ga-Schmelze soviel GaAs auf dem Substrat ab, bis der As-Anteil der Schmelze wieder der As-Löslichkeit bei der Temperatur T_2 entspricht. Für diese Zwecke benutzt man höher aufgelöste Detail-Darstellungen des Phasendiagramms (Abb. 7.18).

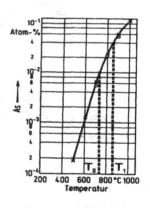

Abb. 7.18: Detail-Darstellung des Phasendiagramms von GaAs nach [15]

Der Prozeß spielt sich in einem Graphit-Schiffchen in einem Quarz-Rohr in H_2-Atmosphäre ab (Abb. 7.19). Das Graphit-Schiffchen enthält einen festen Teil mit mehreren Graphit-Tiegeln in Form mehrerer Öffnungen, in denen sich Einwaage-Material befindet, über einem verschiebbaren Teil, in dem sich GaAs-Substrate befnden. So lassen sich die Vorgänge der Schmelzensättigung und der Schmelzenabscheidung nach Verschiebung und Temperaturänderung sauber voneinander trennen.

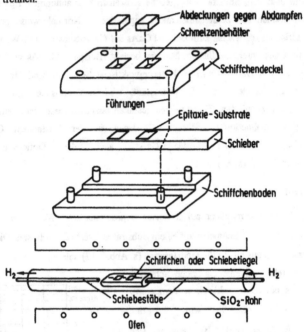

Abb. 7.19: Aufbau einer LPE-Anlage aus [13]

Die Vorteile des LPE-Verfahrens sind seine Einfachheit und Preiswürdigkeit, seine Nachteile sind die Begrenzungen, dünnere Schichten als 1µm mit gleichmäßiger Zusammensetzung und Dotierung einzustellen.

Gasphasen-Epitaxie / VPE

Die Gasphasen-Epitaxie ist geeignet, sehr dünne Schichten gleichmäßiger Zusammensetzung und abrupt veränderter Dotierung zu erzeugen. Man arbeitet mit Zugabe der gasförmigen Aufbaustoffe (z.B. Ga, As) als Elemente oder besser in molekularer Bindung z.B. in Form metallorganischer Gase. Das Verfahren wird dann als MOCVD (metal-organic chemical vapour deposition) bezeichnet. Bei hinreichend hoher Temperatur oder auch im Licht hinreichender Energie werden die MO-Verbindungen zersetzt („gecrackt"), so daß die Metallkomponenten wie Gallium im Fall von $(CH_3)_3Ga$ (Trimethylgallium) mit Arsen-Atomen des dem Trägergas (i.a. H_2) beigemischten Arsin (AsH_3) unter Bildung von GaAs reagieren können. Die Nukleation muß nicht unbedingt auf der Substrat-Oberfläche geschehen. Durch geeignete Temperaturführung läßt sich das aber erreichen. Auch für die Dotierung können MO-Verbindungen eingesetzt werden, wie z.B. $(C_2H_5)_2Zn$ (Diethylzink) für eine p-Dotierung durch Zn. Auch das amphotere Si läßt sich als Silan (SiH_4) verwenden.

Das MOCVD-Verfahren ist grundsätzlich zur Herstellung aller Schichtenfolgen geeignet, auch der dünnen, die sich auf wenige zehn Atomlagen beschränken. Auf diese Weise lassen sich zahlreiche Wechsel von Schichtzusammensetzungen erreichen, z.B. zur Erzeugung von Multi-Quanten-Well-Strukturen, deren Dicke jeweils im Bereich weniger nm liegt. Als Nachteil ist die Gefährdung im Umgang mit den hochgiftigen Gasen der MOCVD-Prozesse zu nennen. Es fehlt nicht an Versuchen, ungiftige Arbeitsgase zu verwenden, wie z.B. Trimethylgallium-Triethylphosphin (TMGTEP), ein Gas, das beide Aufbaustoffe für GaP in ungiftiger Verbindung enthält.

Molekularstrahl-Epitaxie / MBE

Die Molekularstrahl-Epitaxie soll nur kurz erwähnt werden, weil sie derzeit die industriellen Herstellungsprozesse - von Ausnahmen abgesehen - noch nicht bestimmt. Es handelt sich bei ihr um ein Hochvakuum-Verfahren, bei dem die Aufbaustoffe als Atomstrahl aus *Effusoren* (widerstandsbeheizte Öfen) austreten, um thermisch aktiviert auf das geheizte Substrat zu treffen und dort reaktiv Monolagen der gewünschten Zusammensetzung aufzubauen. Hier ist das Wachstum extrem langsam (1 µm/h gegenüber 1 µm/min bei den anderen Verfahren), jedoch lassen sich extrem dünne (bis < nm) Schichten höchster Reinheit erzielen. Dafür sind in den meisten Fällen einschlägige Analyseverfahren zur Überwachung der Schichtenmorphologie gleich in-situ vorgesehen (wie z.B. LEED/low energy electron deflection, zur Analyse mit streifend auf die Probenoberfläche geschossenen Elektronen, die in der Art von Laue-Diagrammen Wachstumsfehler nachweisen).

7.11 Beispiele industriell-gefertigter Lumineszenz-Dioden

Die Tabelle 7.8 gibt eine Zusammenstellung industrieller LED's, geordnet über den Wellenlängenbereich ihrer Lumineszenz-Strahlung. Neben den Substraten und ihrem Bandabstand ist die Zusammensetzung der aktiven Schicht mit Dotierstoff angegeben.

Farbe	λ / nm	Substrat	E_G / eV	Aktive Schicht
Infrarot	950	GaAs	1,4	GaAs:Si
Infrarot	800-900	GaAs	1,4	GaAlAs
Rot	700	GaP	2,3	GaP:ZnO
Standardrot	660	GaAs	1,4	$GaAs_{0,6}P_{0,4}$
Superrot	635	GaP	2,3	$GaAs_{0,35}P_{0,65}$: N TSN
Gelb	590	GaP	2,3	$GaAs_{0,15}P_{0,65}$: N TSN
Grün	565	GaP	2,3	GaP:N
Blau	480	SiC	2,8	SiC

Tab. 7.8:   Zusammenstellung industriell genutzter LED-Materialsysteme nach [10].
TSN steht für Transparent Substrate Nitrogen

Für die IRED-LED's sind auch schematische Aufbauten angegeben (Abb. 7.20). Ein Teil der Strahlung verläßt die Diode direkt „nach oben" oder zur Seite und kann - wie bei der IR-Diode (900 nm) angedeutet - wieder absorbiert werden. Bei der Burrus-Diode wird die Strahlung durch ein (nachträglich eingeätztes) „Loch" im Substrat quasi „nach unten" ausgekoppelt, wobei der Kristall mit dem pn-Übergang nach unten montiert wird. Dadurch ergeben sich besonders günstige Einkoppelverhältnisse in Glasfasern.

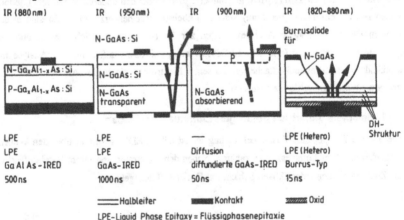

Abb. 7.20: Schematische Aufbauten von IRED's aus [10]

Die Abbildungen 7.21 und 7.22 zeigen als Beispiel für typische Lumineszenzdioden Ausschnitte aus einem Datenblatt für eine Reihe von Lumineszenzdioden aus GaAs, bzw. GaAsP auf GaP-Substrat. Die Grenzwerte (Abb. 7.21) gelten für die gesamte Reihe von LED's, während die Zusammenstellung der optischen und elektrischen Eigenschaften am Beispiel einer rot leuchtenden LED demonstriert sind.

Zum Abschluß dieses Kapitels wird noch eine wichtige Kenngröße einer LED vorgestellt, der **Quantenwirkungsgrad** η_Q der LED. Er gibt den Quotienten der die LED pro Zeiteinheit verlassenden Photonen zur Zahl der pro Zeiteinheit transportierten Ladungsträger an.

$$\eta_Q = \frac{\dfrac{Q_e}{h\,\nu}}{\dfrac{P_{el}}{q\cdot U}} = \frac{Q_e}{P_{el}} \cdot \frac{q\cdot U}{h\,\nu} \tag{7.11}$$

mit Q_e: emittierte Strahlungsleistung

Eine weitere Kenngröße ist der **Leistungwirkungsgrad** η_P einer LED, der den Quotienten aus emittierter Strahlungsleistung Q_e und elektrischer Eingangsleistung P_{el} angibt. Beide sind bei vielen Dioden vergleichbar, wie man mit Hilfe von (7.11) erkennt, wenn man bedenkt, daß $q\cdot U/h\nu$ in der Größenordnung von 1 ist, da die Dioden-Durchlaßspannung U immer kleiner als die Diffusionsspannung und diese immer kleiner als der Bandabstand ist. Für praktische Zwecke gilt $q\cdot U/h\nu \leq 0,5$.

$$\eta_P = \frac{Q_e}{P_{el}} \qquad \text{wobei} \quad P_{el} = q\cdot U\cdot i \quad \text{gilt} \tag{7.12}$$

Die höchsten η_Q-Werte wurden bei GaAs:Si-IRED's erreicht mit $\eta_Q \approx 30\,\%$. Bei LED-Bauelementen im Sichtbaren bleibt der Wert weit darunter und liegt zwischen 0,1 % und 5 %.

TEMIC

TLH.42..

TELEFUNKEN Semiconductors

High Efficiency LED, ø 3 mm Tinted Undiffused Package

Color	Type	Technology	Angle of Half Intensity $\pm\varphi$
High efficiency red	TLHR42..	GaAsP on GaP	
Soft orange	TLHO42..	GaAsP on GaP	
Yellow	TLHY42..	GaAsP on GaP	22°
Green	TLHG42..	GaP on GaP	
Pure green	TLHP42..	GaP on GaP	

Absolute Maximum Ratings

$T_{amb} = 25°C$, unless otherwise specified

TLHR42.. ,TLHO42.. ,TLHY42.. ,TLHG42.. ,TLHP42..

Parameter	Test Conditions	Type	Symbol	Value	Unit
Reverse voltage			V_R	6	V
DC forward current			I_F	30	mA
Surge forward current	$t_p \leq 10\ \mu s$		I_{FSM}	1	A
Power dissipation	$T_{amb} \leq 60°C$		P_V	100	mW
Junction temperature			T_j	100	°C
Operating temperature range			T_{amb}	–20 to +100	°C
Storage temperature range			T_{stg}	–55 to +100	°C
Soldering temperature	$t \leq 5$ s, 2 mm from body		T_{sd}	260	°C
Thermal resistance junction/ambient			R_{thJA}	400	K/W

Optical and Electrical Characteristics

$T_{amb} = 25°C$, unless otherwise specified

High efficiency red (TLHR42..)

Parameter	Test Conditions	Type	Symbol	Min	Typ	Max	Unit
Luminous intensity	$I_F = 10$ mA, $I_{Vmin}/I_{Vmax} \geq 0.5$	TLHR4200	I_V	4	8		mcd
		TLHR4201	I_V	6.3	10		mcd
		TLHR4205	I_V	10	15		mcd
Dominant wavelength	$I_F = 10$ mA		λ_d	612		625	nm
Peak wavelength	$I_F = 10$ mA		λ_p		635		nm
Angle of half intensity	$I_F = 10$ mA		φ		±22		deg
Forward voltage	$I_F = 20$ mA		V_F		2	3	V
Reverse voltage	$I_R = 10\ \mu A$		V_R	6	15		V
Junction capacitance	$V_R = 0$, f = 1 MHz		C_j		50		pF

Abb. 7.21: Ausschnitte aus dem Datenblatt einer Reihe von Standard-LED's der Firma Temic, aus [14]

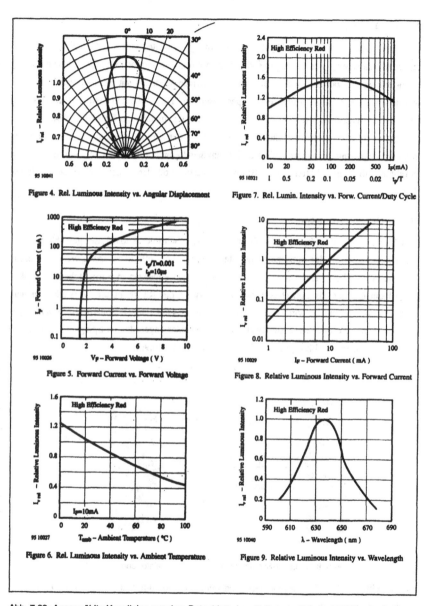

Figure 4. Rel. Luminous Intensity vs. Angular Displacement

Figure 7. Rel. Lumin. Intensity vs. Forw. Current/Duty Cycle

Figure 5. Forward Current vs. Forward Voltage

Figure 8. Relative Luminous Intensity vs. Forward Current

Figure 6. Rel. Luminous Intensity vs. Ambient Temperature

Figure 9. Relative Luminous Intensity vs. Wavelength

Abb. 7.22: Ausgewählte Kennlinien aus dem Datenblatt einer Reihe von Standard-LED's, aus [14]

8 Laser

Der Laser (Akronym aus engl. "light amplification by stimulated emission of radiation) ist eine optische Anordnung zur Erzeugung und Verstärkung von monochromatischem kohärentem Licht infolge induzierter Emission eines optisch aktiven Mediums mit Besetzungsinversion. Er wurde im Jahre 1960 als Rubin-Festkörper-Laser von Th.H. Maiman erstmals experimentell verwirklicht, nachdem bereits A. Einstein das Prinzip der induzierten Emission 1924 beschrieben hatte und A.L. Schawlow und Ch. Townes 1958 den Grundgedanken des Masers (Akronym aus engl. "microwave amplification by stimulated emission of radiation") auf die optische Strahlung übertragen hatten. N.G. Basov realisierte 1962 den ersten Halbleiter-Injektions-Laser.

8.1 Der Rubin-Laser

Zur Einführung in das physikalische Prinzip des Lasers wird der Rubin-Laser gewählt. Ein Rubin-Kristall dient als das optische-aktive Medium in einem optischen *Resonator*. Der optische Resonator speichert Lichtenergie bestimmter Resonanzfrequenzen in Form stehender Wellen. Man kann ihn sich als optisches Schwingungssystem mit Rückkopplung vorstellen, in dem Licht vielfach reflektiert wird. So besteht der einfachst-denkbare Resonator aus einem sogenannten *Fabry-Perot-System*, aus zwei planar zueinander angeordneten Spiegeln (Planspiegeln) mit sehr geringer Durchlässigkeit (Reflexionsvermögen $R \approx 0{,}99$).

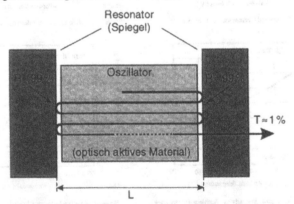

Abb. 8.1:   Laser-System, bestehend aus Oszillator und Resonator

Die Selektivität für eine Resonanz-(Grund)frequenz wird durch die mechanisch eingestellte optische Resonatorlänge L gegeben

$$n \cdot L = m \cdot \frac{\lambda}{2}, \qquad m \in N \tag{8.1}$$

mit n: Brechungsindex,   L: Resonatorlänge

Nur wenn $n \cdot L = \lambda/2$ gilt, schwingt das System in einer einzelnen Grundwelle (m=1), ansonsten in einer hohen ($m \geq 10^2 \ldots 10^3$) Oberwelle. Grund- und Oberwellen bezeichnet man beim Laser als „Modus" oder engl. "mode".

In einem optischen Resonator vom Fabry-Perot-Typ befindet sich der Rubin-Kristall, auch als Halbedelstein Saphir bekannt. Er besteht aus Aluminiumoxid (Al_2O_3), in dem ein kleiner Anteil der Al^{3+}-Ionen durch Cr^{3+}-Ionen ersetzt ist und der daraufhin neben seiner rosaroten Färbung auch schwache grüne und violett-blaue Absorptionsbereiche aufweist. Die unterschiedlichen Ionen des Kristalls wechselwirken intensiv und erzeugen über dem Grundniveau mit der Energie W_1 und der Besetzungsdichte n_1 zwei eng beieinanderliegende Niveaus der Energie W_2 (ca. 1,8 eV höher) mit der Besetzungsdichte n_2 sowie schließlich breite Termbereiche der Energien W_3 und der Besetzungsdichten n_3 bei Energien mindestens 2,1 eV über dem Grundniveau (s. Abb. 8.2) mit Absorptionswellenlängen zwischen 410 nm und 560 nm. Letztere sind für das bekannte rosa-farbene Aussehen des Rubin-Kristalles verantwortlich.

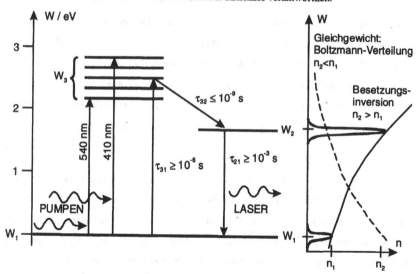

Abb. 8.2: Rubin-Laser als 3-Niveau-System mit Zeitkonstanten τ der Übergänge zwischen den Energie-Niveaus und Schema der Besetzungsdichten mit Besetzungsinversion beim Laser-Übergang (rechts)

Für den Laser-Betrieb ist nun von Bedeutung, daß man den Rubin-Kristall mit dem Niveau-System W_3 mit einer Blitzlichtlampe innerhalb eines Reflektor-Zylinders mit elliptischem Querschnitt anleuchtet (s. Abb. 8.3) und dadurch die Niveaus W_3 vom Grundniveau W_1 aus mit Elektronen besetzen, „bevölkern" kann („*optisches Pumpen*").

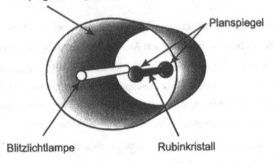

Abb. 8.3:   Schematische Ansicht eines Rubin-Lasers mit elliptischem
Reflektor. Der Rubinkristall und die Blitzlichtlampe befinden
sich in den Brennpunkten des elliptischen Reflektors

Die angeregten Cr^{3+}-Ionen lassen nach Lichtblitz die W_3-Elektronen sehr rasch mit der Zeitkonstante $\tau_{32} \leq 10^{-9}$ s zum Niveau W_2 übergehen, während die Umbesetzung für den Übergang zum Grundniveau W_1 als Folge der langen Lebensdauer $\tau_{31} \geq 10^{-6}$ s im Vergleich langsam ist. Da nun der Übergang $W_2 \rightarrow W_1$ als spontaner Übergang mit einer vergleichsweise sehr langen Zeitkonstanten $\tau_{21} \geq 10^{-3}$ s ausgestattet ist, sammeln sich bald Elektronen bei W_2: für die beiden Besetzungsdichten n_2 und n_1 gilt nun *Besetzungsinversion*

$$n_2 > n_1 \quad \text{für} \quad W_2 > W_1. \tag{8.2}$$

Im Zustand der Besetzungsinversion vermögen wenige energetisch auf den Wert $\Delta W = W_2 - W_1$ abgestimmte Photonen die bei W_2 gespeicherten Elektronen innerhalb ihrer mittleren Lebensdauer τ_{21} abzurufen und zum Übergang auf das Grundniveau W_1 zu veranlassen. Die stimulierte Emission des Rubin-Laser-Übergangs $\Delta W = W_2 - W_1$ ist dann hochgradig kohärent, weil in starrer Phase mit den abrufenden Photonen, besser: mit den stehenden elektro-magnetischen Lichtwellen im Resonator, zahlreiche Übergänge gleicher Energie einsetzen und sich alle zu einer phasen-gekoppelten elektromagnetischen Lichtwelle mit außerordentlich großer Kohärenzlänge überlagern (Abb. 8.4).

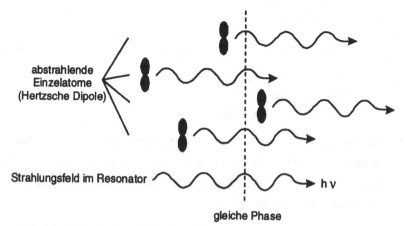

abstrahlende
Einzelatome
(Hertzsche Dipole)

Strahlungsfeld im Resonator   h ν

gleiche Phase

Abb. 8.4: Phasenkopplung kohärent abstrahlender Einzelatome im Strahlungsfeld des
Resonators

Im klassischen Bild des Hertzschen Dipols für das lichtabstrahlende Atom wird der angeregte
p-Zustand des Einzel-Atoms durch das elektromagnetische Resonatorfeld zur erzwungenen
Dipol-Schwingung angeregt, u.U. das Atom dabei zuvor im Felde ausgerichtet (das gilt vor
allem für Gas-Laser), so daß die Dipol-Strahlung optimal zur Vergrößerung des Resonatorfel-
des beitragen kann, bevor sie beim Einzelatom innerhalb der natürlichen mittleren Lebensdauer
von $\tau \approx 10^{-9}$ s abklingt und das Atom in den s-Zustand übergeht. Dabei überlagern sich
phasengekoppelt und polarisiert sämtliche Wellenzüge der Einzelatome, einzeln mit einer Kohärenzlänge von $l_c \leq 10^{-1}$ cm, zu einer gesamten Laser-Kohärenzlänge von $l_{c,Laser} \leq 10^5$ cm.
Die Kohärenz, die theoretisch noch sehr viel länger sein könnte, wird praktisch durch Rauschen beeinträchtigt, das vor allem auf Übergänge der spontanen Emission zurückgeht, die
natürlich nicht phasengekoppelt mit den Übergängen aus induzierter Emission sind.

Neben dem Rubin-Term-Schema ist in Abb. 8.2 weiterhin das Prinzip der Besetzungsinversion
beschrieben. Im thermodynamischen Gleichgewicht sind die Zustände der Energien W_1 und W_2
entsprechend einer Boltzmann-Verteilung besetzt: die Dichte n_2 ist geringer als die Dichte n_1.
Nach dem „optischen Pumpen" durch das Blitzlicht stellt sich hochgradige Besetzungsinversion
als Ergebnis eines ausgeprägten thermodynamischen Nichtgleichgewichtes ein:

a) Gleichgewicht:

$$n_1(W_1) = n_0 \cdot e^{-\frac{W_1-W_0}{kT}}, \quad n_2(W_2) = n_0 \cdot e^{-\frac{W_2-W_0}{kT}} \tag{8.3}$$

$$n_2 < n_1 \quad \text{für} \quad W_2 > W_1$$

b) Besetzungsinversion:

$$n_2 > n_1 \quad \text{für} \quad W_2 > W_1$$

Die in der Gleichung (8.3) eingeführten Größen n_0 und W_0 beziehen sich auf eine Referenz-Energie. Physikalisch von Bedeutung sind beim Rubin-Laser lediglich die drei Energien W_1, W_2 und W_3, deshalb nennt man diesen Laser-Typ einen 3-Niveau-Laser, bei dem das Grund-Niveau mit dem Laser-Niveau übereinstimmt.

8.2   Besetzungsinversion beim Halbleiter-Laser

Aus Lumineszenz-Dioden lassen sich Halbleiter-Laser entwickeln, wenn ein geeigneter Resonator zur Verstärkung der elektromagnetischen Feldstärke im aktiven LED-Bereich technisch konstruiert werden kann, um Besetzungsinversion mit induzierter Emission herbeizuführen. Die ersten Halbleiter-Laser wurden aus GaAs-Material hergestellt, bei dem Totalreflexion der Strahlung an der Halbleiter-Oberfläche zum Außenraum (Luft/Dielektrikum) infolge des hohen Unterschiedes der jeweiligen Brechungsindizes die Rückkopplung der Lichtenergie garantierte. Besonders die natürlichen Bruchflächen längs kristallographischer Vorzugsrichtungen ergaben glatte gut-reflektierende Spiegel.

Die Überlegungen zur Besetzungsinversion der Ladungsträger müssen auf das Energiebänder-Modell der Halbleiter übertragen werden.

Besetzungsinversion infolge Ladungsträger-Injektion beim Durchlaß-Betrieb einer LED-Diode (deshalb auch „Injektions-Laser") führt zur Erhöhung der Ladungsträger-Dichten n und p über die Gleichgewichtswerte n_0 und p_0 hinaus und zum Aufspalten des Gleichgewichts-Ferminiveaus W_F zu den getrennten Ferminiveaus für Elektronen und Löcher W_{Fn} und W_{Fp}. So entstehen Ladungsträger-Überschußdichten Δn und Δp, deren Ausmaß die Besetzungsinversion einleitet, die durch den Wert der Aufspaltung der Ferminiveaus ($W_{Fn} - W_{Fp}$) qualitativ beschrieben wird. Welcher Wert der Differenz ($W_{Fn} - W_{Fp}$) leitet nun die Besetzungsinversion ein?

Wir beginnen mit der Gleichgewichtsbeschreibung (GW) der Ladungsträger (s. Gleichung (5.20))

$$\text{GW:} \quad n_0 = n_i \cdot e^{\frac{W_F - W_i}{kT}}, \quad p_0 = n_i \cdot e^{\frac{W_i - W_F}{kT}} \tag{8.4}$$

$$n_0 \cdot p_0 = n_i^2$$

Für das Nicht-Gleichgewicht (NGW) gilt mit den energetischen Lagen W_{Fn} bzw. W_{Fp} der Nicht-Gleichgewichts-Fermi-Energien von Elektronen bzw. Löchern, den sogenannten *Quasi-Ferminiveaus*:

$$\text{NGW:} \quad n = n_0 + \Delta n = n_i \cdot e^{\frac{W_{Fn} - W_i}{kT}}, \quad p = p_0 + \Delta p = n_i \cdot e^{\frac{W_i - W_{Fp}}{kT}} \tag{8.5}$$

$$n \cdot p = n_i^2 \cdot e^{\frac{W_{Fn} - W_{Fp}}{kT}} > n_i^2 \quad \text{für Injektion, d.h. } W_{Fn} - W_{Fp} > 0$$

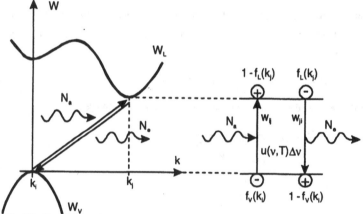

Abb. 8.5: Detailliertes Gleichgewicht zwischen Absorption und (induzierter) Emission durch Elektronen-Übergänge im W(k)-Diagramm (hier für den allgemeinen Fall i ≠ k: indirekter Halbleiter)

Im detaillierten Gleichgewicht der Ladungsträgerübergänge zwischen Leitungs- und Valenzband des Halbleiters entsprechen sich die Dichten emittierter und absorbierter Photonen N_e und N_a. Im einzelnen sind diese Dichten proportional zu (s. Abb. 8.5)

1. den Verteilungsfunktionen der Elektronen $f(k_i)$ und denen der Löcher $[1 - f(k_j)]$, wohin die Elektronen übergehen,

2. der spektralen Energiedichte $u(\nu, \tau)\Delta\nu$ im Frequenzintervall $\Delta\nu$ zwischen ν und $\nu+\Delta\nu$ im Resonator,

3. den Übergangswahrscheinlichkeiten w_{ij} und w_{ji} sowie

4. einem Übergangskoeffizienten A_e der Emission und A_a der Absorption

$$N_a = A_a \cdot u(\nu,T)\Delta\nu \cdot f_V(k_i) \cdot w_{ij} \cdot \left[1 - f_L(k_j)\right] \tag{8.6a}$$

$$N_e = A_e \cdot u(\nu,T)\Delta\nu \cdot f_L(k_j) \cdot w_{ji} \cdot \left[1 - f_V(k_i)\right] \tag{8.6b}$$

In Gleichung (8.6a) beschreibt die Wellenzahl k_i im Valenzband (Index V) die Herkunft des Elektrons und entsprechend k_j im Leitungsband (Index L) das Ziel des Elektrons, das Loch. In Gleichung (8.6b) beschreibt k_j im Leitungsband das Elektron und k_i im Valenzband das Loch.

Für den Einsatz von induzierter Emission fordern wir das Überwiegen der Emission im Frequenz-Intervall $\Delta\nu$ über die Absorption.

$$N_a < N_e \tag{8.7}$$

Mit der Annahme gleicher Übergangswahrscheinlichkeiten $w_{ij} = w_{ji}$ sowie gleicher Übergangskoeffizienten $A_e = A_a$ aufgrund der Entsprechung gegenläufiger Prozesse, dem Kürzen der spektralen Energiedichte $u(\nu,\tau)\Delta\nu$, ergibt sich aus Gleichung (8.7) mit den Gleichungen (8.6a/b):

$$f_V(k_i) \cdot \left[1 - f_L(k_j)\right] < f_L(k_j) \cdot \left[1 - f_V(k_i)\right] \tag{8.8}$$

Unter Verwendung der Fermi-Funktionen für $f_V(W_V(k_i))$ und $f_L(W_L(k_j))$

$$f_V\left(W_V(k_i)\right) = \frac{1}{1 + e^{\frac{W_V(k_i) - W_{Fp}}{kT}}}$$
$$f_L\left(W_L(k_j)\right) = \frac{1}{1 + e^{\frac{W_L(k_j) - W_{Fn}}{kT}}} \tag{8.9}$$

erhalten wir für die bei Besetzungsinversion notwendige Aufspaltung der Quasi-Ferminiveaus:

$$W_{Fn} - W_{Fp} > W_L(k_j) - W_V(k_i) \tag{8.10}$$

Wir werden schließen können, daß sich die niedrigsten Anregungswerte beim direkten Halbleiter ergeben, also für $i = j$, da bei indirekten Halbleitern stets Phononen mit einem in diesem Fall nicht zu vernachlässigenden Energiebeitrag am Elektronen-Übergang beteiligt sind. Demnach eignen sich direkte Halbleiter besser als Laser-Material.

Abb. 8.6 stellt die Aufspaltung der Quasi-Ferminiveaus schematisch dar. Beide Quasi-Ferminiveaus liegen in "ihren" Bändern: das der Elektronen im Leitungsband, das der Löcher im Valenzband, die optische Strahlung hat energetisch den Wert $h\nu \leq W_L - W_V$. Insofern läßt sich alles zusammenfassen zu Gleichung (8.11).

$$W_{Fn} - W_{Fp} = W_L - W_V \geq h\nu \qquad (8.11)$$

Bedingung für das Einsetzen der Besetzungsinversion im Halbleiter

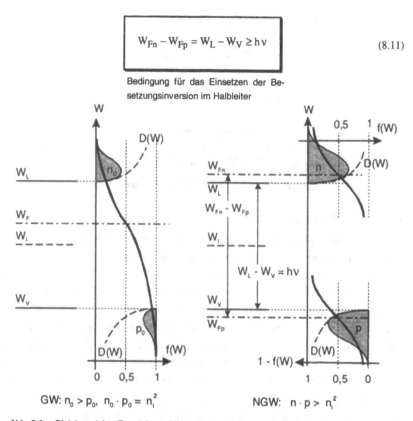

GW: $n_0 > p_0$, $n_0 \cdot p_0 = n_i^2$ NGW: $n \cdot p > n_i^2$

Abb. 8.6: Gleichgewichts-Ferminiveau W_F und seine Aufspaltung zu W_{Fn} und W_{Fp} beim Injektionslaser mit Ladungsträgerverteilungen n und p

Abb. 8.7 beschreibt das Schema eines Halbleiter-Injektions-Lasers als Vier-Niveau-Laser: das *Pump-Niveau* zwischen Energie-Werten innerhalb beider Bänder, das *Laser-Niveau* zwischen den Band-Kanten. Die beiden Laser-Niveaus, die Bandkanten, liegen damit zwischen dem oberen und unteren Pump-Niveau in den Bändern. Die niedrigste Pump-Energie ist i.a. keine der Laser-Energien.

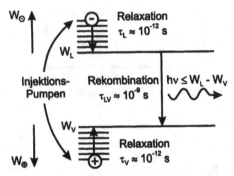

Abb. 8.7: Energiebänder-Schema des Injektions-Lasers

8.3   Der Halbleiterdioden-Laser

Der Halbleiterdioden-Laser stellt die Anordnung einer Lumineszenzdiode mit Resonator zur Erzeugung induzierter Emission dar. Die Lumineszenzdiode muß im Durchlaßbetrieb in den Anregungszustand der Hochinjektion gebracht werden (s. Tab. 5.2), bei dem die spontane Emission der Injektionslumineszenz (s. Kapitel 7.2) infolge optischer Rückkopplung in induzierte Emission übergeht. Zur Begrenzung von Ladungsträgerverlusten durch strahlungslose Rekombination beschränkt man die Materialauswahl auf direkte Halbleiter, dabei aber nicht nur auf pn-Übergänge aus gleichartigem Halbleitermaterial, auf sogenannte Homo-Übergänge, sondern man bezieht sogenannte Hetero-Übergänge mit ein, bei denen die Halbleitermaterialien des Überganges unterschiedlich sind (s. Kapitel 7.6). Bei der Laser-Diode ist darauf zu achten, daß beim Schichtenaufbau die Gitterkonstante des Substrat-Materials berücksichtigt wird (s. Abb. 7.4), wenn eine gegensätzlich dotierte Schicht unterschiedlichen Halbleitermaterials darauf abgeschieden wird. Als Beispiel soll eine n-$Ga_{1-x}Al_xAs$/n-GaAs/p-$Ga_{1-x}Al_x$-As-Struktur dienen, an der die Vorteile der Hetero-Übergänge für den Laser-Betrieb gezeigt werden können (Abb. 8.8).

Die aktive p-GaAs-Schicht ist 0,05...0,2 μm breit, und sie hat einen höheren Brechungsindex als die beiden einhüllenden Bereiche (s. Abb. 7.8b). Dadurch wird ein hoher Anteil des in der aktiven Schicht entstehenden Lichtes, das auf die Grenzfläche fällt, unterhalb des Grenz-Winkels der Totalreflexion α_{Gr} $\left(\sin\alpha_{Gr} = \dfrac{n_{I,III}}{n_{II}} \right)$ zurück in die aktive Schicht geworfen, und verstärkt hier die Energiedichte des elektromagnetischen Feldes (optischer Einschluß, engl. *optical confinement*). Der relativ geringere Bandabstand in der GaAs-Schicht begünstigt hier die strahlende Rekombination, und diese hält durch die Leitungsband-Diskontinuität

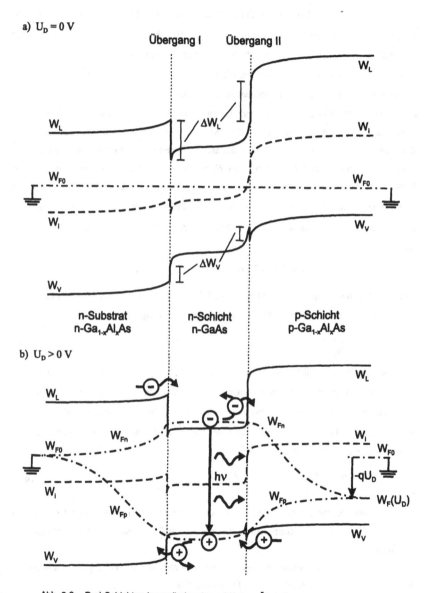

Abb. 8.8:   Drei-Schichten-Laserdiode mit zwei Hetero-Übergängen
Übergang I: n-Ga$_{1-x}$Al$_x$As / n-GaAs (isotyper Hetero-Übergang)
Übergang II: n-GaAs / p- Ga$_{1-x}$Al$_x$As (anisotyper Hetero-Übergang)
a) stromlos, b) U$_D$ > 0 V (Durchlaß mit Hochinjektion)

$\Delta W_L = 0{,}2...0{,}25\,\text{eV}$ am Übergang II die Elektronen und durch die Valenzband-Diskontinuität $\Delta W_V = 0{,}2...0{,}15\,\text{eV}$ am Übergang I die Löcher innerhalb der GaAs-Schicht (elektrischer Einschluß, engl. *electrical confinement*). So kann bereits bei geringer Dichte des Schwellenstromes I_{th} der Diode der Übergang von inkohärenter spontaner Emission zur kohärenten induzierten Emission erfolgen (s. Datenblatt Abb. 8.15b).

Der wichtige Wert des *Schwellenstromes* I_{th} der Laser-Diode läßt sich mit einfachen Überlegungen abschätzen. Ausgangspunkt ist die Annahme, daß beim Anschwingen des Lasers der Zuwachs an Photonen beim Durchlaufen des aktiven Bereiches die Verluste übersteigen muß. Als Zuwachs wird dabei der **Gewinn g** pro Weglänge im Resonator bezeichnet, und die **Verluste γ**, ebenfalls auf die Weglänge im Resonator bezogen, berücksichtigen Streuung an Streuzentren durch γ_{streu}, Resonator-Verluste z.B. durch mangelhafte Reflexion durch γ_{res}, Beugung an Blenden im Strahlengang durch $\gamma_{beugung}$ usw.. Es gilt für das Einsetzen des Laser-Betriebes:

$$g \geq \sum_i \gamma_i = \gamma_{streu} + \gamma_{res} + \gamma_{beugung} + \cdots \tag{8.12}$$

Der *Quantenwirkungsgrad* η drückt nun aus, daß es pro rekombinierter Elektron-Loch-Rate N_{elektr} die emittierte Photonen-Rate N_{opt} im Resonator der Länge d gibt.

$$\eta = \frac{N_{opt}}{N_{elektr}} \tag{8.13}$$

Die emittierte Photonendichte N_{opt} geht aus von der bereits früher errechneten Dichte Z unterschiedlicher stehender Wellen im Schwarzen Körper (Gleichung (2.64)), hier in Materie mit dem Brechungsindex n und der Lichtgeschwindigkeit $v = c_0/n$ sowie mit dem Volumen $V = l^3$, wodurch Z der Dichte der Photonen im Laser-Resonator für das Frequenzintervall Δv zwischen v und $v+\Delta v$ entspricht.

$$\frac{Z_{Laser}}{V} = \frac{Z_{Laser}}{l^3} = \frac{4\pi\,n^3}{c_0^3} \cdot v^2\,\Delta v \tag{8.14}$$

Das Frequenzintervall Δv entspricht demjenigen der natürlichen Linienbreite bei spontaner Emission, weil diese auch beim Laser-Oszillator des Halbleitermaterials die Photonendichte bestimmt.

Die anfängliche Photonendichte wächst im Resonator mit der Geschwindigkeit v um den Gewinn g über die Länge d zur emittierten Photonendichte

$$N_{opt} = v \cdot d \cdot g \cdot Z_{Materie} = \frac{4\pi\,n^2}{c_0^2} \cdot d \cdot g \cdot v^2\,\Delta v. \tag{8.15}$$

Dabei ist N_{opt} die Differenz zwischen der Gesamtzahl emittierter (d.h. rekombinierter) und wieder absorbierter Photonen.

Die Rate rekombinierter Elektron-Loch-Paare wird durch den Diodenstrom gegeben.

$$I_{Diode} = A \cdot j_{Diode} = A \cdot q \cdot N_{elektr} \qquad (8.16)$$

Unter Berücksichtigung von (8.13) und Auflösung nach j_{Diode} ergibt sich:

$$j_{Diode} = \frac{4\pi q}{c_0^2} \cdot n^2 \cdot d \cdot \frac{g}{\eta} \cdot \nu^2 \, \Delta\nu \qquad (8.17)$$

Die Schwellenstrom-Bedingung lautet damit:

$$j_{th} \geq \frac{4\pi q}{c_0^2} \cdot n^2 \cdot d \cdot \frac{\sum_i \gamma_i}{\eta} \cdot \nu^2 \, \Delta\nu \qquad (8.18a)$$

oder im Wellenlängenbild (s. auch Gleichungen (2.85/88)):

$$j_{th} \geq 4\pi q \cdot c_0 \cdot \frac{d}{n} \cdot \frac{\sum_i \gamma_i}{\eta} \cdot \frac{\Delta\lambda}{\lambda^4} \qquad (8.18b)$$

Im folgenden wird der Wert für den Schwellenstrom abgeschätzt anhand von Gleichung (8.18b) mit $d = 0,1 \, \mu m$, $n = 3,6$, $\sum \gamma_i = g$ (Gleichung (8.11)) sowie $g = 100 \, cm^{-1}$, $\eta = 0,1$, $\lambda(GaAs) = 830 \, nm$, $\Delta\lambda = 20 \, \mu m$. Es ergibt sich $j_{th} \geq 7 \cdot 10^3 \, A/cm^2$, ein Wert, der entscheidend von der Resonatorabmessung d bestimmt wird. Der hier angenommene Wert für den Gewinn g liegt in der gleichen Größenordnung wie der Absorptionskoeffizient α für freie Ladungsträger (Gleichung (2.20) u.f.), der den gegenläufigen Prozeß beschreibt. Im Falle der Hochinjektion kann dieser gegenüber dem errechneten Wert $\alpha(GaAs) = 10 \, cm^{-1}$ ohne weiteres um den Faktor 10 erhöht sein und muß durch den Gewinn kompensiert werden. Längerwellige Laser haben wegen $j_{th} \propto \lambda^{-4}$ den kleineren Schwellenstrom.

Der Wert der Schwellenstromdichte j_{th} und des Schwellenstromes I_{th} eines speziellen Bauelementes (z.B. auf dem Datenblatt Abb. 8.15b $I_{th} = 25 \, mA$ für HITACHI HL1541BF/DL) bestimmt seine Lebensdauer, weil angesichts des stets geringen Wirkungsgrades der strahlenden Rekombination (s. Abschn. 7.11) erhebliche Verlustwärme entsteht, die über unzulässig hohe Temperaturen (höchste zulässige Betriebstemperatur = +60°C von HITACHI HL1541BF/DL) zur Zerstörung des Bauelementes führt. Insofern muß die Schwellenstromdichte j_{th} so gering wie möglich werden. Über die Jahre der Laser-Dioden-Entwicklung ist der Wert j_{th} von $10^5 \, A/cm^2$ auf gegenwärtig ca. $10^2 \, A/cm^2$ gefallen, dank geschickten Laser-Aufbaus im Sinne von Gleichung (8.18b).

An dieser Stelle sei auf den Unterschied zwischen dem Halbleiterdioden-Laser und dem *optischen Verstärker* hingewiesen. Der optische Verstärker entspricht dem Laser-System ohne Resonator. In ihm kann eine energetisch abgestimmte kohärente Welle infolge induzierter Emission verstärkt werden. Da kein Resonator vorhanden ist, kommt es nicht zu einer Resonanzschwingung und der Gewinn steigt nicht in dem Maße wie beim Laser. Man spricht in diesem Fall von Gewinn-Sättigung. Da die Resonator-Länge die Resonanzschwingung festlegt (s. Gleichung (8.1)), ist beim Laser die Wellenlänge der Welle, die verstärkt wird, genauer bestimmt als im optischen Verstärker.

8.4   Bauprinzipien von Dioden-Lasern mit Hetero-Übergang

Im Laufe der Entwicklung seit den siebziger Jahren ist der Aufbau der Halbleiterlaser ständig verbessert worden, um den beiden wichtigen Gesichtspunkten des optischen und des elektrischen Einschlusses (engl. "optical" und "electrical confinement") immer besser zu entsprechen. Dies wurde möglich durch die verbesserten Herstellungsmethoden mit Hilfe der Hetero-Epitaxie von III-V-Halbleiterschichten. Zunächst verfügte man über die Flüssig-Phasen-Epitaxie (engl. liquid phase epitaxy, LPE), die Schichtdicken bis herab zu 0,5 μm reproduzierbar abzuscheiden gestattete, dann über die Gas-Phasen-Epitaxie (engl. vapour phase epitaxy, VPE), mit der Schichtdicken bis herab zu 20 nm sicher beherrscht werden, schließlich über die Molekular-Strahl-Epitaxie (engl. molecular beam epitaxy, MBE), mit deren Hilfe man sogar monoatomare Schichten abscheiden kann (s. Abschnitt 7.10.2). Allerdings steigt der technische Aufwand ebenfalls in der referierten Reihenfolge.

In der Abb. 8.9 werden Bauprinzipien von Lasern unter den Gesichtspunkten des schrittweise verbesserten optischen und elektrischen Einschlusses vorgestellt. Dabei wird neben dem Schema des Energiebänder-Modelles der Brechungsindex n der Materialien und die spezifische Ausstrahlung M über die Längenkoordinate angegeben. Beim Brechungsindex ist zu beachten, daß er (leicht) ansteigt, wenn die Dichte freier Ladungsträger infolge geringerer Dotierung im GaAs absinkt, weiterhin bei der spezifischen Ausstrahlung, daß sie auch in den an den aktiven Bereich angrenzenden Schichten nicht auf Null zurückgeht, weil der optische Einschluß mit Hilfe von Totalreflexion stets von Verlusten begleitet ist.

In Abb. 8.9a ist zunächst der (Homo-)pn-Übergang aus GaAs dargestellt. Beide Einschlußarten sind nicht effizient, der Bereich erhöhter Ladungsträgerdichten erstreckt sich über insgesamt einige μm entsprechend den zugeordneten Diffusionslängen. Der Ladungsträgereinschluß geschieht zwischen den beiden Potentialwällen der um die Durchlaßspannung verringerten Diffusionsspannung. Bei (möglichst entartet) hoher Dotierung beiderseits sinkt die Diffusionslänge und man erreicht einen elektrischen Einschluß von < 4 μm bei gleichzeitig wachsendem Potentialwall. Eine Verbesserung erfährt das Aufbauprinzip durch einen einzelnen (b) oder besser durch zwei (c) Hetero-Übergänge, hier wieder am System GaAs/AlGaAs demonstriert. Bei (c) zählen für unsere Überlegungen nur die beiden Hetero-Übergänge beiderseits des p-GaAs-Bereiches, der n-GaAs-Bereich stellt das Substrat dar. Hier gelingt der Einschluß bereits bis zu Werten $\leq$ 0,2μm. Der Aufbau (d) des 5-Schichten-Hetero-Übergang-Lasers ist wieder symmetrisch gebaut und mit ihm gelingt der Einschluß auf Werte von 40 nm und feiner. Durch die Abstufung des Ga-Gehaltes in $Al_xGa_{1-x}As$ wird der Brechungsindex in zwei Stufen nach außen verringert (s. Abb. 7.8b), wodurch eine Lichtleiter-Funktion der Ga-reichen Schichten entsteht, die sich im Profil der spezifischen Ausstrahlung M ausdrückt. Gleichzeitig entstehen durch das schrittweise abgestufte Energiebändermodell symmetrische Potentialwälle, welche die rekombinierenden Ladungsträgerpaare auf die p-GaAs-Schicht konzentrieren. Die Abstrahlung erfolgt senkrecht zum Schichtenaufbau und der Stromzuführung und wird als Kanten-Laser-Abstrahlung (edge emitter) bezeichnet.

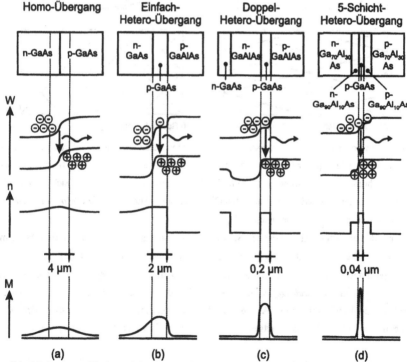

Abb. 8.9: Struktur, Bändermodell, örtlicher Verlauf des Brechungsindexes n und spezifische Ausstrahlung M für unterschiedliche Bauprinzipien von Laserdioden nach [20]

8.5   Ausführungsformen von Halbleiter-Injektionslasern

Beim Entwurf von Halbleiter-Injektionslasern verfolgt man für den Resonator zwei Prinzipien: erstens das *Fabry-Perot-Prinzip* der planparallelen Resonatorflächen, innerhalb derer die Lichtstrahlen durch Totalreflexion geführt und durch konstruktive Interferenz als Grund- oder Oberwelle bestimmter Ordnung, als Modus (engl. mode), selektiert werden. Dabei ist der Resonator mit seiner räumlichen Ausdehnung, also drei Koordinaten und mithin bis zu drei Laufzahlen für den jeweiligen Modus beteiligt. Abb. 8.10 zeigt eine zweidimensionale Projektion stehender Wellen unterschiedlicher Ordnung in einem Resonator mit rechteckigem Querschnitt.

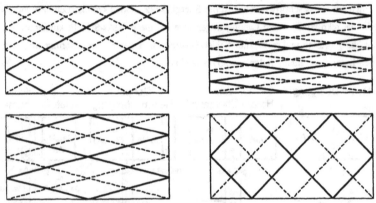

Abb. 8.10: Stehende Wellen in einem rechteckigen Resonator, nach [9]

Wenn ein optischer Lichtweg zwischen zwei Reflexionspunkten bis auf die Größe der Lichtwellenlänge schrumpft (z.B. durch Schichtenaufbau), schwingt der Laser für bestimmte Abstrahlrichtungen in der Grundwelle, im *Mono-Mode-Betrieb*. Dieser zeichnet sich stets durch großen Frequenzabstand von der nächsten Oberwelle aus, während im *Multi-Mode-Betrieb* die Resonanzfrequenzen dicht beieinander liegen.

Durch den im allgemeinen gewählten Schichtenaufbau werden *Streifenlaser* realisiert, bei dem die aktive Zone als Streifen eingegrenzt ist nach zwei unterschiedlichen Strategien: entweder als *gewinngeführter Laser* (engl. gain guided laser) durch lokal begrenzte Strominjektion (Abb. 8.11) oder als *indexgeführter Laser* (engl. index guided laser) durch seitlich unterschiedliche Brechungsindizes (Abb. 8.12). Beim erstgenannten Typ wird insbesondere der elektrische Einschluß, beim zweitgenannten der optische Einschluß als Bauprinzip verfolgt.

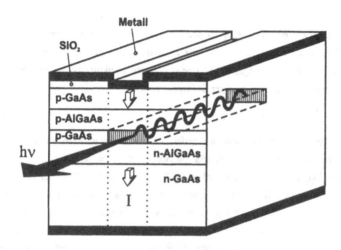

Abb. 8.11: Gewinngeführter GaAs-GaAlAs-Laser mit Doppel-Hetero-Struktur nach [21]

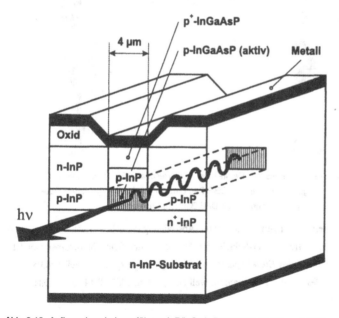

Abb. 8.12: Aufbau eines indexgeführten InP/InGaAsP Halbleiterlasers nach [21]

Das andere, später entwickelte Bauprinzip für den Resonator eines Halbleiter-Injektionslasers ist die Verwendung von Beugungsgittern im oder angrenzend zum aktiven Bereich parallel zum Hetero-Übergang. Das Beugungsgitter ist eine periodische Struktur, die nur dann Strahlung reflektiert, wenn die Gitterperiode Λ der Bedingung entspricht

$$\Lambda = n \cdot \frac{\lambda}{2} \quad \text{mit} \quad n \in N. \tag{8.19}$$

Auf diese Weise kann die Anzahl der ausbreitungsfähigen Oberwellen im Resonator reduziert werden. Parallel zur aktiven Laserschicht angebracht bezeichnet man diese Beugungsgitter als *Verteilte Rückkopplung* (engl. distributed feedback/DFB), und sie ersetzen dabei mit ihrer Riffelung (engl. corrugation) die Spiegelreflexion des Fabry-Perot-Systems. Dabei unterscheidet man wiederum zwei Varianten (Abb. 8.13), bei denen sich zum einen die Riffelung über den gesamten Schichtbereich erstreckt (die eigentliche DFB-Bauform), zum anderen jedoch den Bereich des Stromkontaktes ausläßt, die sogen. DBR-Bauform (engl. distributed Bragg reflector).

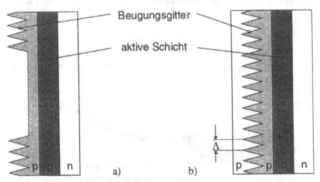

Abb. 8.13: Schematische Darstellung von Resonator-Systemen mit Beugungsgittern in der DBR-Bauform (a) mit lokal begrenztem Beugungsgitter und in der DFB-Bauform (b) nach [22]

Bei allen genannten Bauformen ist die Kanten-Abstrahlung typisch. Bei der Suche nach weiterer Verengung der aktiven Laser-Schicht zur Absenkung des Schwellenstromes wendet man zunehmend das Prinzip des *Einzel-Quantentopfes* (engl. single quantum well / SQW) und des *Multi-Quantentopfes* (engl. multi quantum well / MQW) an (Abb. 8.14) (s. Kapitel 7.6 „Hetero-Übergänge").

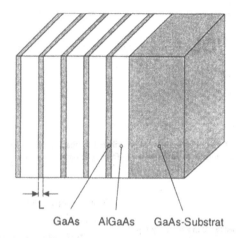

GaAs   AlGaAs   GaAs-Substrat

Abb. 8.14: Schematische Darstellung eines AlGaAs/GaAs multi quantum well Lasers mit L = 10 nm nach [22]

Zum Abschluß werden Daten des Lasers HITACHI HL1541BF/DL aus InGaAsP-Material an-gegeben. Das Bauelement ist eine sogenannte "buried hetero structure" mit Index-Führung am seitlichen InGaAsP/InP-Übergang (Abb. 8.15).

HL1541BF/DL

InGaAsP Laser Diodes

Description

The HL1541BF/DL are 1.55 μm band InGaAsP distributed feedback (DFB) laser diodes with a buried hetero structure. They are suitable as light sources in fiber optic communications and various other types of optical equipment.

Features

- The HL1541BF is packaged in a butterfly-type package with attached fiber optics cable and has a Peltier cooler, and the HL1541DL is packaged in a DIP package with attached fiber optics cable and also has a Peltier cooler. Thus these models provide stable operation.

- Wavelength output: λp – 1530 to 1570 nm

- Side mode suppression ration: S_r:– 35 dB (Typ.)

- Fast pulse response: t_r – 0.2 ns, t_f – 0.3 ns (Typ.)

Fiber Specifications

Mode field diameter: 10.0 ± 1.0 μm
Cutoff wavelength: 1.10 to 1.20 μm
Core diameter: 10 μm
Outer diameter: 125 μm
Jacket diameter: 900 μm
Fiber length: over 500 mm

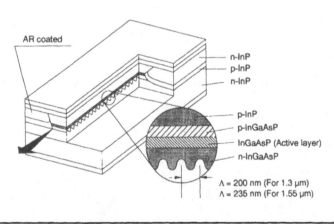

Abb. 8.15a: Beschreibung und Aufbau der Laser-Diode HL1541BF/DL der Firma Hitachi, aus [23]

Absolute Maximum Ratings ($T_C = 25°C$)

Item	Symbol	Rated Value	Unit
Fiber optical output power	P_f	1.0	mW
LD reverse voltage	$V_{R (LD)}$	2	V
PD reverse voltage	$V_{R (PD)}$	15	V
PD forward current	$I_{F (PD)}$	1	mA
Cooler current	I_C	1.4	A
Operating temperature	T_{opr}	0 to + 60	°C
Storage temperature	T_{stg}	– 40 to + 70	°C

Optical and Electrical Characteristics ($T_C = 25°C$)

Item	Symbol	Min	Typ	Max	Units	Test Conditions
Threshold current	I_{th}	—	25	50	mA	
Fiber optical output power	P_f	1.0	—	—	mW	Kink free
		0.3	—	—		$I_F = I_{th} + 20$ mA
Lasing wave-length	λ_p	1530	1550	1570	nm	$P_f = 0.5$ mW
Side mode suppression ratio	S_r	30	35	—	dB	$P_f = 0.5$ mW
Rise time	t_r	—	—	0.5	ns	$I_{bias} = I_{th}$, 10 to 90 %
Fall time	t_f	—	—	0.5	ns	$I_{bias} = I_{th}$, 90 to 10 %
PD dark current	I_{DARK}	—	—	350	nA	$V_{R (PD)} = 5$ V
Monitor current	I_S	50	—	—	μA	$V_{R (PD)} = 5$ V, $P_f = 0.5$ mW
PD capacitance	C_t	—	10	20	pF	$V_{R (PD)} = 5$ V, $f = 1$ MHz
Photosensitivity saturation bias current	$V_{R (S)}$	—	—	2	V	
Cooling capacity	ΔT	40	—	—	°C	$P_f = 0.5$ mW, $T_C = 60$ °C
Cooler current	I_C	—	—	1.4	A	$\Delta T = 40$ °C
Cooler voltage	V_C	—	—	1.8	V	$\Delta T = 40$ °C
Thermistor resistance	R_{TM}	—	10	—	kΩ	

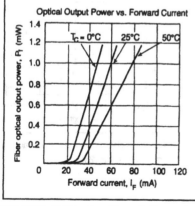

Optical Output Power vs. Forward Current

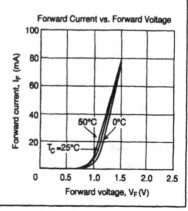

Forward Current vs. Forward Voltage

Abb. 8.15b: Grenzwerte, Eigenschaften und charakteristische Kennlinien der Laser-Diode HL1541BF/DL der Firma Hitachi, aus [23]

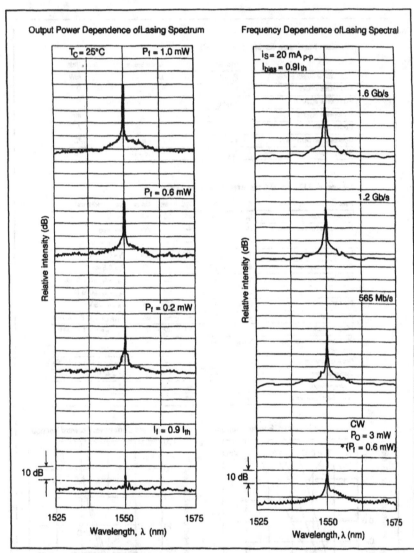

Abb. 8.15c: Laser-Spektrum in Abhängigkeit von der Ausgangsleistung und der Übertragungsfrequenz der Laser-Diode HL1541BF/DL der Firma Hitachi, aus [23]

9 Optische Nachrichtentechnik

Unter der Optischen Nachrichtentechnik oder der Optoelektronik versteht man die System-technik der **Erzeugung** optischer aus elektrischen Signalen, der **Übertragung** optischer Si-gnale und der **Wandlung** optischer in elektrische Signale. Die modernen optoelektronischen Systeme sind für den Quarzglas-Lichtwellenleiter (LWL) aufgebaut und haben dessen optische Eigenschaften zu beachten. Im Umfeld der Erzeugung und der Wandlung von Signalen sind heutzutage Komponenten entstanden, die man zu Recht als *Integrierte Optik* anspricht, da sie in vielfältiger Weise Ansteuerelektronik in die optoelektronischen Komponenten integriert aufweisen.

Der *Lichtwellenleiter* ist eine optische Faser, die aus einem Kern (engl. core) und einer Hülle (engl. cladding) besteht (Abb. 9.1). Der Kern besteht aus dotiertem Quarzglas (Dotierungen: Ti; Ge; B u.a.) und hat konstanten oder rotationssymmetrisch nach außen abklingenden Bre-chungsindex n_1, der Mantel einen geringeren Brechungsindex $n_2 \leq n_1$. Damit ist die Ausbrei-tungsgeschwindigkeit optischer Signale im Kern geringer als im Mantel, im Falle n_1 = const mit Lichtstrahlen als Geraden, die an der Grenze n_1/n_2 unter flachem Winkel totalreflektiert werden

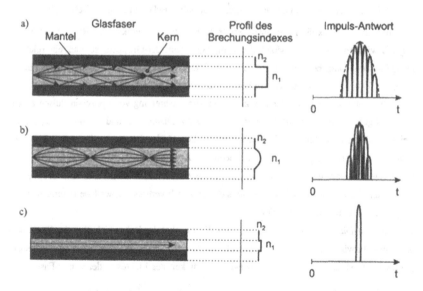

Abb. 9.1: Schematische Darstellung unterschiedlicher Lichtwellenleiter-Typen, a) Multi-Moden-Stufen-Index-Faser, b) Gradienten-Index-Faser, c) Mono-Moden-Stufen-Index-Faser nach [22]

als Multi-Moden-Stufen-Index-Faser (Abb. 9.1a) oder als Mono-Moden-Stufen-Index-Faser (Abb. 9.1c) oder mit allmählich gekrümmten Lichtstrahlen unter Wirkung des radial-verringerten Brechungsindexes n_1 als Gradienten-Index-Faser (Abb. 9.1b). Die Unterschiede zwischen n_1 und n_2 sind gering: Kern-Brechungsindex n_1 = 1,44...1,46; $\Delta n = n_1 - n_2$ = 0,001...0,2.

Bei der Ausbreitung von optischen Signalen spielt der *Dämpfungskoeffizient* $\alpha(\lambda)$ des Quarz-Glases in Abhängigkeit von der Wellenlänge λ eine Rolle. Entsprechend dem Lambert-Beer-schen Gesetz (Gleichung (4.12)) wird die Dämpfung α der optischen Leistung $P(0)$ über die Strecke L durch das Verhältnis $P(L)/P(0)$ angegeben.

$$\alpha \Big/ \frac{dB}{km} = 10 \cdot \log\left(\frac{P(0)}{P(L)}\right) \tag{9.1}$$

So gilt z.B. für die Dämpfung $P(L)/P(0) = 0,5$ über 1 km $\alpha = 3$dB/km. Der spektrale Verlauf der Dämpfung $\alpha(\lambda)$ des LWL-Quarzglases ist in Abb. 9.2a angegeben. Um den Wert $\lambda \approx 1,5...1,6\,\mu m$ erkennt man ein Dämpfungsminimum, das durch die mit λ abklingenden Streuverluste des Lichtes durch Rayleigh-Streuung ($\propto 1/\lambda^4$) und durch die mit λ anklingenden IR-Absorptionsverluste infolge Anregung von intrinsischen und extrinsischen (H_2O; Verunreinigungen) Molekülschwingungen entsteht. Bereits im Bereich der Rayleigh-Streuung liegen Zwischenmaxima der Molekülschwingungen von OH-Gruppen, so daß ein relatives Dämpfungsminimum bei $\lambda = 1,3\,\mu m$ ($\alpha \approx 0,3$ dB/km) und ein absolutes Dämpfungsminimum bei $\lambda = 1,55\,\mu m$ ($\alpha \approx 0,15$ dB/km) zu beobachten sind.

Schließlich sind die Einflüsse der *Dispersion* auf die Ausbreitung von optischen Pulsen zu berücksichtigen. Man unterscheidet vor allem *Moden-Dispersion* und *Material-Dispersion*. Beide Einflüsse bewirken eine Pulsverbreiterung. Die *Moden-Dispersion* findet nur in Multi-Moden-Fasern statt aufgrund der unterschiedlichen Ausbreitungsgeschwindigkeiten der einzelnen Moden. So regt ein Deltapuls über der Zeit in einer Multi-Moden-Faser eine Gruppe von Moden an, die zeitlich gestaffelt sind und sich allmählich verbreitern, weil sie unterschiedliche Wege innerhalb der Faser zurücklegen.

Die *Material-Dispersion* findet statt, weil das Wellenpaket des Pulses sich über das Wellenlängenintervall zwischen λ und $\lambda+\Delta\lambda$ erstreckt, in dem der Material-Brechungsindex wellenlängenabhängig ist. Es gilt für die Gruppengeschwindigkeit des Lichtes in der Quarz-Faser Gleichung (2.29), die für $n = v_{Phase}/v_{Gruppe}$ mit $n > \lambda \cdot \dfrac{dn}{d\lambda}$ umgeschrieben wird zu

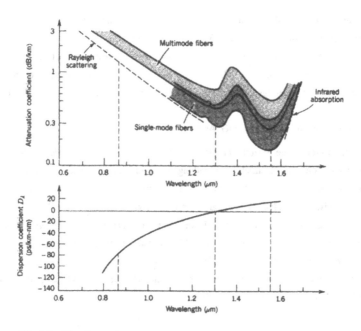

Abb. 9.2: Dämpfung (a) und Dispersions-Koeffizient (b) eines Quarz-
Lichtwellenleiters aus [22]

$$n(\lambda) = n_0 - \lambda \cdot \frac{dn}{d\lambda}.$$

(9.2)

Die Ableitung führt auf den Ausdruck für die Dispersion D_λ (Abb. 9.2b).

$$D_\lambda \equiv \frac{1}{c_0} \cdot \frac{dn}{d\lambda} \approx -\frac{\lambda}{c_0} \cdot \frac{d^2 n}{d\lambda^2}$$

(9.3)

Für optoelektronische Nachrichtensysteme mit Lichtwellenleitern bedarf es eines technischen Kompromisses. Prinzipiell gibt es drei Systemlösungen, die als „Generationen" aufeinander-folgten:

1. Systeme mit AlGaAs/GaAs - LED's und –Lasern: Übertragung bei λ = 0,87 μm mit hoher Dämpfung und Dispersion sowohl mit Stufen-Index-Fasern als auch Gradienten-Index-Fasern

Als Empfänger dienen Si p-i-n- und APD-Photodioden. In den siebziger Jahren waren dies die ersten realisierten Systeme (APD-Bauform: s. Kapitel 6.1).

2. Systeme mit InGaAsP-Lasern: Übertragung bei $\lambda = 1,3\ \mu m$ mit Gradienten-Index- und Mono-Moden-Fasern bei minimaler Material-Dispersion

   Als Empfänger verwendet man InGaAs p-i-n- oder -APD-Detektoren (auch aus Ge).

3. Systeme mit InGaAsP-Lasern: Übertragung bei $\lambda = 1,55 \mu m$ mit ausschließlich Mono-Moden-Fasern bei geringster Dämpfung, allerdings mit nicht vernachlässigbarer Material-Dispersion

   Empfänger sind hier wiederum InGaAs p-i-n- oder APD-Detektoren.

Heutzutage werden neue Systeme i.a. nach der Systemlösung 3 gebaut. Als ein Beispiel soll eine optoelektronische Nachrichtenverbindung zwischen Amerika und Ostasien über eine Strecke von 9000 km dienen. Mit einer Übertragungsrate B = 2,5 Gb/s werden die Signale über 275 optische Verstärker im Abstand von L ≤ 32 km übertragen. Als Gütekriterium gilt dabei das Produkt B·L, hier B·L = 80 GHz·km. Dies entspricht der Übertragungskapazität von 32.000 Telefonie-Kanälen gleichzeitig mit 50 TV-Kanälen über ein optoelektronisches Übertragungssystem, das jeweils auch eine elektrische Spannungsversorgung für die 275 optischen Verstärker braucht. Erst mit Hilfe optoelektronischer Übertragungstechnik ist das moderne weltweite Informationsnetzwerk realisierbar.

Anhang

A 1 Herleitung des Wienschen Verschiebungsgesetzes

Ausgangspunkt der Ableitung ist das Plancksche Strahlungsgesetz (2.85).

$$u_{Pl}(\nu, T)\, d\nu = \frac{8\pi h}{c_0^3} \cdot \frac{\nu^3}{e^{\frac{h\nu}{kT}} - 1}\, d\nu \tag{A-1}$$

Die Frequenz, bei der die Energiedichte ihr Maximum hat, erhält man durch Ableiten und Nullsetzen von (A-1).

$$\frac{d\, u_{Pl}(\nu, T)}{d\nu} = \frac{8\pi h}{c_0^3} \cdot \frac{\left(e^{\frac{h\nu}{kT}} - 1\right) \cdot 3\nu^2 - \nu^3 \cdot \frac{h}{kT} \cdot e^{\frac{h\nu}{kT}}}{\left(e^{\frac{h\nu}{kT}} - 1\right)^2}$$

$$= \frac{8\pi h}{c_0^3} \cdot \frac{e^{\frac{h\nu}{kT}} \cdot \nu^2 \cdot \left(3 - 3 \cdot e^{-\frac{h\nu}{kT}} - \frac{h\nu}{kT}\right)}{\left(e^{\frac{h\nu}{kT}} - 1\right)^2} \tag{A-2}$$

Da die gesuchte Frequenz ν_{max} ungleich Null ist, wird für die Nullstellenberechnung von (A-2) nur der Klammerausdruck des Zählers berücksichtigt.

$$0 = 3 - 3 \cdot e^{-\frac{h\nu_{max}}{kT}} - \frac{h\nu_{max}}{kT} \tag{A-3}$$

Mit $x_{max} = \frac{h\nu_{max}}{kT}$ wird durch (A-3) eine transzendente Gleichung für x_{max} definiert, die auf numerischem Wege gelöst werden kann. Man erhält als Lösung für x_{max}:

$$x_{max} = 2,821\ldots$$

Da die Werte für h und k ebenso wie x_{max} Konstanten sind, erhält man mit der Definition von x_{max} das Wiensche Verschiebungsgesetz in der Form der Gleichung (2.90).

$$\frac{\nu_{max}}{T} = \text{konst} \tag{A-4}$$

A 2 Berechnung der Stefan-Boltzmann-Konstante

Die Berechnung der Stefan-Boltzmann-Konstanten beruht auf dem Ausdruck zur Berechnung der Strahlungsleistungsdichte des Schwarzen Körpers nach Gleichung (2.91).

$$S_{SK}(T) = \frac{2\pi t h}{c_0^2} \cdot \underbrace{\int_{\nu=0}^{\infty} \frac{\nu^3}{e^{\frac{h\nu}{kT}} - 1} d\nu}_{I} \tag{A-5}$$

Der Ausdruck $\left(e^{\frac{h\nu}{kT}} - 1\right)^{-1}$ im Integranden des Integrals I kann nach Umformung als Summenwert einer geometrischen Reihe beschrieben werden.

$$\frac{1}{e^{\frac{h\nu}{kT}} - 1} = \frac{e^{-\frac{h\nu}{kT}}}{1 - e^{-\frac{h\nu}{kT}}} = \frac{a_1}{1 - b} = \sum_{n=1}^{\infty} a_n \tag{A-6}$$

$$\text{mit } a_n = e^{\frac{-nh\nu}{kT}} \text{ und } b = e^{\frac{-h\nu}{kT}}$$

Für das Integral I erhält man damit:

$$I = \int_{\nu=0}^{\infty}\left[\nu^3 \cdot \sum_{n=1}^{\infty} e^{-n\frac{h\nu}{kT}}\right] d\nu = \sum_{n=1}^{\infty}\left[\int_{\nu=0}^{\infty}\nu^3 \cdot e^{-n\frac{h\nu}{kT}} d\nu\right] \tag{A-7}$$

Mit Hilfe von [19, S.65, Nr. 1] läßt sich das Integral bestimmen und man erhält durch Einsetzen von I in (A-5):

$$\int_{\nu=0}^{\infty}\nu^3 \cdot e^{-n\frac{h\nu}{kT}} d\nu = \frac{3!}{\left(-\frac{nh\nu}{kT}\right)^4} \tag{A-8}$$

$$\Rightarrow \quad S_{SK}(T) = \frac{2\pi t h}{c_0^2} \cdot \sum_{n=1}^{\infty} \frac{3!}{\left(-\frac{nh\nu}{kT}\right)^4} = \frac{12\pi t h}{c_0^2} \cdot \left(\frac{kT}{h\nu}\right)^4 \sum_{n=1}^{\infty} \frac{1}{n^4} \tag{A-9}$$

Nach [19, S.30, Nr. 16] gilt $\sum_{n=1}^{\infty} \frac{1}{n^4} = \frac{\pi^4}{90}$, so daß man für das Stefan-Boltzmann-Gesetz und für die Konstante σ das folgende Ergebnis erhält:

$$S_{SK}(T) = \underbrace{\frac{2\pi^5 k^4}{15 c_0^2 h^3}}_{\sigma} \cdot T^4 \tag{A-10}$$

A 3 Näherung des W(k)-Diagramms

Die Näherung des W(k)-Verlaufes beruht auf der Gleichung (3.46), die das Kristallelektron im Kronig-Penney-Modell beschreibt.

$$\underbrace{P \cdot \frac{\sin(\alpha a)}{\alpha a} + \cos(\alpha a)}_{f(\alpha a)} = \cos(k\,a) \tag{A-11}$$

Die hier vorgestellte Näherung des W(k)-Verlaufes gilt für die Umgebung der Bandkanten, das heißt in dem Bereich, in dem die Funktion $f(\alpha a)$ gleich ± 1 ist. Daher wird nun die Gesamtenergie, die durch Gleichung (3.29) beschrieben wird, um einen Term für die Bandkantenenergie erweitert.

$$W = \frac{\hbar^2}{2m} \alpha^2 \tag{A-12}$$

$$= W_{Kante} + \frac{\hbar^2}{2m} \alpha^2 - W_{Kante} = W_{Kante} + \frac{\hbar^2}{2m} \alpha^2 - \frac{\hbar^2}{2m} \alpha^2_{Kante}$$

$$= W_{Kante} + \frac{\hbar^2}{2m} \left(\alpha^2 - \alpha^2_{Kante} \right) = W_{Kante} + \frac{\hbar^2}{2m} \left(\alpha - \alpha_{Kante} \right) \left(\alpha + \alpha_{Kante} \right)$$

$$\overset{\alpha \approx \alpha_{Kante}}{\approx} W_{Kante} + \frac{\hbar^2}{2m} 2\alpha_{Kante} \left(\alpha - \alpha_{Kante} \right) \tag{A-13}$$

Der Ausdruck $(\alpha - \alpha_{Kante})$ kann mit Hilfe einer Taylor-Reihenentwicklung der Funktion $f(\alpha a)$ im Bereich der Bandkante bestimmt werden.

$$f(\alpha a) \approx f\left(\alpha_{Kante} a \right) + a \cdot \left(\alpha - \alpha_{Kante} \right) \cdot \left. \frac{d\,f}{d\,\alpha a} \right|_{\alpha_{Kante}}$$

$$\Leftrightarrow \quad \left(\alpha - \alpha_{Kante} \right) = \frac{f(\alpha a) - f\left(\alpha_{Kante} a \right)}{a \cdot \left. \dfrac{d\,f}{d\,\alpha a} \right|_{\alpha_{Kante}}} \tag{A-14}$$

Nach (A-11) kann die Funktion $f(\alpha a)$ durch $\cos(ka)$ beschrieben werden. Mit Hilfe einer Potenzreihenentwicklung der cos-Funktion im Bereich der Bandkante kann der Ausdruck $f(\alpha a)$ in (A-14) bestimmt werden. Je nachdem, ob die Band-Oberkante oder die Band-Unterkante betrachtet wird, erhält man unterschiedliche Ergebnisse:

Band-Oberkante: $\cos(ka) \approx -1 + \frac{1}{2} \cdot (ka)^2$ für $k \geq k_{oben}$ mit $\cos(k_{oben}a) = -1$ (A-15)

Band-Unterkante: $\cos(ka) \approx +1 - \frac{1}{2} \cdot (ka)^2$ für $k \leq k_{unten}$ mit $\cos(k_{unten}a) = +1$ (A-16)

Setzt man die Ausdrücke (A-15) und (A-16) in (A-14) ein, erhält man zusammen mit (A-13) einen Ausdruck für den Energieverlauf im Bereich der Bandkanten.

$$\text{Band-Oberkante: } W \approx W_{oben} + \frac{\hbar^2}{2m} 2\alpha_{oben} \frac{f(\alpha a) - f(\alpha_{oben} a)}{a \cdot \left.\frac{df}{d\alpha a}\right|_{\alpha_{oben}}}$$

$$= W_{oben} + \frac{\hbar^2}{2m} 2\alpha_{oben} \frac{-1 + \frac{1}{2}(ka)^2 + 1}{a \cdot \left.\frac{df}{d\alpha a}\right|_{\alpha_{oben}}}$$

$$= W_{oben} + \frac{\hbar^2}{2m} \alpha_{oben} \frac{(ka)^2}{a \cdot \left.\frac{df}{d\alpha a}\right|_{\alpha_{oben}}} \qquad (A-17)$$

$$\text{Band-Unterkante: } W \approx W_{unten} + \frac{\hbar^2}{2m} 2\alpha_{unten} \frac{f(\alpha a) - f(\alpha_{unten} a)}{a \cdot \left.\frac{df}{d\alpha a}\right|_{\alpha_{unten}}}$$

$$= W_{unten} + \frac{\hbar^2}{2m} 2\alpha_{unten} \frac{+1 - \frac{1}{2}(ka)^2 - 1}{a \cdot \left.\frac{df}{d\alpha a}\right|_{\alpha_{unten}}}$$

$$= W_{unten} - \frac{\hbar^2}{2m} \alpha_{unten} \frac{(ka)^2}{a \cdot \left.\frac{df}{d\alpha a}\right|_{\alpha_{unten}}} \qquad (A-18)$$

Vergleicht man den zweiten Summanden in (A-17) und (A-18) mit der Energie eines freien Elektrons $W = \frac{\hbar^2}{2m} k^2$, so liegt es nahe, eine effektive Masse m_{eff} einzuführen, die zu einer analogen Formulierung der Energie des Kristallelektrons führt.

$$m_{eff} \equiv \begin{cases} \dfrac{m}{\alpha_{oben} a} \cdot \left.\dfrac{df}{d\alpha a}\right|_{\alpha_{oben}} & : \text{ Band} - \text{Oberkante} \\[2ex] \dfrac{m}{\alpha_{unten} a} \cdot \left.\dfrac{df}{d\alpha a}\right|_{\alpha_{unten}} & : \text{ Band} - \text{Unterkante} \end{cases} \qquad (A-19)$$

$$\Rightarrow \quad W(k) = W_{Kante} \pm \frac{\hbar^2}{2 m_{eff}} \cdot k^2 \qquad (A-20)$$

A 4 Optische Konstanten von Silizium

Wellenlänge λ / µm	Absorptions- koeffizient α / cm^{-1}	Brechungs- index n	Wellenlänge λ / µm	Absorptions- koeffizient α / cm^{-1}	Brechungs- index n
0,25	$1,84 \cdot 10^6$	1,694	0,63	$3,27 \cdot 10^3$	3,879
0,26	$1,97 \cdot 10^6$	1,8	0,64	$3,04 \cdot 10^3$	3,861
0,27	$2,18 \cdot 10^6$	2,129	0,65	$2,81 \cdot 10^3$	3,844
0,28	$2,36 \cdot 10^6$	3,052	0,66	$2,58 \cdot 10^3$	3,83
0,29	$2,24 \cdot 10^6$	4,426	0,67	$2,38 \cdot 10^3$	3,815
0,3	$1,73 \cdot 10^6$	5,055	0,68	$2,21 \cdot 10^3$	3,8
0,31	$1,44 \cdot 10^6$	5,074	0,69	$2,05 \cdot 10^3$	3,787
0,32	$1,28 \cdot 10^6$	5,102	0,7	$1,9 \cdot 10^3$	3,774
0,33	$1,17 \cdot 10^6$	5,179	0,71	$1,77 \cdot 10^3$	3,762
0,34	$1,09 \cdot 10^6$	5,293	0,72	$1,66 \cdot 10^3$	3,751
0,35	$1,04 \cdot 10^6$	5,483	0,73	$1,54 \cdot 10^3$	3,741
0,36	$1,02 \cdot 10^6$	6,014	0,74	$1,42 \cdot 10^3$	3,732
0,37	$6,97 \cdot 10^5$	6,863	0,75	$1,3 \cdot 10^3$	3,723
0,38	$2,93 \cdot 10^5$	6,548	0,76	$1,19 \cdot 10^3$	3,714
0,39	$1,5 \cdot 10^5$	5,976	0,77	$1,1 \cdot 10^3$	3,705
0,4	$9,52 \cdot 10^4$	5,587	0,78	$1,01 \cdot 10^3$	3,696
0,41	$6,74 \cdot 10^4$	5,305	0,79	$9,28 \cdot 10^2$	3,688
0,42	$5 \cdot 10^4$	5,091	0,8	$8,5 \cdot 10^2$	3,681
0,43	$3,92 \cdot 10^4$	4,925	0,81	$7,75 \cdot 10^2$	3,674
0,44	$3,11 \cdot 10^4$	4,793	0,82	$7,07 \cdot 10^2$	3,668
0,45	$2,55 \cdot 10^4$	4,676	0,83	$6,47 \cdot 10^2$	3,662
0,46	$2,1 \cdot 10^4$	4,577	0,84	$5,91 \cdot 10^2$	3,656
0,47	$1,72 \cdot 10^4$	4,491	0,85	$5,35 \cdot 10^2$	3,65
0,48	$1,48 \cdot 10^4$	4,416	0,86	$4,8 \cdot 10^2$	3,644
0,49	$1,27 \cdot 10^4$	4,348	0,87	$4,32 \cdot 10^2$	3,638
0,5	$1,11 \cdot 10^4$	4,293	0,88	$3,83 \cdot 10^2$	3,632
0,51	$9,7 \cdot 10^3$	4,239	0,89	$3,43 \cdot 10^2$	3,626
0,52	$8,8 \cdot 10^3$	4,192	0,9	$3,06 \cdot 10^2$	3,62
0,53	$7,85 \cdot 10^3$	4,15	0,91	$2,72 \cdot 10^2$	3,614
0,54	$7,05 \cdot 10^3$	4,11	0,92	$2,4 \cdot 10^2$	3,608
0,55	$6,39 \cdot 10^3$	4,077	0,93	$2,1 \cdot 10^2$	3,602
0,56	$5,78 \cdot 10^3$	4,044	0,94	$1,83 \cdot 10^2$	3,597
0,57	$5,32 \cdot 10^3$	4,015	0,95	$1,57 \cdot 10^2$	3,592
0,58	$4,88 \cdot 10^3$	3,986	0,96	$1,34 \cdot 10^2$	3,587
0,59	$4,49 \cdot 10^3$	3,962	0,97	$1,14 \cdot 10^2$	3,582
0,6	$4,14 \cdot 10^3$	3,939	0,98	$9,59 \cdot 10^1$	3,578
0,61	$3,81 \cdot 10^3$	3,916	0,99	$7,92 \cdot 10^1$	3,574
0,62	$3,52 \cdot 10^3$	3,895	1	$6,4 \cdot 10^1$	3,57

Wellenlänge λ / µm	Absorptionskoeffizient α / cm^{-1}	Brechungsindex n	Wellenlänge λ / µm	Absorptionskoeffizient α / cm^{-1}	Brechungsindex n
1,01	$5,11 \cdot 10^1$	3,566	1,24	$2,4 \cdot 10^{-3}$	3,513
1,02	$3,99 \cdot 10^1$	3,563	1,25	$1 \cdot 10^{-3}$	3,511
1,03	$3,02 \cdot 10^1$	3,56	1,26	$3,6 \cdot 10^{-4}$	3,51
1,04	$2,26 \cdot 10^1$	3,557	1,27	$2 \cdot 10^{-4}$	3,508
1,05	$1,63 \cdot 10^1$	3,554	1,28	$1,2 \cdot 10^{-4}$	3,507
1,06	$1,11 \cdot 10^1$	3,551	1,29	$7,1 \cdot 10^{-5}$	3,506
1,07	8	3,584	1,3	$4,5 \cdot 10^{-5}$	3,504
1,08	6,2	3,546	1,31	$2,7 \cdot 10^{-5}$	3,503
1,09	4,7	3,544	1,32	$1,6 \cdot 10^{-5}$	3,501
1,1	3,5	3,541	1,33	$8,6 \cdot 10^{-6}$	3,5
1,11	2,7	3,539	1,34	$3,5 \cdot 10^{-6}$	3,498
1,12	2	3,537	1,35	$1,7 \cdot 10^{-6}$	3,497
1,13	1,5	3,534	1,36	$1 \cdot 10^{-6}$	3,496
1,14	1	3,532	1,37	$6,7 \cdot 10^{-7}$	3,495
1,15	$6,8 \cdot 10^{-1}$	3,53	1,38	$4,5 \cdot 10^{-7}$	3,493
1,16	$4,3 \cdot 10^{-1}$	3,528	1,39	$2,5 \cdot 10^{-7}$	3,492
1,17	$2,2 \cdot 10^{-1}$	3,526	1,4	$2 \cdot 10^{-7}$	3,491
1,18	$6,5 \cdot 10^{-2}$	3,524	1,41	$1,5 \cdot 10^{-7}$	3,49
1,19	$3,6 \cdot 10^{-2}$	3,522	1,42	$8,5 \cdot 10^{-8}$	3,489
1,2	$2,2 \cdot 10^{-2}$	3,52	1,43	$7,7 \cdot 10^{-8}$	3,488
1,21	$1,3 \cdot 10^{-2}$	3,528	1,44	$4,2 \cdot 10^{-8}$	3,487
1,22	$8,2 \cdot 10^{-3}$	3,516			
1,23	$4,7 \cdot 10^{-3}$	3,515			

A 5   Optische Konstanten von Galliumarsenid

Wellenlänge λ / µm	Absorptionskoeffizient α / cm^{-1}	Brechungsindex n	Wellenlänge λ / µm	Absorptionskoeffizient α / cm^{-1}	Brechungsindex n
0,1148	$9,6437 \cdot 10^5$	0,923	0,216	$1,55509 \cdot 10^6$	1,321
0,124	$9,87068 \cdot 10^5$	0,913	0,2175	$1,56574 \cdot 10^6$	1,325
0,1378	$1,03595 \cdot 10^6$	0,901	0,2198	$1,5848 \cdot 10^6$	1,339
0,155	$1,1634 \cdot 10^6$	0,899	0,2214	$1,59776 \cdot 10^6$	1,349
0,1771	$1,30418 \cdot 10^6$	1,063	0,2238	$1,61993 \cdot 10^6$	1,367
0,1879	$1,36899 \cdot 10^6$	1,247	0,2254	$1,63686 \cdot 10^6$	1,383
0,1968	$1,26941 \cdot 10^6$	1,441	0,2279	$1,66467 \cdot 10^6$	1,41
0,2	$1,24156 \cdot 10^6$	1,424	0,2296	$1,68519 \cdot 10^6$	1,43
0,2066	$1,50359 \cdot 10^6$	1,264	0,2322	$1,72152 \cdot 10^6$	1,468
0,2087	$1,51916 \cdot 10^6$	1,287	0,2339	$1,74876 \cdot 10^6$	1,499
0,2101	$1,52878 \cdot 10^6$	1,288	0,2366	$1,79732 \cdot 10^6$	1,552
0,2123	$1,53425 \cdot 10^6$	1,304	0,2384	$1,83646 \cdot 10^6$	1,599
0,2138	$1,54288 \cdot 10^6$	1,311	0,2412	$1,90684 \cdot 10^6$	1,699

Wellenlänge λ / µm	Absorptions-koeffizient α / cm^{-1}	Brechungs-index n	Wellenlänge λ / µm	Absorptions-koeffizient α / cm^{-1}	Brechungs-index n
0,2431	$1,96172 \cdot 10^6$	1,802	0,3734	$7,20867 \cdot 10^5$	3,681
0,246	$2,03923 \cdot 10^6$	2,044	0,3757	$7,23143 \cdot 10^5$	3,709
0,248	$2,0694 \cdot 10^6$	2,273	0,378	$7,25725 \cdot 10^5$	3,74
0,251	$2,05568 \cdot 10^6$	2,654	0,3803	$7,29266 \cdot 10^5$	3,776
0,253	$2,01012 \cdot 10^6$	2,89	0,3827	$7,32901 \cdot 10^5$	3,818
0,2562	$1,91193 \cdot 10^6$	3,187	0,385	$7,37662 \cdot 10^5$	3,871
0,2583	$1,83412 \cdot 10^6$	3,342	0,3875	$7,41983 \cdot 10^5$	3,938
0,2616	$1,71683 \cdot 10^6$	3,511	0,3899	$7,4354 \cdot 10^5$	4,023
0,2638	$1,64439 \cdot 10^6$	3,598	0,3924	$7,37842 \cdot 10^5$	4,126
0,2672	$1,54258 \cdot 10^6$	3,708	0,3949	$7,22352 \cdot 10^5$	4,229
0,2695	$1,47766 \cdot 10^6$	3,769	0,3974	$6,99467 \cdot 10^5$	4,313
0,2731	$1,3887 \cdot 10^6$	3,85	0,4	$6,74186 \cdot 10^5$	4,373
0,2755	$1,33144 \cdot 10^6$	3,913	0,4025	$6,50017 \cdot 10^5$	4,413
0,2792	$1,22198 \cdot 10^6$	4,004	0,4052	$6,29249 \cdot 10^5$	4,439
0,2818	$1,14292 \cdot 10^6$	4,015	0,4078	$6,12603 \cdot 10^5$	4,462
0,2857	$1,04155 \cdot 10^6$	3,981	0,4105	$6,00308 \cdot 10^5$	4,483
0,2883	$9,86828 \cdot 10^5$	3,939	0,4133	$5,92289 \cdot 10^5$	4,509
0,2924	$9,16262 \cdot 10^5$	3,864	0,4161	$5,89511 \cdot 10^5$	4,55
0,2952	$8,80753 \cdot 10^5$	3,81	0,4189	$5,9007 \cdot 10^5$	4,626
0,2995	$8,39576 \cdot 10^5$	3,736	0,4217	$5,84067 \cdot 10^5$	4,755
0,3024	$8,18227 \cdot 10^5$	3,692	0,4246	$5,57881 \cdot 10^5$	4,917
0,3069	$7,92308 \cdot 10^5$	3,634	0,4275	$5,05888 \cdot 10^5$	5,052
0,31	$7,78304 \cdot 10^5$	3,601	0,4305	$4,46318 \cdot 10^5$	5,107
0,3147	$7,61489 \cdot 10^5$	3,559	0,4335	$3,9221 \cdot 10^5$	5,102
0,3179	$7,52638 \cdot 10^5$	3,538	0,4366	$3,47115 \cdot 10^5$	5,065
0,3229	$7,41373 \cdot 10^5$	3,512	0,4397	$3,10944 \cdot 10^5$	5,015
0,3263	$7,35189 \cdot 10^5$	3,501	0,4428	$2,81239 \cdot 10^5$	4,959
0,3315	$7,27826 \cdot 10^5$	3,488	0,446	$2,56963 \cdot 10^5$	4,902
0,3351	$7,24132 \cdot 10^5$	3,485	0,4492	$2,36669 \cdot 10^5$	4,845
0,3406	$7,19449 \cdot 10^5$	3,489	0,4525	$2,19113 \cdot 10^5$	4,793
0,3444	$7,16984 \cdot 10^5$	3,495	0,4558	$2,03742 \cdot 10^5$	4,741
0,3502	$7,14798 \cdot 10^5$	3,513	0,4592	$1,90466 \cdot 10^5$	4,694
0,3542	$7,14176 \cdot 10^5$	3,531	0,4626	$1,79015 \cdot 10^5$	4,649
0,3563	$7,13846 \cdot 10^5$	3,541	0,4661	$1,68774 \cdot 10^5$	4,605
0,3583	$7,1407 \cdot 10^5$	3,553	0,4696	$1,5922 \cdot 10^5$	4,567
0,3604	$7,14442 \cdot 10^5$	3,566	0,4732	$1,51104 \cdot 10^5$	4,525
0,3625	$7,1481 \cdot 10^5$	3,58	0,4769	$1,42027 \cdot 10^5$	4,492
0,3647	$7,15322 \cdot 10^5$	3,596	0,4806	$1,35181 \cdot 10^5$	4,456
0,3668	$7,16365 \cdot 10^5$	3,614	0,4843	$1,28959 \cdot 10^5$	4,423
0,369	$7,17543 \cdot 10^5$	3,635	0,4881	$1,22549 \cdot 10^5$	4,392
0,3712	$7,18707 \cdot 10^5$	3,657	0,492	$1,1698 \cdot 10^5$	4,362

Wellenlänge λ / μm	Absorptions-koeffizient α / cm^{-1}	Brechungs-index n
0,4959	$1,11752 \cdot 10^5$	4,333
0,4999	$1,07087 \cdot 10^5$	4,305
0,504	$1,02476 \cdot 10^5$	4,279
0,5081	$9,84337 \cdot 10^4$	4,254
0,5123	$9,44379 \cdot 10^4$	4,229
0,5166	$9,02463 \cdot 10^4$	4,205
0,5209	$8,66064 \cdot 10^4$	4,183
0,5254	$8,29945 \cdot 10^4$	4,162
0,5299	$7,99182 \cdot 10^4$	4,141
0,5344	$7,68938 \cdot 10^4$	4,12
0,5391	$7,45917 \cdot 10^4$	4,1
0,5438	$7,1174 \cdot 10^4$	4,082
0,5486	$6,89478 \cdot 10^4$	4,063
0,5535	$6,67482 \cdot 10^4$	4,045
0,5585	$6,41256 \cdot 10^4$	4,029
0,5636	$6,15386 \cdot 10^4$	4,013
0,5687	$5,87771 \cdot 10^4$	3,998
0,574	$5,62641 \cdot 10^4$	3,983
0,5794	$5,44384 \cdot 10^4$	3,968
0,5848	$5,26464 \cdot 10^4$	3,954
0,5904	$5,10828 \cdot 10^4$	3,94
0,5961	$4,89079 \cdot 10^4$	3,927
0,6019	$4,76015 \cdot 10^4$	3,914
0,6078	$4,61056 \cdot 10^4$	3,902
0,6138	$4,36076 \cdot 10^4$	3,89
0,6199	$4,27731 \cdot 10^4$	3,878
0,6262	$4,07374 \cdot 10^4$	3,867
0,6326	$3,89347 \cdot 10^4$	3,856
0,6391	$3,67691 \cdot 10^4$	3,846
0,6458	$3,56093 \cdot 10^4$	3,836
0,6526	$3,4468 \cdot 10^4$	3,826
0,6595	$3,29641 \cdot 10^4$	3,817
0,6666	$3,2613 \cdot 10^4$	3,809

Wellenlänge λ / μm	Absorptions-koeffizient α / cm^{-1}	Brechungs-index n
0,6738	$3,1332 \cdot 10^4$	3,799
0,6812	$2,91469 \cdot 10^4$	3,792
0,6888	$2,75482 \cdot 10^4$	3,785
0,6965	$2,74241 \cdot 10^4$	3,779
0,7045	$2,3902 \cdot 10^4$	3,772
0,7126	$2,23959 \cdot 10^4$	3,762
0,7208	$2,0572 \cdot 10^4$	3,752
0,7293	$1,92984 \cdot 10^4$	3,742
0,738	$1,7879 \cdot 10^4$	3,734
0,7469	$1,69929 \cdot 10^4$	3,725
0,756	$1,61235 \cdot 10^4$	3,716
0,7653	$1,52708 \cdot 10^4$	3,707
0,7749	$1,47573 \cdot 10^4$	3,7
0,7847	$1,42527 \cdot 10^4$	3,693
0,7948	$1,37553 \cdot 10^4$	3,685
0,8051	$1,32672 \cdot 10^4$	3,679
0,8157	$1,27867 \cdot 10^4$	3,672
0,8266	$1,2162 \cdot 10^4$	3,666
0,8321	$1,09943 \cdot 10^4$	
0,8377	$1,02907 \cdot 10^4$	
0,8434	$9,89337 \cdot 10^3$	
0,8492	$9,29308 \cdot 10^3$	
0,8551	$8,99382 \cdot 10^3$	
0,861	$8,29001 \cdot 10^3$	
0,864	$8,10124 \cdot 10^3$	
0,867	$8,29062 \cdot 10^3$	
0,87	$8,00203 \cdot 10^3$	
0,8731	$3,90045 \cdot 10^3$	
0,8793	$8,50334 \cdot 10^2$	
0,8856	$2,39805 \cdot 10^2$	3,614
0,892	$8,0019 \cdot 10^1$	
0,8984	$3,49688 \cdot 10^1$	
0,905	$1,84677 \cdot 10^1$	

A 6 Ausgewählte Daten einiger Halbleiter [20]

Eigenschaften / Halbleiter	Kristall- gittertyp / Gitter- konstante Å (0,1nm)	Bandabstand W_g (eV) bei 4K	300K	Band- über- gang	Phononenenergien (meV) L 0	T 0	effektive Massen (Vielfaches von m_0) m_n^*	m_p^*
Si (Silizium)	Diamant a=5,43	1,2	1,11	ind.	51	57,4	1,1	0,52
Ge (Germanium)	Diamant a=5,66	0,74	0,67	ind.	28,1	33,3	0,55	0,37
SiC (Siliziumkarbid)	α hexagonal a=3,08	3,0	2,8-3,2	ind.		90		
							0,6	1,2
	β kubisch a=4,36	2,68	2,2	ind.				
AlN (Aluminiumnitrid)	Wurtzit a=3,11 c=4,98		5,9	ind.	112,8	82,5		
GaN (Galliumnitrid)	Wurtzit a=3,19 c=5,18	3,6	3,5	dir.			0,19	0,6
InN (Indiumnitrid)	Wurtzit a=3,53 c=5,69	2,2	2,0	dir.				
BP (Borphosphid)	Zinkblende a=4,54		2,0	ind.	103,4	101,7		
AlP (Aluminiumphosphid)	Zinkblende a=5,46	2,52	2,45	ind.	62	54,6		
GaP (Galliumphosphid)	Zinkblende a=5,45	2,34	2,26	ind.	49,9	45,5	l 0,35 t 0,12	0,86

Beweglichkeiten		statische Dielektrizitätszahl	Brechungsindex	Schmelzpunkt	Debye-Temperatur	Wärmeleitfähigkeit	Molekular-Gewicht	Dichte	Härte Knoop
μ_n $cm^2V^{-1}s^{-1}$	μ_p	ε_r	$n^\bullet$	T_m °C	Θ K	$Wcm^{-1}K^{-1}$		gcm^{-3}	$kgmm^{-2}$
1350	480	12	3,45	1420	645	1,4	28,09	2,33	1150
3900	1900	16	4,0	947	374	0,61	72,6	5,3	780
100	20	6,7	2,63	2830 diss.	1030	4,9	40,1	3,2	2500
	14	9,1	2,2	2450 diss.	747	0,4	41	3,26	1200
400			2,4	1000 diss.			83,73	6,1	
50				1500 diss.			128,83	6,88	
	500	6,9	2,6	2000 diss.	985	0,01	41,8	2,97	
80		9,8	3,0	2000 diss.	588	0,9	57,95	2,4	500
150	120	11,1	3,36	1467	460	1,1	100,7	4,13	945

Eigenschaften	Kristall-gittertyp	Bandabstand W_g (eV) bei		Band-über-gang	Phononenenergien (meV)		effektive Massen (Vielfaches von m_0)	
Halbleiter	Gitter-konstante Å (0,1nm)	4K	300K		L 0	T 0	m_n^*	m_p^*
InP (Indiumphosphid)	Zinkblende a=5,87	1,42	1,34	dir.	42,8	37,7	0,067	0,8
BAs (Borarsenid)	Zinkblende a=4,78	1,6	1,46	ind.			1,2	0,7
AlAs (Aluminiumarsenid)	Zinkblende a=5,66	2,24	2,16	ind.	49,8	45,1	0,5	1,0
GaAs (Galliumarsenid)	Zinkblende a=5,65	1,52	1,43	dir.	36,2	33,3	0,068	0,5
InAs (Indiumarsenid)	Zinkblende a=6,06	0,41	0,36	dir.	30,2	27,1	0,022	0,41
AlSb (Aluminiumantimonid)	Zinkblende a=6,14	1,7	1,62	ind.	42,1	39,5	l 0,39 t 0,09	0,4
GaSb (Galliumantimonid)	Zinkblende a=6,09	0,81	0,7	dir.	29,8	26,8	l 0,047 t 0,36	0,23
InSb (Indiumantimonid)	Zinkblende a=6,48	0,24	0,18	dir.	24,2	22,6	0,014	0,4
Se (Selen)	hexagonal a=4,355 c=4,949	1,95	1,74	dir.				
Te (Tellur)	hexagonal a=4,447 c=5,915	0,33	0,32	dir.			0,038	0,26
ZnO (Zinkoxid)	hexagonal a=3,25 c=5,21	3,3	3,2	dir.	72	51	0,27	1,8
CdS (Cadmiumsulfid)	Zinkblende a=5,82	2,58	2,42	dir.	36,8	32,1	0,20	5

Beweglichkeiten		statische Dielektrizitätszahl	Brechungsindex	Schmelzpunkt	Debye-Temperatur	Wärmeleitfähigkeit	Molekular-Gewicht	Dichte	Härte Knoop
μ_n $cm^2V^{-1}s^{-1}$	μ_p	ε_r	n^*	T_m °C	Θ K	$Wcm^{-1}K^{-1}$		gcm^{-3}	$kgmm^{-2}$
4500	150	12,35	3,4	1070	420	0,7	145,49	4,79	535
				920	625		85,73	5,22	
280		12,0	3,1	1750	417	0,08	101,9	3,6	481
8500	400	11,0	3,4	1238	362	0,54	144,64	5,3	750
$2,26*10^4$	200	12,5	3,5	943	280	0,26	189,74	5,7	374
200	330	11,0	3,4	1080	370	0,56	148,74	4,26	360
2000	800	15,0	3,9	712	240	0,35	191,48	5,6	448
10^5	1700	17,7	3,9	525	210	0,18	236,58	5,8	223
~1		8,5	3,7	220	145	0,02	78,96	4,8	75
1000		5,0	2,7	455	129	0,03	127,61	6,3	
200		7,9	2,2	2000	920	0,29	81,38	5,7	500
350	15	8,9	2,5	1475	280	0,2	144,48	4,8	

Eigenschaften Halbleiter	Kristall-gittertyp Gitterkonstante Å (0,1nm)	Bandabstand W_g (eV) bei 4K	300K	Band-übergang	Phononenenergien (meV) L 0	T 0	effektive Massen (Vielfaches von m_0) m_n^*	m_p^*
ZnS (Zinksulfid)	Zinkblende a=5,41	3,8	3,66	dir.	36,9	28,4	0,34	
ZnSe (Zinkselenid)	Zinkblende a=5,67	2,8	2,67	dir.	31	26	0,17	0,6
CdSe (Cadmiumselenid)	Zinkblende a=6,05	1,84	1,74	dir.	26,2	20,6	0,13	1,2
ZnTe (Zinktellurid)	Zinkblende a=6,1	2,38	2,25	dir.	25,5	22,3	0,09	0,68
CdTe (Cadmiumtellurid)	Zinkblende a=6,48	1,6	1,5	dir.	21,2	17,4	0,11	2,1
PbS (Bleisulfid)	Steinsalz a=6,12	0,29	0,41	dir.	26,3		l 0,08 t 0,1	l 0,075 t 0,1
PbSe (Bleiselenid)	Steinsalz a=6,12	0,15	0,29	dir.	16,5		l 0,04 t 0,07	l 0,03 t 0,07
PbTe (Bleitellurid)	Steinsalz a=6,46	0,19	0,32	dir.	13,6		l 0,02 t 0,24	l 0,02 ±0,3
SnSe (Zinnselenid)	rhombisch verzerrtes Steinsalz		0,9	ind.			l 0,05 t 4,0	
SnTe (Zinntellurid)	Steinsalz a=6,33	0,26	0,18	dir.	17		l 0,39 t 0,53	l 0,42 t 0,11
HgTe (Quecksilbertellurid)	Zinkblende a=6,42	-0,28	-0,15	dir.		14	0,03	0,6

Alle Daten, falls nicht anders angegeben, für 300K.

Beweglichkeiten		statische Dielektrizitätszahl	Brechungsindex	Schmelzpunkt	Debye-Temperatur	Wärmeleitfähigkeit	Molekular-Gewicht	Dichte	Härte Knoop
μ_n $cm^2V^{-1}s^{-1}$	μ_p	ε_r	n^*	T_m °C	Θ K	$Wcm^{-1}K^{-1}$		gcm^{-3}	$kgmm^{-2}$
140	5	8,3	2,4	1830	300	0,26	97,45	4,1	178
600	28	8,1	2,9	1520	400	0,13	144,34	5,3	150
650	10	10,6	2,6	1240		0,063	191,37	5,8	
340	110	9,7	3,6	1300	204	0,11	192,99	5,6	130
1000	80	10,9	2,8	1100		0,07	240,02	5,8	100
610	620	170	3,7	1114	229	0,02	239,28	7,6	70
1050	950	250		1065	160	0,04	286,17	8,3	
1730	840	412	3,8	917	130	0,08	334,82	8,2	150
300	90		2,25	861	188	0,02	197,66	6,18	
	1200	1500	6,5	804	150	0,12	246,31	6,44	60
22000	500	20	3,7	670		0,026	382,22	8,12	21

Literaturverzeichnis

[1]   E. Hecht, A. Zajac, *Optics*, Addison-Wesley Publ. Comp. 1979

[2]   Kohlrausch, *Praktische Physik*, Band 1, S. 526, B.G. Teubner, Stuttgart 1968

[3]   Bergmann, Schäfer, *Lehrbuch der Experimentalphysik*, Band 3, Optik, S.655
      Walter de Gruyter, Berlin 1978

[4]   Herter, Röcker, Lörcher, *Nachrichtentechnik*, S.100,
      Hanser Verlag, München/Wien, 1981

[5]   J.R. Chelikowsky, M.L. Cohen, *Phys. Rev.*, B14, 1976, S.556

[6]   Paul, *Halbleiterphysik*, S. 118, Hüthig Verlag, Heidelberg 1975

[7]   E. D. Palik, *Handbook of optical constants of solids*, S. 508
      Academic Press, Inc., Orlando, Florida, USA, 1985

[8]   Hitchens et al., *Applied Physic Letters*, 27, 1975, S. 245

[9]   G. Winstel, C. Weyrich, *Optoelektronik I*, Springer-Verlag Berlin 1980

[10] *Halbleiter, Technische Erläuterungen und Kenndaten für Studierende*, Siemens AG,
      Berlin und München 1990

[11] G. Grau, *Optische Nachrichtentechnik*, S.110, Springer-Verlag, Berlin 1981

[12] D.T.C. Hurle, *Material for GaAs Circuits* in J. Mun (Ed.), *GaAs Integrated Circuits*
      BSP Professional Books, Oxford 1988

[13] Bergmann, Schäfer, *Lehrbuch der Experimentalphysik*, Band 6, Festkörper
      Walter de Gruyter, Berlin 1992

[14] *LEDs and Displays Data Book 1996*, Temic Semiconductors

[15] I. Ruge, *Halbleiter-Technologie*, Halbleiter-Elektronik, Band 4,
      Springer-Verlag, Berlin 1984

[16] H.-G. Wagemann, H. Eschrich, *Grundlagen der photovoltaischen Energiewandlung*, Teubner Studienbücher Angewandte Physik, B.G. Teubner Stuttgart 1994

[17] M. A. Green, *Solar Cells*, 7, 1982, S. 337

[18] Datenblatt des Solarmoduls ASE-300-DGF/50 der Firma Angewandte Solarenergie – ASE GmbH

[19] I.N. Bronstein, K.A. Semendjajew, *Taschenbuch der Mathematik*, Verlag Harri Deutsch, Thun, Frankfurt/Main, 23. Auflage, 1987

[20] M. Bleicher, *Halbleiter-Optoelektronik*, Hüthig Verlag Heidelberg 1986

[21] R. Paul, *Optoelektronische Halbleiterbauelemente*, Teubner Verlag Stuttgart 1985

[22] B.E.A. Saleh, M.C. Teich, *Fundamentals of Photonics*, John Wiley & Sons Inc. New York 1991

[23] *Hitachi Optodevice Data Book*, Hitachi semiconductor, 1995

[24] Katalog 2/97 der Firma RS Components GmbH, 1997

Stichwortverzeichnis